"十四五"职业教育智能制造技术应用专业系列教材

智能传感器检测与应用技术

主　编　杨杰忠　叶光显　邹火军

副主编　黄浩兵　林双媚　韦玉秋

参　编　农晴晴　莫小军　李仁芝　秦文芳　王栋平

　　　　韦文杰　杨天明　韦克宁　黄　旭　张国峰

　　　　唐国永　陈　军

电子工業出版社·

Publishing House of Electronics Industry

北京·BEIJING

内 容 简 介

本书以具体的项目任务为载体，主要内容包括认识检测及自动检测系统、温度的检测、力和压力的检测、气体和湿度的检测、位置的检测、位移的检测、视觉传感器检测系统的搭建、激光传感器检测系统的搭建、智能传感器检测系统的搭建、超声波传感器检测系统的搭建。

本书可作为职业院校智能制造技术应用、工业机器人技术应用、电气自动化技术和机电一体化技术等相关专业的教材。

图书在版编目（CIP）数据

智能传感器检测与应用技术 / 杨杰忠，叶光显，邹火军主编. —北京：电子工业出版社，2023.7

ISBN 978-7-121-45983-2

Ⅰ.①智… Ⅱ.①杨… ②叶… ③邹… Ⅲ.①智能传感器－检测－职业教育－教材 Ⅳ.①TP212.6

中国国家版本馆 CIP 数据核字（2023）第 129736 号

责任编辑：张　凌

印　　刷：涿州市般润文化传播有限公司

装　　订：涿州市般润文化传播有限公司

出版发行：电子工业出版社

　　　　　北京市海淀区万寿路 173 信箱　　　　邮编 100036

开　　本：880×1230　　1/16　　印张：20　　字数：448 千字

版　　次：2023 年 7 月第 1 版

印　　次：2025 年 1 月第 2 次印刷

定　　价：54.00 元

凡所购买电子工业出版社图书有缺损问题，请向购买书店调换。若书店售缺，请与本社发行部联系，联系及邮购电话：（010）88254888，88258888。

质量投诉请发邮件至 zlts@phei.com.cn，盗版侵权举报请发邮件至 dbqq@phei.com.cn。

本书咨询联系方式：（010）88254583，zling@phei.com.cn。

序　言

加速转变生产方式、调整产业结构，将是我国国民经济和社会发展的重中之重。而要完成这种转变和调整，就必须有一大批高素质的技能型人才作为坚实的后盾。近几年来，各职业院校都在积极开展智能制造技术应用专业高级工培养的试点工作，并取得了较好的效果，但由于其起步较晚，课程体系、教学模式都还有待完善和提高，教材建设也相对滞后，至今还没有一套适合高级工教育快速发展需要的成体系、高质量的教材。即使有智能制造技术应用专业高级工教材也不是很完善，或是内容陈旧、实用性不强，或是形式单一、无法突出高技能人才培养的特色，更没有形成合理的体系。因此，开发一套体系完整、特色鲜明、适合理论实践一体化教学、反映企业最新技术与工艺的智能制造技术应用专业高级工教材，就成为高级工教育亟待解决的课题。

鉴于智能制造技术应用专业高级工短缺的现状，广东三向智能科技股份有限公司、广西机电技师学院、佛山市顺德梁銶琚职业技术学校与电子工业出版社从2017年6月开始，组织相关人员采用走访、问卷调查、座谈会等方式，到全国具有代表性的机电行业企业、部分省市的职业院校进行了调研，对目前企业对智能制造技术应用专业高级工的知识、技能要求，学校智能制造技术应用专业高级工教育教学现状、教学和课程改革情况，以及对教材的需求等有了比较清晰的认识。在此基础上，广西机电技师学院紧紧依托行业优势，以为企业输送满足其岗位需求的合格人才为最终目标，组织了行业和技能教育方面的专家对编写内容、编写模式等进行了深入探讨，形成了本系列教材的编写框架。

本系列教材的编写指导思想明确，坚持以达到国家职业技能鉴定标准和就业能力为目标，以专业（工种）的工作内容为主线，以工作任务为引领，由浅入深，循序渐进，精简理论，突出核心技能与实操能力，使理论与实践融为一体，充分体现"教""学""做"合一的教学思想，致力于构建符合当前教学改革方向，以培养应用型、技术型和创新型人才为目标的教材体系。

本系列教材重点突出三个特色：一是"新"字当头，即体系新、模式新、内容新。体系新是指将教材从以学科体系为主转变为以专业技术体系为主；模式新是指将教材从传统章节模式转变为工作过程的项目任务模式；内容新是指教材充分反映了新材料、新工艺、新技术、新方法的"四新"知识。二是注重科学性，教材从体系、模式到内容符合教学规律，符合国内外制造技术水平的实际情况，在具体任务和实例的选取上，具有先进性、实用性和典型性，便于组织教学，以提高学生的学习效率。三是体现普适性，由于当前智能制造技术应用专业高级工生源既有中职毕业生，又有高中毕业生，各自学制也不同，还要考虑到在职员工，教材内容安排上尽量照顾到不同的求学者，适用面比较广泛。

此外，本系列教材还配备了电子教学数字化资源库，以及相应的习题集、实习教程和现场操作视频等，以初步实现教材的立体化。

我相信，本系列教材的出版，对深化职业技术教育改革，提高智能制造技术应用专业高级工的培养质量，都会起到积极的作用。在此，我谨向各位编者和为本系列教材出力的学者和单位表示衷心的感谢。

广东三向智能科技股份有限公司董事长

广东三向教育学院院长

伊洪良

前　言

本书以党的二十大精神为统领，全面贯彻党的教育方针，落实立德树人根本任务，践行社会主义核心价值观，铸魂育人，坚定理想信念，坚定"四个自信"，为中国式现代化全面推进中华民族伟大复兴而培育技能型人才。

传感器是一种检测装置，能感受到被测量的信息，并能将其感受到的信息，按一定规律变换为电信号或其他所需形式的信息输出，以满足信息的传输、处理、存储、显示、记录和控制要求。人们在利用信息的过程中，首先要解决的就是要获取准确可靠的信息，而传感器是获取自然和生产领域中信息的主要途径与手段。在现代工业生产，尤其是自动化生产过程中，要用各种传感器来监测和控制生产过程中的各个参数，使设备工作在正常状态或最佳状态，并使产品达到最好的质量，因此传感器是实现自动检测和自动控制的首要环节。

"智能传感器检测与应用技术"是职业院校智能制造技术应用、工业机器人技术应用、电气自动化技术和机电一体化技术等相关专业的核心课程。通过本课程的学习，学生可掌握各类传感器的工作原理，了解各类传感器的基本结构和应用，初步学会选择、安装使用传感器，搭建简易的智能检测系统等专业技能。

本书以培养学生的实践动手能力为主线，以生产生活中的典型项目为载体，将传感器的相关知识融入各个工作任务中，遵循"做中教、做中学、做中练、做中考"的基本教学思路，实现完整、系统的教学设计，以提高学生的操作技能和综合应用能力。

本书计划学时数为150学时，参考学时表如下，各学校可根据具体情况进行调整。

项目	教学内容	课时
项目1	认识检测及自动检测系统	12
项目2	温度的检测	12
项目3	力和压力的检测	12
项目4	气体和湿度的检测	12
项目5	位置的检测	12
项目6	位移的检测	12
项目7	视觉传感器检测系统的搭建	24
项目8	激光传感器检测系统的搭建	18
项目9	智能传感器检测系统的搭建	18
项目10	超声波传感器检测系统的搭建	18

本书在编写过程中得到了广东三向智能科技股份有限公司工程师聂思明、刘学忠、谭伟

建的大力支持和技术指导，在此深表感谢！

由于编者水平有限，书中难免存在不足，恳请广大读者批评指正。

为了方便教师教学，本书还配有电子教学数字化资源库（包括教学指南、电子教案等）。

编　者

目　录

项目1

认识检测及自动检测系统

 项目目标

◇ 知识目标：

1. 掌握检测的概念及自动检测系统的组成。

2. 掌握测量的定义及分类。

3. 理解传感器的概念及基本特性。

◇ 能力目标：

1. 能认识常见传感器并了解其结构及特性。

2. 会计算测量误差。

3. 能初步认识自动检测系统及其组成。

 项目描述

自动检测与转换技术是自动检测技术和自动转换技术的总称，是自动化科学技术的一个重要分支科学，是以信息提取、信息转换、信息处理为主要研究内容的一门技术。本项目主要包括：测量工具的使用、认识自动检测系统、电子秤性能指标的测试3个任务，要求学生通过这3个任务的学习，进一步掌握检测及自动检测系统的组成，了解工业生产、日常生活及 PLC 自动检测系统中传感器的功能、特性、技术指标等，并学会分析及计算测量误差。

任务 1　测量工具的使用

 学习目标

◇ 知识目标：

1. 掌握直接测量方法和间接测量方法。

2．理解测量误差的含义。

3．掌握绝对误差和相对误差的简单计算方法。

❖ 能力目标：

1．会用各种测量工具。

2．会使用万用表测量电阻值。

3．会使用游标卡尺测量零件的尺寸。

4．会计算绝对误差和相对误差。

在现代工业生产及日常生活中，人们为了达到某些特定的目的，往往要进行各种测量，如用温度计测量患者的体温、用游标卡尺测量零件的尺寸、用万用表测电流值和电压值等。本任务的主要内容就是通过学习掌握测量的定义及测量方法，掌握测量误差的计算方法，并能正确使用万用表、游标卡尺等测量工具。

一、测量的定义

测量就是借助于专用的技术工具或手段，通过实验的方法把被测量与同性质的标准量进行比较，求取二者比值，从而得到被测量数值的过程。

二、测量的方法

1．根据测量的手段，有直接测量方法和间接测量方法

直接测量就是用仪器仪表测量，测量值就是被测值。图1-1-1所示为直接测量。这种方式简单方便，但它的准确程度受所用的仪器误差的限制。如果被测量不能直接测量，或直接测量该被测量的仪器不够准确，那么利用被测量与某种中间量之间的函数关系，先测出中间量，然后通过计算公式，算出被测量的值，这种方式称为间接测量。

图1-1-1　直接测量

2．根据被测量是否随时间变化，有静态测量方法和动态测量方法

静态测量是指被测量是恒定的，如测量物体的质量就属于静态测量。动态测量是指被测量随时间变化而变化，如光导纤维陀螺仪测量火箭的飞行速度、方向就属于动态测量。

3．根据测量时测量工具是否与被测对象接触，有接触式测量方法和非接触式测量方法

例如，将热电偶插入液体测温度就是接触式测量。用红外线温度仪测量食品的温度就是非接触式测量。

4．根据被测对象是否在生产线上，有在线测量方法和离线测量方法

在线测量，即实时检测。图 1-1-2 所示为在线测量，即在加工过程中实时对产品进行检测，并依据测量的结果做出相应的处理。图 1-1-3 所示为离线测量，离线测量无法实时监控生产质量。

图1-1-2　在线测量

图1-1-3　离线测量

三、测量误差

测量的目的是得到被测量的真值。真值是指在一定条件下被测量客观存在的实际值。真值有理论真值、约定真值和相对真值三种。理论真值是一个变量本身所具有的真实值。它是一个理想的概念，一般是无法得到的，所以在计算误差时，一般用约定真值或相对真值来代替。约定真值是一个接近真值的值，它与真值之差可忽略不计。实际测量中，在没有系统误差的情况下，把多次测量值的平均值作为约定真值。相对真值是指当高一级仪表的误差仅为低一级仪表的误差 1/3 时，可认为高一级仪表测量值为低一级仪表测量值的相对真值。

测量值（也称示值）与真值之间的差值称为测量误差。测量误差按其不同特性分类，有绝对误差和相对误差两种。

1．绝对误差

绝对误差是测量值 A_X 与真值 A_0 之间的差值，即

$$\Delta = A_X - A_0$$

在实验室测量中，常用修正值 α 表示真值与测量值之差，即

$$\alpha = A_0 - A_X$$

由此可见，修正值是绝对误差的相反数。绝对误差可表示测量值偏离真值的程度，但不能表示测量的准确程度。

2．相对误差

为了进一步说明测量的准确程度，引入了相对误差的概念。相对误差，即百分比误差，它可分为实际相对误差、示值相对误差和满度相对误差。

（1）实际相对误差 γ_A：它用绝对误差 Δ 与真值 A_0 的百分比来表示。

$$\gamma_A = \frac{\Delta}{A_0} \times 100\%$$

（2）示值相对误差 γ_0：它用绝对误差 Δ 与测量值 A_X 的百分比来表示。

$$\gamma_0 = \frac{\Delta}{A_X} \times 100\%$$

（3）满度相对误差 γ_m：它用绝对误差 Δ 与仪表满量程值 A_m 的百分比来表示。

$$\gamma_m = \frac{\Delta}{A_m} \times 100\%$$

对测量下限不为零的仪表而言，量程 $A_m = A_{max} - A_{min}$。

（4）准确度：传感器的误差是用准确度表示的。当绝对误差 Δ 取最大值 Δ_m 时，准确度常用最大满度相对误差来定义：

$$S = \frac{\Delta_m}{A_m} \times 100\%$$

仪表的准确度习惯上称为精度等级。准确度表示传感器的最大相对误差。精度等级 S 规定取一系列标准值。我国的电工等级分为 7 级：0.1、0.2、0.5、1.0、1.5、2.5、5.0。

【例 1-1-1】有一台测量仪表，测量范围为 0～500℃，准确度为 0.5 级。现用它测量 500℃的温度，求该仪表引起的最大绝对误差和示值相对误差。

解： 由已知条件得知：

$$S = \frac{\Delta_m}{A_m} \times 100\% = 0.5\%$$

$$A_m = A_{max} - A_{min} = 500 - 0 = 500℃$$

所以最大绝对误差 $\Delta_m = S \times A_m = 0.5\% \times 500 = 2.5℃$

最大示值相对误差 $\gamma_0 = \frac{\Delta_m}{A_X} \times 100\% = \frac{2.5}{200} \times 100\% = 1.25\%$

【例 1-1-2】有两台测温仪器，其测量范围为 -200～800℃ 和 600～1100℃，已知其最大绝对误差为 5℃，试分别确定它们的精度等级。

解： 已知最大绝对误差 $\Delta_m = 5℃$

仪器一的最大测量范围 $A_{m1} = 800 - (-200) = 1000℃$

所以

$$S_1 = \frac{\Delta_m}{A_{m1}} \times 100\% = \frac{5}{1000} \times 100\% = 0.5\%$$

仪器二的最大测量范围 $A_{m2} = 1100 - 600 = 500℃$

所以

$$S_2 = \frac{\Delta_m}{A_{m2}} \times 100\% = \frac{5}{500} \times 100\% = 1\%$$

由此可知这两台测温仪器的精度等级分别为 0.5 级和 1 级。

一、任务准备

实施本任务教学所使用的设备器材及工具仪表可参考表 1-1-1。

表1-1-1 设备器材及工具仪表

序号	分类	名称	型号规格	数量	单位	备注
1	工具仪表	万用表	DT-832 或自定	1	块	
2		游标卡尺	0～200mm	1	把	
3		电工常用工具		1	套	
4	设备器材	标称电阻	金属膜标称电阻及色环电阻	若干	个	
5		机械零件		3	个	

二、测量工具的使用

1．识别器件

按照表 1-1-1 核对所用器材的数量、型号及规格，识别所用工具及器件。

2．用万用表测量各标称电阻

（1）仔细阅读万用表使用说明书。

（2）将万用表调至欧姆挡并调零。

（3）选择合适的倍率进行测量。

（4）准确读值，将测量数据填入表 1-1-2 中。

表1-1-2 测量数据

电阻的标称值					
电阻的测量值					
绝对误差					
相对误差					

3．用游标卡尺测量零件尺寸

用游标卡尺测量零件的尺寸并记录下来，与其他小组所测数据比较，统一填入表 1-1-3 中，求平均值。

表1-1-3　测量数据

小组	零件1	零件2	零件3	零件4
第一小组				
第二小组				
第三小组				
平均值				

 任务测评

对任务实施的完成情况进行检查，并将结果填入表 1-1-4 中。

表1-1-4　任务测评表

序号	主要内容	考核项目	评分标准	配分	扣分	得分
1	测量工具使用	万用表测量	1. 能正确识别色环电阻； 2. 测量前能选择正确的挡位，测量前和换挡后均能调零； 3. 能选择正确的量程，测量方法准确； 4. 能准确读出所测电阻的阻值，误差计算准确	45 分		
		游标卡尺测量	1. 使用前能检查调零； 2. 能识别游标卡尺的分度值，计算出其最小刻度； 3. 能正确读出游标卡尺的零刻度、最小刻度； 4. 能准确读出所测零件的数值，误差计算准确	45 分		
2	安全文明生产	劳动保护用品穿戴整齐；遵守操作规程；操作结束要清理现场	1. 操作中，违反安全文明生产考核要求的任何一项扣 2 分，扣完为止； 2. 当发现学生有重大事故隐患时，要立即予以制止，并每次扣安全文明生产分 5 分	10 分		
合　计						

任务 2　认识自动检测系统

 学习目标

◇ 知识目标：

1. 掌握检测及自动检测的定义。

2. 掌握自动检测的组成。

3. 认识 PLC 自动检测系统。

◇ 能力目标：

1. 能认识 PLC 自动检测系统并了解其工作过程。
2. 会画出 PLC 自动检测系统的原理框图。

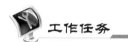 工作任务

本任务的主要内容就是初步认识自动检测系统及其组成，通过观看智能传感器在工厂自动化生产线中的应用录像，以及参观智能传感器检测与应用技术实训室，加深对传感器应用领域的了解。最后在教师指导下，分组进行简单的相关操作练习。

 相关知识

一、检测的基本概念

为了提高测量精度，并能够对所采集的信息量进行分析、处理，从而完成自动控制，在测试中通常先将被测对象输出的物理量转换为电量，然后根据需要对变换后的电信号进行处理，最后以适当的形式显示、输出，简单地说，这个过程就是检测。严格地说，检测就是利用物理、化学效应，选择合适的方法与装置，将生产、科研、生活等各方面的有关信息通过检验测量的方法赋予定性或定量结果的过程。

自动检测就是在测量和检验过程中完全不需要或仅需要很少的人工干预而自动完成的检测。实现自动检测可以提高自动化水平，减少人为干扰因素或人为差错，提高生产过程或设备的可靠性和运行效率。图 1-2-1～图 1-2-3 所示为生活中常见的自动检测系统。

图1-2-1 自动门控制系统

图1-2-2　楼道感应灯

图1-2-3　感应水龙头

二、自动检测系统的组成

自动检测系统需要由若干仪器仪表及附加设备构成一个有机整体，完成检测任务。自动检测系统应能完成对被测对象进行变换、分析、处理、判断、比较、存储、控制及显示等操作。一个完整的自动检测系统如图1-2-4所示，它包括传感器、测量电路、记录仪、显示仪及控制器等。

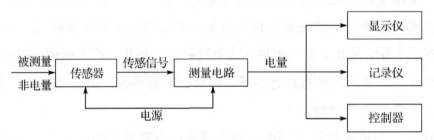

图1-2-4　一个完整的自动检测系统

（1）传感器。传感器直接作用于被测量，并将被测量转换成电信号。传感器输出的电信号往往很弱，必须要由测量电路转换成标准电信号。

（2）测量电路。测量电路是中间变换装置，它包括信号处理电路和信号转换电路。信号处理电路把来自传感器的信号转换成更适合于进一步传输和处理的形式。信号转换是指电信号之间的转换（如放大），将阻抗的变化转换成电压的变化，或将阻抗的变化转换成频率的变化，以及 A/D、D/A 等。测量电路将转换后的电信号进行各种运算、滤波、分析，将结果传输至显示、记录部分或控制系统的执行机构。

测量电路根据不同情况有很大的伸缩性。在简单的检测系统中可以完全省略，将传感器的输出直接进行显示或记录（如由热电偶或毫伏表组成的测温系统），但就大多数检测系统而言，测量电路是必不可少的，尤其是在功能强大的检测系统中往往还要将计算机作为一个中间变换环节，以实现波形存储、数据采集、非线性校正和消除系统误差等功能，远距离测量时还需要数据传输装置。

（3）显示/记录仪。显示/记录仪是检测系统的最后一个环节，其作用是将测量电路送来的信号显示或记录下来，供观测与研究。

（4）控制器。控制器是执行机构，它的作用是根据电子控制单元的指令驱动机械部件运动。许多检测系统能输出与被测量有关的电流或电压信号，作为自动控制系统的控制信号，来驱动这些执行机构。

三、检测技术的应用

目前，检测技术已在国防建设、航空、航天、交通运输、石油化工、环境保护、生物工程、医学诊断、矿产资源、海洋探测、宇宙开发、生命科学、家用电器等领域都得到了广泛的应用。

在工程技术领域中，工程研究、产品开发、生产监督、质量控制和性能实验等，都离不开检测技术；在机械制造行业中，通过对机床的许多静态、动态参数（如工件的加工精度、切削速度、床身振动等）进行在线检测，从而控制加工质量；在化工、电力等生产过程中，温度、压力、流量、液位等过程参数的检测是实现生产过程自动化的基础；在工业机器人中，自动检测技术应用于手臂的位置和角度的控制，传感器应用于视觉和触觉的判断，机器人成本的二分之一是消耗在高性能的传感器上的。

在国防建设领域，检测技术用得更多。例如，利用红外探测可以发现地形、地物及敌方各种军事目标；如果研究飞机的强度，就要在机身、机翼上贴上几百片应变片进行动态测量。

在航空、航天领域，大型飞机在云层上被自动驾驶，并能在恶劣的气候条件下安全"盲目"着陆；空-空导弹的自动跟踪、人造卫星在太空进行遥感、遥测等高科技都应用了检测技术。

在交通运输领域，汽车的行驶速度、行驶距离、发动机旋转速度及燃料剩余量等有关参数都需要自动检测，汽车防滑控制、防盗、防抱死、排气循环、电子变速控制等装置都应用了检测技术。

日常生活中，我们使用的家用电器也都离不开检测技术。例如，自动洗衣机、空调、热水器、吸尘器、照相机、音像设备等都应用了检测技术。

总之，检测技术已广泛应用于工业生产和日常生活等方方面面，成为国民经济发展和社会进步的一项重要的基础技术。

一、任务准备

实施本任务教学所使用的设备器材及工具仪表可参考表 1-2-1。

表1-2-1 设备器材及工具仪表

序号	分类	名称	型号规格	数量	单位	备注
1	工具仪表	万用表	DT-832 或自定	1	块	
2		电工常用工具		1	套	
3	设备器材	机电一体化实训装置		1	套	

二、观看智能传感器在工厂自动化生产线中的应用录像

记录智能传感器的品牌及型号，并查阅相关资料，了解该智能传感器在实际生产中的应用。

三、参观智能传感器检测与应用技术实训室

参观智能传感器检测与应用技术实训室（见图1-2-5），认识智能传感器检测与应用技术实训岛设备（见图1-2-6），其主要内容如表1-2-2所示。

图1-2-5　智能传感器检测与应用技术实训室

图1-2-6　智能传感器检测与应用技术实训岛设备

表1-2-2　智能传感器检测与应用技术实训岛主要设备功能

名称	图示	功能说明
物联网模块		软件系统包括基本信息模块、用户管理模块、硬件维护模块、远程操作模块、报警与维护记录模块。 （1）系统实时采集各设备的运行数据信息，包括故障报警信息、启动停止状态等。 （2）所有设备监控数据存储于云服务器，永久保存，用户不需要自己另外架设服务器。 （3）系统可以设置任何信息为关键监控点，通过关键监控点设置系统报警点，一旦系统报警点发生报警，报警信息将以短信方式发送到事先设置好的设备管理员或设备厂家手机上。 （4）系统管理员可以通过系统远程操控设备，包括启动停止设备、修改运行参数、读取设备程序、修改设备程序等，从而可以实现远程数据分析、远程维护和产品远程改进。 （5）系统所有远程操作都通过网页界面操作，不需要安装桌面软件，可以用 PC、智能手机等终端设备进行远程登录、远程监控与操控设备，在智能手机等移动终端既可以用网页登录，也可以用 App 登录。 （6）系统设置一个管理员，可以设置多用户，管理员可以管理和分配其他用户的操作权限，管理员和其他用户都用账号和密码登录。 （7）能够接入内部供电管理系统，监控供电系统运行环境、运行状态，查询故障报警信息，实时提醒供电负载负荷状态，自动切换供电装置，并能够实现远程操控设备。

名称	图示	功能说明
物联网模块		（8）能够通过网络系统与机器人连接，实时读取机器人各关节位置信息、运行状态信息、运行负荷信息、运行时长累计信息，自动提示机器人运行故障报警信息，远程对机器人进行故障诊断及故障报警复位处理
视觉传感器检测模型		通过工业视觉缺陷检测与定位功能应用，体现视觉的优势与特点，学习掌握当前视觉系统在工业领域的应用；采用开放设计理念，能够上下前后多方位调节，满足不同任务的使用需求，有多种检测模块供学生实训使用，满足不同层次训练要求
激光传感器检测模型		激光传感器主要通过激光的光学特性，利用激光检测和扫描待检测物料，通过系统对检测的数据信息进行计算和分析，从而判断待检测物料的产品型号、外观尺寸、外观光洁度等；能够充分体现激光传感器的应用特点与优势，使学生真实体验到它的工业应用场景，学到专业应用技术；采用开放设计理念，能够上下前后多方位调节，满足不同任务的使用需求，有多种检测模块供学生实训使用，满足不同层次训练要求
智能传感器检测模型		智能传感器检测模型主要由智能电感传感器、智能电容传感器、智能光电传感器、智能光纤传感器、智能霍尔传感器、智能网关、数字量扩展模块、直流减速电机、智能传感器检测模型组件等组成。各传感器连接数字量扩展模块通过智能网关和 PLC 进行以太网协议通信，同时支持以总线形式直接连接 PLC 输入端。智能传感器检测模型把工业常用类型的传感器通过以太网网关将其组态，运用 profinet 与 PLC 进行通信，数据传输稳定，信号反馈及时，并且已成为工业传感器发展的趋势，也是智能传感器实训室不可或缺的一部分
超声波传感器检测模型		超声波传感器主要通过超声波的声波特性，利用超声波检测和扫描待检测物料，通过系统对检测的数据信息进行计算和分析，从而判断待检测物料的产品型号、进行距离计算等；能够充分体现超声波传感器的应用特点与优势，使学生真实体验到它的工业应用场景，学到专业应用技术；采用开放设计理念，能够上下前后多方位调节，满足不同任务的使用需求，有多种检测模块供学生实训使用，满足不同层次训练要求

续表

名称	图示	功能说明
待检测物料	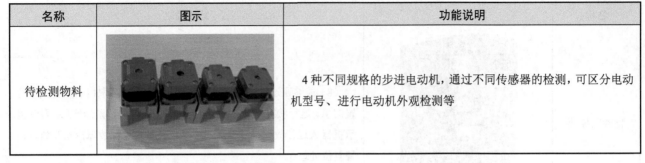	4种不同规格的步进电动机,通过不同传感器的检测,可区分电动机型号、进行电动机外观检测等

实训室的网络架构图如图1-2-7所示。

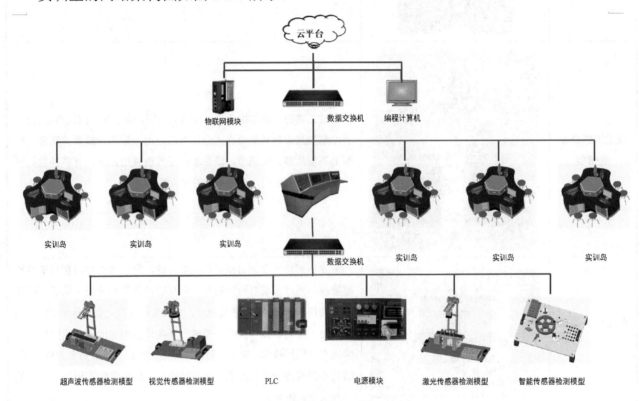

图1-2-7　实训室的网络架构图

四、认识 PLC 自动检测系统

查询 PLC 自动检测系统的位置检测和材料属性检测的有关资料,观摩自动分拣生产线 PLC 自动检测系统(见图1-2-8),了解其组成及工作过程。

1. PLC 自动检测系统中的传感器的位置及作用

自动分拣生产线 PLC 自动检测系统实训台由物料筒、推料气缸、光纤传感器、传送带、交流电动机、光电传感器、金属传感器、无杆气缸、真空吸盘、阀岛、金属工件料仓、非金属工件料仓、开关电源、PLC、变频器、旋转编码器等组成,其结构图如图1-2-9所示。

图1-2-8　自动分拣生产线PLC自动检测系统

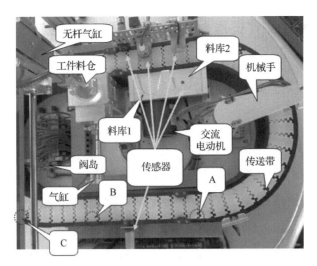

图1-2-9 自动分拣生产线PLC自动检测系统实训台结构图

1）漫反射传感器

漫反射传感器的功能是检测物料筒内是否有物料。

2）光电传感器

光电传感器如图1-2-10所示，其功能是检测蓝色物料、金属物料和白色物料。

3）金属传感器

金属传感器如图1-2-11所示，其功能是检测金属物料。

图1-2-10 光电传感器

图1-2-11 金属传感器

4）光纤传感器

光纤传感器如图1-2-12所示，其功能是检测白色物料。

图1-2-12 光纤传感器

2．PLC 自动检测系统的工作过程

1）系统原始状态

系统原点：所有推料气缸缩回，机械手：上、左（料库2）、松，无杆气缸：放料位（物料筒对上）、松。

2）系统工作过程

按下启动按钮后，光纤传感器检测物料筒是否有物料，如果物料筒有物料，则 1s 后顶料，1s 后再推料，将物料推出到传送带上。物料推出后，推料气缸缩回，系统启动传送带，传送带继续运行到物料属性判别位。金属传感器对物料进行属性检测，如果是金属物料，则置位辅助继电器软元件，传送带停止运行并把金属物料推到料库 1；如果是非金属物料，则物料留在传送带上继续往后传送。

经检测若是蓝色物料，则置位辅助继电器软元件，传送带继续往后传送，送至 C 位时停 5s，等待取料；经检测若是白色物料，则置位辅助继电器软元件，到达料库 2 时传送带停止运行，把白色物料推到料库 2，停留 3s。系统启动机械手把白色物料从料库 2 搬至传送带 A 位上，然后系统重新启动传送带，把白色物料又继续往后传送，到了 B 位后，系统启动无杆气缸抓料，把白色物料重新放回物料筒。

在任何时候，若按下停止按钮，则系统就会停止工作（急停）；若按下复位按钮，则系统回到原点位置，若再次按下启动按钮，则自动分拣生产线重新自动分拣运行。

3．记录 PLC 自动检测系统中的传感器的名称、位置及作用

将 PLC 自动检测系统中的传感器的名称、位置及作用记录下来，填入表 1-2-3 中。

表1-2-3　PLC自动检测系统中的传感器

序号	传感器的名称	传感器的位置	传感器的作用
1			
2			
3			
4			
5			
6			

4．画出 PLC 自动检测系统的原理框图

画出 PLC 自动检测系统的原理框图，并指出系统中传感器、转换电路及执行器等装置。

 任务测评

对任务实施的完成情况进行检查，并将结果填入表 1-2-4 中。

表1-2-4　任务测评表

序号	主要内容	考核项目	评分标准	配分	扣分	得分
1	认识PLC自动检测系统	系统组成	1. 能认识 PLC 自动检测系统并了解其工作过程； 2. 能掌握 PLC 自动检测系统的组成； 3. 能了解 PLC 自动检测系统各部分的作用； 4. 能画出 PLC 自动检测系统的原理框图	45 分		
		传感器认识	1. 能认识系统中各传感器； 2. 能熟知各传感器的安装位置； 3. 能理解各传感器的作用； 4. 能熟记系统中各传感器的类型	45 分		
2	安全文明生产	劳动保护用品穿戴整齐；遵守操作规程；操作结束要清理现场	1. 操作中，违反安全文明生产考核要求的任何一项扣 2 分，扣完为止； 2. 当发现学生有重大事故隐患时，要立即予以制止，并每次扣安全文明生产分 5 分	10 分		
合　计						

任务3　电子秤性能指标的测试

学习目标

◇ 知识目标：
　　1. 掌握传感器的组成及分类。
　　2. 理解传感器的基本特性。
　　3. 掌握传感器测量装置性能指标的计算方法。
◇ 能力目标：
　　1. 能用电子秤进行测量。
　　2. 会测试电子秤的迟滞特性。
　　3. 会测试电子秤的性能指标。

工作任务

　　本任务是通过学习，认识常用的传感器，了解传感器的概念、组成及作用，掌握传感器测量装置性能指标的计算方法，并能对电子秤性能指标进行测试。

相关知识

一、传感器的定义及作用

1. 传感器的定义

传感器是指能够把感受到的力、温度、声音、位移、速度、光、化学成分等非电量，按一定的规律转换为容易进行测量、传输、处理和控制的电压、电流等电量的器件或装置。图1-3-1所示为部分传感器的外形图。

（a）力传感器

（b）超声波传感器

（c）位置传感器

（d）温度传感器

（e）湿度传感器

（f）气敏传感器

（g）压力传感器

图1-3-1 部分传感器的外形图

人可以通过五官（视、听、嗅、味、触）接收外界的信息，经过大脑的思维（信息处理），做出相应的动作。同样，如果用计算机控制的自动化装置来代替人的劳动，则可以说计算机相当于人的大脑，而传感器则相当于人的五官，故被称为"电五官"，外界信息由它提取，并转换为系统易于处理的电信号，再由计算机对电信号进行处理，发出控制信号给执行器，执行器对外界对象进行控制。图 1-3-2 所示为人与机器的机能对应关系。

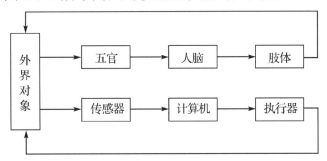

图1-3-2　人与机器的机能对应关系

2．传感器的作用

传感器与被测对象直接连接，它位于自动检测系统的最前沿，是信号直接采集者，是获取准确信息的关键器件。因此，传感器性能的好坏直接影响检测的结果及控制的精确度。

传感器是人体五官的延伸，人体五官虽然能感受自然、获取信息，如人的手指可以感受物体的温度、软硬、轻重、大小等，但人体五官感知自然却有极大的局部性，如它没有察觉磁性的功能，看不见红外线及紫外线，听不到超声波，也不能了解化学溶液中某种物质的含量等。另外，人体能感受温度，但只是在一个较小的温度范围内，仅能粗略地区别温度的高低。而温度传感器可以感受到-200～2000℃温度范围，其灵敏度和分辨率也很高。因此，传感器是一种代替或补充人的感觉器官的装置。

在基础学科研究中，传感器更具有突出的地位。随着现代科学技术的发展，传感器进入了许多新领域。例如，在宏观上要观察上千光年以外的茫茫宇宙，微观上要探索小到10^{-13}m的粒子世界，时间上要观察有长达数十万年的天体演化过程，有短到10^{-24}s（瞬间）的反应。此外，还出现了对生化物质的认识，以及新能源、新材料的开拓等具有重要作用的尖端技术研究，如超高温、超低温、超高压、超高真空、超强磁场、超弱磁场等。许多基础科学研究的障碍，首先就在于获取对象信息困难，而一些新机理和高灵敏度的检测传感器的出现，往往会引发该领域内的突破，一些传感器的发展，往往是很多边缘学科开发的先驱。

在现代工业生产，尤其是自动化生产过程中，要用各种传感器来检测和传递生产过程中的各个参数，使设备工作在正常状态，并使产品达到合格的质量。在计算机控制系统中，为了收集和测量诸多参数，广泛采用了各种传感器。被测参数的精度的高低直接影响计算机控制系统的精度，可以说没有众多优良的传感器，现代化生产也就失去了基础。

总之，随着自动化等新技术的发展，传感器的应用已渗透到各个领域。

二、传感器的组成及分类

1．传感器的组成

传感器通常由敏感元件、传感元件及转换电路组成，如图 1-3-3 所示。

图1-3-3　传感器的组成框图

（1）敏感元件是指传感器中能够灵敏地感受被测变量并做出响应的部分。例如，铂电阻能根据温度的升降而改变电阻值，电阻值的变化就是对温度升降做出的响应，所以铂电阻就是一种温度敏感元件。

（2）传感元件是指传感器中能将敏感元件输出的非电量转换成电信号的部分，也称转换元件，如把位移量转换成电容极板的间隙变化、把声音转换成频率的变化等。有些传感器把敏感元件和传感元件合二为一，而有些敏感元件的输出本来就是电量，不用转换就能传送到别处，如铂电阻的电阻值、应变半导体的电阻值、热电偶的电动势等，这样的传感器就没有必要再设置传感元件。

（3）转换电路是指将传感元件输出的微弱电信号转换成易于处理的电量的部分。常用的转换电路有放大电路、电桥电路、脉冲调宽电路、谐振电路等，它们将电阻、电容、电感等转换成电压、电流或频率，将非标准信号转换成标准信号，以便与带有标准信号的输入设备或仪表相配套。因此，在某些领域，也将传感器称为变换器。

图1-3-4所示为变隙式差动气体压力传感器。它由C形弹簧管、电感线圈、衔铁及转换电路等组成。其中C形弹簧管为敏感元件，衔铁为传感元件。C形弹簧管的下部与大气相通，内部感受被测压力P。

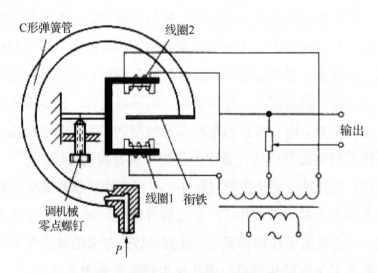

图1-3-4　变隙式差动气体压力传感器

当被测压力进入C形弹簧管时，C形弹簧管产生变形，其自由端发生位移，带动与自由端连接成一体的衔铁运动，使线圈1和线圈2中的电感大小相等、方向相反，即一个线圈的电感量增大，另一个线圈的电感量减小。电感的这种变化通过电桥电路转换成电压输出，由于输出电压与被测压力之间呈比例关系，所以只要用检测仪表测量出输出电压，即可得知被测压力的大小。

2．传感器的分类

传感器的分类方法很多，常用的分类方法如下。

（1）按被测参数可分为位移传感器、压力传感器、温度传感器、流量传感器、速度传感器、加速度传感器、气体传感器、湿度传感器及转矩传感器等。这种分类方法的优点是清楚地表达了传感器的用途，使用户一目了然，便于使用。

（2）按输出信号类型可分为开关型传感器、模拟式传感器和数字式传感器。开关型传感器输出的是开关量（"1"和"0"或"开"和"关"）；模拟式传感器的输出量是与被测量呈一定关系的模拟信号，如果需要与计算机配合或用数字显示，还必须经过模/数（A/D）转换电路；数字式传感器的输出量是脉冲或代码，是数字量，可直接与计算机连接或用数字显示，读取方便，抗干扰能力强。

（3）按工作原理可分为电阻式传感器、电容式传感器、电感式传感器、霍尔式传感器、压电式传感器、光电式传感器等。这种分类的优点是对传感器的工作原理表达得比较清楚，而且类别少，较为系统。

三、传感器的基本特性

在传感器的使用过程中，要求其能检测被测量的变化，并将其不失真地转换成相应的电量，这种变换关系主要取决于传感器的基本特性，即输入-输出特性。由于被测量的状态不同，传感器的基本特性分为静态特性和动态特性两种。

1．静态特性

静态特性是指被测量处于稳定状态（不随时间变化或随时间变化很小）时，传感器输出与输入之间的关系特性。它表示传感器在被测量各个值处于稳定状态下输入-输出的关系。传感器静态特性的主要指标有线性度、灵敏度、迟滞、重复性、分辨力、稳定性等。

1）线性度

线性度（非线性误差）是指传感器输出量与输入量之间的实际关系曲线偏离拟合直线的程度。

通常将传感器输出的起始点与满量程点连接起来的直线作为拟合直线。图1-3-5所示为线性度示意图。

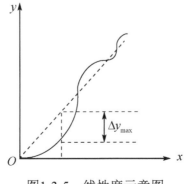

图1-3-5　线性度示意图

在输出特性曲线与拟合直线间，垂直方向上的最大偏差与输出范围之比为线性度，用 γ_L 表示，即

$$\gamma_L = \pm \frac{\Delta y_{max}}{y_{max} - y_{min}} \times 100\%$$

式中，Δy_{max} 为最大偏差；$y_{max} - y_{min}$ 为输出范围。

在实际应用中，人们总是希望传感器的输入与输出呈线性关系，但事实上，大多数传感器的静态特性曲线是非线性的。为了得到线性关系，常引用各种非线性补偿环节，如采用非线性补偿电路或计算机软件进行线性处理，从而减小检测系统的线性度。

2）灵敏度

灵敏度是传感器静态特性的一个重要指标，其定义为输出量的增量与引起该增量的输入量增量之比，用 S 表示，即

$$S = \frac{\Delta y}{\Delta x}$$

对于线性传感器来说，灵敏度是一个常数，S 越大，灵敏度越高。

3）迟滞

传感器在输入量由小到大（正行程）及输入量由大到小（反行程）变化期间，其输入/输出特性曲线不重合的现象称为迟滞。对于同一大小的输入信号，传感器的正、反行程输出信号大小不相等，这个差值称为迟滞差值，如图1-3-6所示。产生迟滞现象的主要原因是传感器的机械部分不可避免地存在间隙、摩擦及松动等。

4）分辨力

分辨力是指在规定范围内传感器所能检测到输入量的最小变化量的能力，是仪表所能显示的最小单位。分辨率是分辨力与仪表满量程的比值，反映传感器输入量极小变化的分辨能力。

5）重复性

重复性是指传感器在输入量按同一方向发生全量程连续多次变化时，所得特性曲线不一致的程度，如图1-3-7所示。ΔR_{max1}、ΔR_{max2} 分别是正、反行程的最大偏差。多次按相同输入条件测试的输出特性曲线越重合，其重复性越好，误差越小。

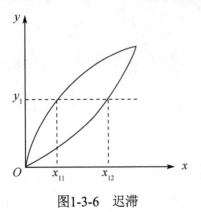

图1-3-6 迟滞

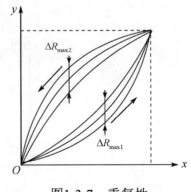

图1-3-7 重复性

6）稳定性

稳定性一般包括稳定度和环境影响量两个方面。

稳定度是指传感器在任何条件均保持恒定不变的情况下，输出信号稳定时间的长短，其值越大说明稳定度越高。

环境影响量是指由环境变化而引起的示值变化量，示值变化量由零点漂移和灵敏度漂移两个因素构成。漂移是指在输入量不变的情况下，传感器输出量随着时间而变化的现象。产生漂移的原因有两个方面：一是传感器自身结构参数；二是周围环境（如温度、湿度等）。当输入状态为零时，输出的变化称为零点漂移。零点漂移在测量前是可以发现的，并且可用重新调零的办法来解决。灵敏度漂移会使一般输入-输出特性曲线的斜率产生变化。影响环境影响量的因素有温度、湿度、气压、电源电压、电源频率等。在这些因素中，温度变化对仪表的影响最难克服，必须予以重视。例如，克服热电偶温度漂移可采用电桥电路补偿法。

2．动态特性

动态特性是指输入量随时间变化时，传感器的响应特性。传感器要检测的输入信号是随时间而变化的，传感器的特性应能跟踪输入信号的变化，这样才可以获得准确的输出信号。如果输入信号变化太快，传感器就可能跟不上。因此，动态特性是传感器的重要特性之一。传感器主要有固有频率、时间常数、频率范围、响应时间、阻尼系数、临界速度等动态技术指标。

 任务实施

一、任务准备

实施本任务教学所使用的设备器材及工具仪表可参考表 1-3-1。

表1-3-1   设备器材及工具仪表

序号	分类	名称	型号规格	数量	单位	备注
1	工具仪表	万用表	DT-832 或自定	1	块	
2		电工常用工具		1	套	
3	设备器材	电子秤	AS-1.5	1	套	
4		标准砝码	10mg～1kg	1	套	

二、电子秤性能指标的测试

1．识别器件

按表 1-3-1 核对所用器材的数量、型号和规格，识别所用工具及器材。

2．检测迟滞特性

仔细阅读电子秤的使用说明书，了解其量程、最小感量和分度值，以便规范检测过程。

把砝码按照从小到大的顺序放在电子秤上进行测量，同时记录测量数据，并填入表 1-3-2 中。然后把砝码按照从大到小的顺序再进行测量，同时记录测量数据并填入 1-3-3 中，和上组数据对比是否相同，从而可以说明电子秤的迟滞特性的优劣。根据测量数据，在直角坐标系中描点作出输入-输出关系曲线（横坐标是标准砝码值，纵坐标是测量值），观察电子秤的迟滞特性，计算出最大迟滞差值。

3．检测最小感量

最小感量就是电子秤所能测量出的最小质量，即量程范围的下限。方法是分别放置 10mg、20mg、30mg、50mg、70mg、100mg、120mg、150mg、200mg 等砝码在电子秤上进行测量。电子秤显示出的数值最小值即最小感量。

4．检测分辨力（分度值）

先在电子秤上放置 1kg 的砝码，然后分别放上 10mg、20mg、50mg 的砝码，使电子秤显示数值发生变化的砝码最小量即分辨力 $\Delta X_{\min}$。

5．整理数据并计算

将测量数据填入表 1-3-2 和表 1-3-3 中，并进行相关数据的计算、作图，将所得结果与说明书比较，看两者是否一致。

表1-3-2　测量数据1

项目	检测次数											
	1	2	3	4	5	6	7	8	9	10	11	12
砝码/g	0.2	0.5	1	5	10	50	100	200	500	1000	1200	1500
电子秤读数/g												
绝对误差												
相对误差												

表1-3-3　测量数据2

项目	检测次数											
	1	2	3	4	5	6	7	8	9	10	11	12
砝码/g	1500	1200	1000	500	200	100	50	10	5	1	0.5	0.2
电子秤读数/g												

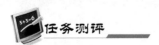

任务测评

对任务实施的完成情况进行检查，并将结果填入表 1-3-4 中。

表1-3-4　任务测评表

序号	主要内容	考核项目	评分标准	配分	扣分	得分
1	电子秤性能指标的测试	测试	1. 能将砝码按照从小到大、从大到小的顺序进行迟滞特性测量，数据记录正确； 2. 能按步骤检测最小感量，数据记录正确； 3. 能按步骤检测分辨力，数据记录正确	60分		
		数据处理	1. 能正确计算绝对误差和相对误差； 2. 能正确作出迟滞特性曲线，并得出最大迟滞差值	30分		
2	安全文明生产	劳动保护用品穿戴整齐；遵守操作规程；操作结束要清理现场	1. 操作中，违反安全文明生产考核要求的任何一项扣2分，扣完为止； 2. 当发现学生有重大事故隐患时，要立即予以制止，并每次扣安全文明生产分5分	10分		
合　计						

项目2

温度的检测

 项目目标

◇ 知识目标：

    1. 掌握电阻式、热电偶式温度传感器的结构、特性及测温原理。

    2. 理解热敏电阻及热电偶的典型应用电路的工作原理。

    3. 掌握热电偶的冷端补偿原理。

◇ 能力目标：

    1. 能认识热电阻、热敏电阻及热电偶，理解它们的异同。

    2. 会热电阻的三线制接法及热电偶冷端补偿方法。

    3. 会热电阻、热敏电阻及热电偶的使用方法，会利用手册查阅它们的参数。

 **项目描述**

    温度是表征物体冷热程度的物理量，自然界中的一切过程无不与温度密切相关。从工业控制到科学研究，从环境温度到人体温度，从宇宙太空到家用电器，各个领域都离不开温度的测量。本项目主要包括热敏电阻温度计的制作、热电偶测温 2 个任务，要求学生通过这 2 个任务的学习，进一步掌握热电阻、热敏电阻、热电偶等常用温度元件在工业生产中温度的检测方法及应用，并能完成热敏电阻温度计的制作和利用热电偶进行测温。

任务 1　热敏电阻温度计的制作

 学习目标

◇ 知识目标：

    1. 掌握热电阻和热敏电阻的结构、特性及测温原理。

2．了解热电阻的测量电路，掌握热电阻的三线制接法。

3．理解电阻式温度传感器典型应用电路的工作原理。

4．理解电桥平衡电路的工作原理。

5．掌握温度计的制作流程。

◇ 能力目标：

会用热敏电阻制作温度计。

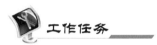

温度传感器是检测温度的器件，在所有传感器中，其种类最多，应用最广，发展最快。目前，市场上的电阻式温度传感器可分为热电阻温度传感器和热敏电阻温度传感器，是利用热电阻效应而制成的温度传感器。本任务的主要内容是：通过学习，掌握热电阻、热敏电阻的结构、特性及测温原理，并能用热敏电阻制作温度计。

一、热电阻温度传感器

1．热电阻效应

热电阻温度传感器是基于电阻的热电阻效应，即电阻体的电阻值随温度的变化而变化的特性进行温度测量的。它是中低温区常用的一种温度检测器。

热电阻通常由两种材料制成：一种是由金属导体材料制成的感温元件，称为金属热电阻，简称热电阻；另一种是由半导体材料制成的感温元件，称为热敏电阻。

虽然大多数的金属导体的电阻值会随温度的变化而变化，但是它们并不都作为测量用电阻。一般要求制作热电阻的材料具有较大的温度系数（在零功率条件下，温度变化 1℃ 所引起的电阻值相对变化量）和电阻率，物理化学性质稳定，电阻值与温度的关系最好接近于线性。因此，目前使用最多的热电阻材料有铂、铜和镍等，而铂和铜最常用。

2．热电阻的工作原理

图 2-1-1（a）所示为普通热电阻，它是由电阻丝绕制在支架上而构成的。为了避免热电阻在通过交流信号时产生电抗，在绕制热电阻时采用双线无感绕制法。当热电阻的温度升高（变化范围不是很大）时，虽然热电阻内自由电子的数目基本不变，但每个自由电子的动能将增加，因此在一定的电场作用下，要使这些杂乱无章的电子做定向运动就会遇到更大的阻力，导致热电阻的电阻值随温度的升高而增大。

3．热电阻的特性

1）铂热电阻

图 2-1-1（b）所示的铂热电阻的特点是测温精度高、稳定性好，所以它在温度传感器中得到了广泛应用。

铂热电阻的统一型号为 WZP，主要用作标准电阻温度计。国际标准有分度号为 PT100 的铂热电阻，表示 0℃时的电阻值为 100Ω。

WZP-269   WZP-267

（a）普通热电阻   （b）铂热电阻

图2-1-1   热电阻

2）铜热电阻

由于铂是贵金属，所以在测量精度要求不高，温度范围在-50～150℃时普遍使用铜热电阻。铜热电阻的统一型号为 WZC，常用作工业电阻温度计。目前国际规定的铜热电阻有 Cu50 和 Cu100 两种。热电阻的特性如表 2-1-1 所示。

表2-1-1   热电阻的特性

材料	铂	铜	镍
温度范围/℃	-50～960	-50～150	-100～300
电阻率/（Ω·m×10⁻⁶）	0.0981～0.106	0.017	0.118～0.138
0～100℃电阻温度系数平均值/×10⁻³	3.92～3.98	4.25～4.28	6.21～6.34
化学稳定性	在氧化性介质中性能稳定，不宜在还原性介质中使用，尤其在高温情况下	超过 100℃易氧化	
特性	近于线性，性能稳定，精度高	线性	
用途	可作为标准测温装置	可用于低温、无水分、无侵蚀性介质测温	一般测温

4．热电阻的分类

除了按材料区分热电阻的类型，还可以按结构区分热电阻的类型，如图 2-1-2 所示。

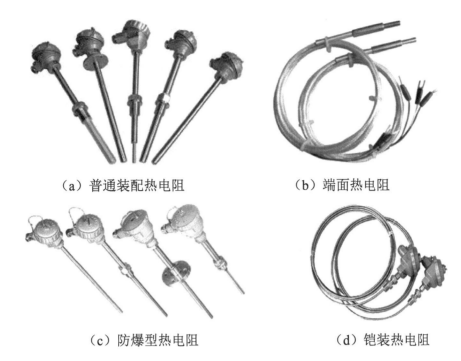

（a）普通装配热电阻　　　　　（b）端面热电阻

（c）防爆型热电阻　　　　　（d）铠装热电阻

图2-1-2　热电阻外形

1）普通装配热电阻

普通装配（可拆卸）热电阻通常由接线盒、保护管、接线端子、绝缘套管和感温元件等部件组成，如图 2-1-3 所示。

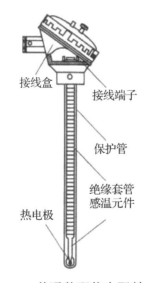

图2-1-3　普通装配热电阻结构图

2）铠装热电阻

铠装（不可拆卸）热电阻比普通装配热电阻直径小，易弯曲，抗震性好，适宜安装在普通装配热电阻无法安装的场合，具有精确、灵敏、热响应时间短、质量稳定、使用寿命长等优点。

铠装热电阻通常由铂热电阻感温元件、安装固定装置和接线装置等主要部件组成。其外保护管采用不锈钢套管，内充满高密度氧化物绝缘体，因此它具有很强的抗污染特性和优良的机械强度，适合安装在环境恶劣的场合。

3）端面热电阻

端面热电阻感温元件由特殊处理的电阻丝绕制而成，紧贴在温度计端面。它与一般轴向热电阻相比，能更正确和快速地反映被测端面的实际温度，适用于测量轴瓦和其他机件的端面温度，其安装形式如图 2-1-4 所示。

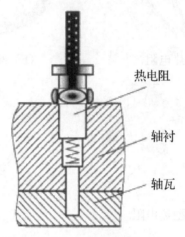

图2-1-4　端面热电阻的安装形式

4）防爆型热电阻

防爆型热电阻与可拆卸式热电阻的结构、原理基本相同，区别是防爆型热电阻的接线盒（外壳），在设计上采用特殊防爆结构。接线盒用高强度铝合金压铸而成，并具有足够的内部空间、壁厚和机械强度。橡胶密封圈的热稳定性均符合国家防爆标准。所以，当接线盒内部的爆炸性混合气体发生爆炸时，其内压不会破坏接线盒，而由此产生的热能不会向外扩散、传爆，达到可靠的防爆效果。

5．热电阻的接线方式

热电阻测温系统一般由热电阻、连接导线和显示仪表等组成。热电阻在工业测量桥路中采用两线制接法、三线制接法和四线制接法，如图 2-1-5 所示。

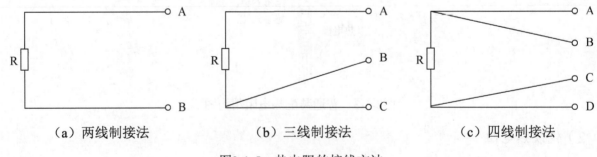

（a）两线制接法　　　　　（b）三线制接法　　　　　（c）四线制接法

图2-1-5　热电阻的接线方法

热电阻的测量电路通常采用不平衡电桥来转换，图 2-1-6 所示为电桥测量电路的基本形式。它由 R_1、R_2、R_3、R_4 四个阻抗元件首尾串接而成，称为桥臂。在串接回路中相对的两个结点 A、C 接入电桥电源 E（也称为工作电压）；在另两个相对结点 B、D 上将有输出电压 U_o。$U_o = 0$ 时，电桥为平衡电桥；反之，电桥为非平衡电桥。因为 $U_o = U_B - U_D$，而

$$U_B = E \frac{R_2}{R_1 + R_2} \qquad (2\text{-}1\text{-}1)$$

$$U_D = E \frac{R_3}{R_3 + R_4} \qquad (2\text{-}1\text{-}2)$$

所以不难推出当 $R_2 R_4 = R_1 R_3$ 时，$U_o = U_{BD} = 0$，此时电桥平衡。

测量时一般使 $R_1 = R_2 = R_3 = R_4$，把热电阻接入 R_1 桥臂中，则输出电压 U_o 的变化量反映出热电阻的阻值随温度的变化情况。

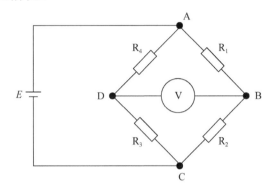

图2-1-6　电桥测量电路的基本形式

工业热电阻需要安装在生产现场，而其指示或记录仪表要安装在控制室，其间引线很长，如果仅用两根导线接在热电阻两端，导线本身的阻值势必和热电阻的阻值串联在一起，造成测量误差。如果每根导线的阻值是 r，测量结果中必然含有绝对误差 $2r$。这个误差很难修正，因为 r 的值是随导线沿途的环境温度而变化的，环境温度并非处处相同，且又变化莫测。这就注定了上述两线制连接方式不宜在工业热电阻上普遍应用。

为避免或减少导线电阻对测温的影响，工业热电阻多半采用三线制接法，即热电阻的一端与一根导线相接，另一端同时接两根导线。当热电阻与电桥配合时，三线制接法的优越性可由图 2-1-7 说明。图 2-1-7 中热电阻 RT 的三根导线，粗细相同，长度相等，阻值都是 r。其中一根导线串联在电桥的电源上，对电桥的平衡与否毫无影响。另外两根导线分别串联在电桥的相邻两臂里，使相邻两臂的阻值都增加同样大的阻值 r。

当电桥平衡时，可写出下列关系，即

$$\left(R_{RT} + r\right) R_2 = \left(R_3 + r\right) R_1 \qquad (2\text{-}1\text{-}3)$$

由此可以得出

$$R_{RT} R_2 = R_1 R_3 + r R_1 - r R_2 \qquad (2\text{-}1\text{-}4)$$

设计电桥时如果满足 $R_1 = R_2$，则式（2-1-4）中等号右边含有 r 的两项完全消去，就和 $r = 0$ 的电桥平衡公式完全一样了。这种情况下，导线电阻 r 对热电阻的测量毫无影响。但必须注意，只有如图 2-1-7 所示的左右对称的电桥（$R_1 = R_2$ 的电桥）在平衡状态下才是如此。

在精密测量中，四线制接法如图 2-1-8 所示。

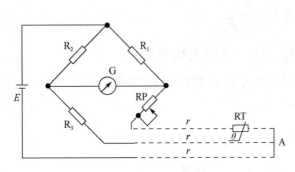

G—检流计；R_1、R_2、R_3—固定电阻；

RP—零位调节电阻；RT—热电阻

图2-1-7　三线制接法

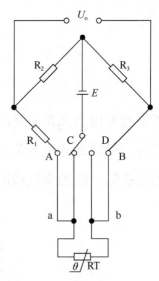

图2-1-8　四线制接法

二、热敏电阻温度传感器

1．认识热敏电阻

热敏电阻是一种对温度反应敏感、阻值会随着温度的变化而变化的非线性半导体电阻器。常见热敏电阻的外形如图2-1-9所示。

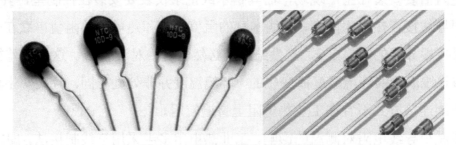

图2-1-9　常见热敏电阻的外形

热敏电阻通常是由某些金属氧化物或单晶硅、锗等材料按特定工艺制成的，它对温度反应较为敏感，其阻值随温度变化较为显著。

2．热敏电阻的特点

相对一般金属电阻，热敏电阻有以下特点。

（1）电阻温度系数大，为金属电阻的10～100倍，灵敏度较高。

（2）工作范围较宽。低温器件适用于-273～55℃的环境，常温器件适用于-55～315℃的环境，高温器件适用于高于315℃（目前最高可达到2000℃）的环境。

（3）电阻率高，适宜进行动态测量。

（4）结构简单、体积小、易加工成复杂的形状，能够测量其他温度计无法测量的空隙、腔体及生物体内血管的温度。

（5）使用方便，阻值在0.1～100kΩ任意选择。

热敏电阻的缺点是阻值与温度的非线性严重，互换性差。

3．热敏电阻的类型

按照阻值与温度变化的规律，热敏电阻可分为负温度系数热敏电阻（NTC）、正温度系数热敏电阻（PTC）和临界温度热敏电阻（CTR）三大类。

图 2-1-10 所示为三类热敏电阻的电阻温度特性曲线。

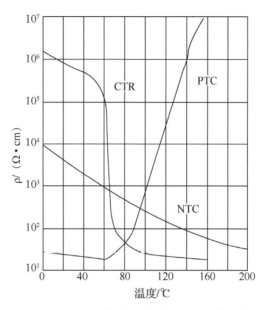

图2-1-10　三类热敏电阻的电阻温度特性曲线

（1）在所有热敏电阻中，NTC 热敏电阻占绝大多数，其温度特性有明显的非线性，温度越高，阻值越小。大多数 NTC 热敏电阻具有很高的负电阻温度系数，特别适用于测量-100～300℃的温度，广泛应用于复印机、打印机、空调机、电烤箱等办公设备和家用电器中。

（2）PTC 热敏电阻在常温下阻值较小，其电阻温度特性曲线中有斜率最大的区域。当温度超过某一数值时，其阻值迅速增大，主要用于彩色电视机的消磁、各种电气设备的过热保护。

（3）CTR 热敏电阻也是负温度系数热敏电阻，但与 NTC 热敏电阻不同的是，CTR 热敏电阻在某一温度范围内，其阻值会发生急剧下降，曲线斜率在此区域段特别陡，灵敏度极高，主要用于温度开关，适用于制造位式作用的传感器。

4．热敏电阻的应用

1）电动机过热保护电路

图 2-1-11 所示为电动机过热保护电路，它是由 PTC 热敏电阻和施密特电路构成的控制电路。图 2-1-11 中，RT_1、RT_2、RT_3 为三只特性一致的阶跃型 PTC 热敏电阻，它们分别埋设在电动机定子的绕组中。正常情况下，PTC 热敏电阻处于常温状态，它们的总阻值小于 $1k\Omega$。此时，VT_1 截止，VT_2 导通，继电器 K 得电吸合常开触点，电动机由市电供电运转。

当电动机因故障局部过热时，只要有一只 PTC 热敏电阻受热超过预设温度时，其阻值就会超过 $10k\Omega$。此时，VT_1 导通，VT_2 截止，VD_2 显示红色报警信号，继电器 K 失电释放，电动机停止运转，达到保护的目的。

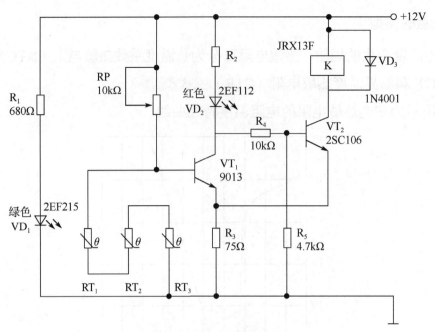

图2-1-11 电动机过热保护电路

2）热敏电阻在节能灯上的应用

将 PTC 热敏电阻用在节能灯电子镇流器上，不必改动线路，只需将产品直接跨接在灯管的谐振电容两端，即可改变电子镇流器、电子节能灯的硬启动为预热启动，如图 2-1-12 所示，灯丝的预热时间为 0.4～2s，可延长灯管寿命 4 倍以上。

刚接通开关时，PTC 热敏电阻处于常温态，其阻值远远低于 C_2 的阻抗，电流通过 C_1、PTC 热敏电阻形成回路预热灯丝。0.4～2s 后，温度升高至居里温度（当热敏电阻的阻值开始呈阶跃性增加时的温度称为开关温度，也称为居里温度），使 PTC 热敏电阻跃入高阻态，其阻值远远高于 C_2 的阻抗，电流通过 C_1、C_2 形成回路，导致 L 谐振，产生高压点亮灯管。

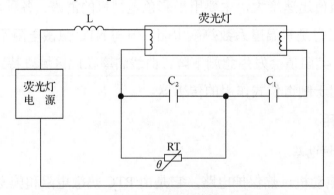

图2-1-12 电子节能灯预热启动的电路图

3）热敏电阻在电冰箱压缩机启动控制电路中的应用

电动机在启动时，要克服本身的惯性，同时还要克服负载的反作用力（如冰箱压缩机启动时必须克服制冷剂的反作用力），因此电动机启动时需要较大的电流和转矩。当电动机转动正常后，为了节约能源，需要的转矩又要大幅度下降。可给电动机一组辅助绕组，只在电动机启动时工作，正常后它就断开。将 PTC 热敏电阻串联在启动辅助绕组回路中，启动后 PTC 热敏电阻进入高阻态切断辅助绕组，正好可以达到较大的启动转矩。

如图 2-1-13 所示，在电冰箱压缩机的启动绕组上串联一只 PTC 热敏电阻，当温控器接通电源时，电源电流全部加在启动绕组上，此时，PTC 热敏电阻可将约 7A 的电流在 0.1～0.4s 之内衰减至 4A 左右，再经 3s 左右的时间使电流降为 10～15mA，这样，启动绕组因 PTC 热敏电阻"关闭"而停止工作。而这时运行绕组已处于正常工作状态。这种启动装置的特点是性能可靠，寿命长，实现了无触点启动。而且这种方法还对低电压启动有较强的适应性。供电电压在 160V 时，只要输入电流稍大于 2A，电冰箱压缩机就能正常启动。

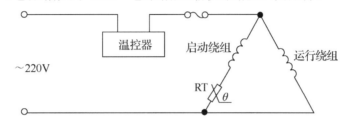

图2-1-13　PTC热敏电阻在电冰箱压缩机启动控制电路中的应用

电冰箱压缩机启动装置的 PTC 热敏电阻通常具有以下主要参数。

标称电阻值：20～40Ω。

额定电压：270V。

击穿电压：≥400V。

最大启动电流：8A。

稳定时间：0.1～1s。

稳态功耗：<4W。

恢复时间：≤3s。

目前，热敏电阻在国内外已经得到了广泛的应用，而且还大量用于家用电器。表 2-1-2 列出了热敏电阻在部分家用电器中的应用情况，表中打点的地方表示家电设备使用热敏电阻，并完成相应功能。

表2-1-2　热敏电阻的特性

家电设备	传感器	温度补偿	过载保护	恒温加热	暖风	自动消磁	电动机启动	延时
彩电/彩显		●	●			●		
节能灯								●
电热驱蚊器				●				
电冰箱							●	
空调器					●		●	
音响设备	●	●	●					
电风扇							●	
电饭煲	●			●				
加湿器				●				

续表

家电设备	传感器	温度补偿	过载保护	恒温加热	暖风	自动消磁	电动机启动	延时
影碟机		●	●					
复印机	●			●				
计算机		●	●					
火灾报警器	●	●						
电子辉光启动器	●							●
电熨斗				●				
电热毯	●			●				

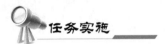

一、任务准备

实施本任务教学所使用的设备器材及工具仪表可参考表2-1-3。

表2-1-3　设备器材及工具仪表

序号	分类	名称	型号规格	数量	单位	备注
1	工具仪表	万用表	MF-47 或自定	1	块	
2		电工常用工具		1	套	
3		电烙铁	35W	1	把	
4	设备器材	NTC 热敏电阻	MF52-50kΩ	1	个	
5		烧杯	250ml（内装冰水混合物）	1	个	
6		酒精灯		1	个	
7		金属铁架台		1	个	
8		玻璃温度计	最高测温 150℃	1	支	
9		直流稳压电源	LM1718A	1	个	
10		检流计	AZ19	1	个	
11		滑动变阻器 RP₁	10kΩ	1	个	
12		滑动变阻器 RP₂	1kΩ	1	个	
13		电阻箱	J2361	4	组	
14		电阻 R₅	2kΩ	1	个	

二、热敏电阻温度计的制作

本任务是制作用于测量 0～100℃水温的温度计。热敏电阻温度计的电路图如图 2-1-14 所示。取 $R_2 = R_3$，电阻 R_1 的阻值等于测温范围最低温度（0℃）时热敏电阻的阻值。电阻 R_4 是校正满刻度电流用的，取电阻 R_4 的阻值等于测温范围最高温度（100℃）时热敏电阻的阻值。测量时首先把开关 S_2 接在 2 端（电阻 R_4 端），改变滑动变阻器 RP₂ 使微安表指示满刻度，然后把开关 S_2 接在 1 端（热敏电阻 RT 端），使电路在 0℃时，$R_{RT} = R_1$，$R_2 = R_3$，电桥平衡，微安表指示为零。温度越高，热敏电阻 RT 的阻值越小，电桥越不平衡，通过表头的电流也就越大。这样就可以通过表头的电流来表征被测温度的高低。

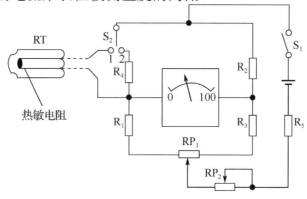

图2-1-14 热敏电阻温度计的电路图

1．元器件识别与测试

1）元器件识别

按表 2-1-3 核对所用器材的数量、型号和规格，识别所用工具及元器件。

2）热敏电阻的测试

将万用表调到 $R\times1\Omega$ 挡，测出常温下热敏电阻的阻值，与其标称值比较，若二者相差在±2Ω内，则说明为正常；若测量值与标称值相差过大，则说明其性能不良或已损坏。

在常温测试之后即可进行加温检测，具体操作方法是将一热源（如电烙铁）靠近热敏电阻对其加热，同时用万用表监测热敏电阻的阻值是否随温度的变化而变化，若阻值变化，则说明热敏电阻正常；若阻值无变化，则说明热敏电阻性能变差，不能继续使用。注意不要使热源与热敏电阻靠得过近或直接接触热敏电阻，以防止热源将热敏电阻烫坏。

2．测量热敏电阻的阻值

1）测 0℃时的热敏电阻的阻值 R_0

将万用表的转换开关拨到 $R\times1\Omega$ 挡，用鳄鱼夹代替表笔分别夹住热敏电阻的两脚，把热敏电阻浸到装有冰水混合物的烧杯中，如图 2-1-15 所示，分别记录此时温度计和万用表的读数，填入表 2-1-4 中。

2）测 100℃时的热敏电阻的阻值 R_{100}

用酒精灯将烧杯中的水烧沸后将热敏电阻放入烧杯中，再用上述方法记录下此时热敏电阻的阻值，填入表 2-1-4 中。

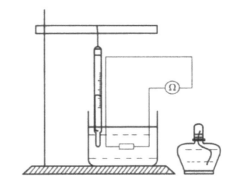

图2-1-15 测量热敏电阻的阻值的示意图

表2-1-4　测量数据

项目	检测次数									
	1	2	3	4	5	6	7	8	9	10
温度 t/℃										
阻值 R/Ω										
微安表读数										

3）连接电路

按照图 2-1-14 所示电路，在万能电路板上插装和焊接电路。插装元器件时，要注意元器件的布局和连线，元器件排列整齐。焊接前，对照电路图进行检查，确保元器件插装正确。

4）零点校对

（1）闭合开关 S_1，并将开关 S_2 拨到 2 位。

（2）将电阻 R_1、R_2、R_3、R_4 的阻值均调到 R_0 的数值，然后调节滑动变阻器 RP_1，使微安表的读数为零，则此时微安表的零刻度就是要测量的最低温度零度。

5）满刻度校对

（1）保持电阻 R_1、R_2、R_3 的阻值不变，将电阻 R_4 的阻值调到热敏电阻的最高温度 100℃时的阻值 R_{100}。

（2）调节滑动变阻器 RP_2，使微安表的读数为满刻度，则此时微安表的满刻度对应的就是热敏电阻所测量的最高温度 100℃。

6）数据测量

将开关 S_2 拨到 1 位，保持滑动变阻器的阻值及电阻 R_1、R_2、R_3 的阻值不变。将热敏电阻放入烧杯中，分别测量热敏电阻在不同温度下的阻值，从高温到低温边测量边记录不同温度时微安表偏转的格数，并填入表 2-1-4 中。

7）画出电阻温度特性曲线

根据所测数据，绘制电阻温度特性曲线。

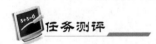 任务测评

对任务实施的完成情况进行检查，并将结果填入表 2-1-5 中。

表2-1-5　任务测评表

序号	主要内容	考核项目	评分标准	配分	扣分	得分
1	热敏温度计的制作	测试	1. 能按要求安装实验装置； 2. 能按要求连接电路，电路连接可靠； 3. 能按操作要求和步骤实施测量	45分		
		数据处理	1. 数据读数方法正确，测量结果可靠； 2. 电阻温度特性曲线绘制正确	45分		

续表

序号	主要内容	考核项目	评分标准	配分	扣分	得分
2	安全文明生产	劳动保护用品穿戴整齐;遵守操作规程;操作结束要清理现场	1. 操作中,违反安全文明生产考核要求的任何一项扣 2 分,扣完为止; 2. 当发现学生有重大事故隐患时,要立即予以制止,并每次扣安全文明生产分 5 分	10 分		
			合　计			

任务 2　热电偶测温

学习目标

◇ 知识目标:

1. 掌握热电偶的结构、特性及测温原理。

2. 理解热电偶的测温原理。

3. 掌握热电偶的基本定律及温度补偿方法。

4. 掌握热电偶热电效应的测试方法。

◇ 能力目标:

会制作简易热电偶,并能用热电偶进行物体温度的检测。

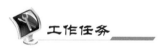

工作任务

本任务的主要内容是:通过学习,掌握热电偶的结构、特性及测温原理,会制作简易热电偶,并能用热电偶进行物体温度的检测。

相关知识

一、认识热电偶

热电偶传感器简称热电偶,是基于热电效应而在电路中产生电动势的一对不同材料的导体。图 2-2-1 所示为热电偶外形。

热电偶发明于 1826 年,是目前接触式测温中应用最广的温度传感器。其测温范围较宽,一般为-270～1800℃,最高的可达 3000℃,并有较高的测量精度。另外,它具有结构简单、使用方便、热惯性小、性能稳定、准确度高、响应速度快、适于远距离测量等优点。其产品已标准化、系列化,运用十分方便。

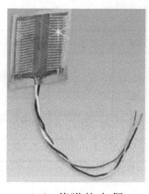

（a）普通装配热电偶　　（b）铠装热电偶　　（c）表面热电偶　　（d）薄膜热电偶

图2-2-1　热电偶外形

二、热电偶的分类

1. 普通装配热电偶

图 2-2-1（a）所示为普通装配热电偶，它通常由热电极、绝缘套管、保护管、接线盒、接线端子组成，其内部结构示意图如图 2-2-2 所示。

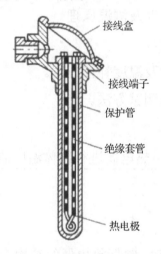

图2-2-2　普通装配热电偶内部结构示意图

普通装配热电偶的热电极一般直径为 0.35～3.2mm，长度为 250～300mm。绝缘套管可防止两个热电极短路，一般采用陶瓷材料，保护管在最外层，可增加强度，并防止热电偶被腐蚀或受火焰和气流的直接冲击。接线盒用于固定线座和连接外接导线，一般采用铝合金材料，盒盖用垫圈加以密封以防污物进入。

普通装配热电偶主要用于气体、蒸气和液体等介质的温度检测。

2. 铠装热电偶

铠装热电偶与普通装配热电偶的结构相同，它是将热电极、绝缘套管等连同保护管一起拉制成形，经焊接密封和装配工艺制成坚实的组合体，外形如图 2-2-1（b）所示。其绝缘套管可长达 100m，管外径最细为 0.25mm。铠装热电偶已实现标准化、系列化，具有体积小、动态响应快、柔性好、便于弯曲、强度高等优点，因此被广泛用于工业生产，特别是高压装置和狭窄管道温度的测量。

3. 表面热电偶

表面热电偶外形如图 2-2-1（c）所示，它主要用于现场流动的测量，广泛用于纺织、印染、造纸、塑料及橡胶工业。

4. 薄膜热电偶

薄膜热电偶外形如图 2-2-1（d）所示。薄膜热电偶是利用真空镀膜、化学涂层和电泳等方法，将两种电极材料直接蒸镀（或沉积）于绝缘的基片上而制成的。它的测量端既小又薄，热容量很小，动态响应快，可用于微小面积上的温度测量及快速变化的表面温度测量。测量时薄膜热电偶用特殊黏合剂紧贴在被测表面，由于受黏合剂的限制，测量温度范围一般为-200～300℃。

另外，还有红外热电偶（见图 2-2-3）、快速热电偶、高压热电偶、耐磨热电偶等，在此不再赘述。

以上是按热电偶的结构分类的情况。按照构成材料的不同，国际通用分度号为 S、R、B、K、E、J、T、N 的 8 种热电偶为标准化热电偶，它们的基本特性如表 2-2-1 所示。

图2-2-3　红外热电偶

表2-2-1　标准化热电偶的基本特性

分度号	热电偶名称	热电偶材料		极限使用温度/℃
		正极	负极	
S	铂铑 10-铂	铂铑 10	铂	−270～1768
R	铂铑 13-铂	铂铑 13	铂	0～1768
B	铂铑 30-铂铑 6	铂铑 30	铂铑 6	−270～1800
K	镍铬-镍硅	镍铬	镍硅	−270～1300
E	镍铬-铜镍	镍铬	铜镍	−270～900
J	铁-铜镍	铁	铜镍	−270～1200
T	铜-铜镍	铜	铜镍	−270～400
N	镍铬硅-镍硅	镍铬硅	镍硅	−270～1300

除以上 8 种常用的热电偶外，非标准化的热电偶还有钨铼系热电偶、铂铑系热电偶、铱铑系热电偶、铂钼系热电偶和非金属材料热电偶等。

国内常用的热电偶有 K、E、S 和 B 型（分度号）。

三、热电偶的测温原理

1. 热电效应

热电偶是利用热电效应的原理制成的，其热电效应示意图如图 2-2-4 所示。当两种不同材料的导体 A 和导体 B 组成一个闭合回路时，若两结点的温度不同，分别为 t 和 t_0，则在该回路中会产生电动势，这种现象称为热电效应，也称为塞贝克效应。此电动势称为热电动势，导体A、B称为热电极。

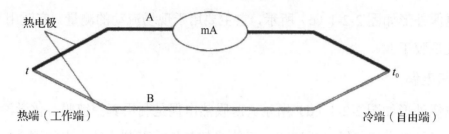

图2-2-4 热电偶的热电效应示意图

热电偶闭合回路中产生的热电动势由温差电动势和接触电动势组成。

温差电动势是指同一导体两端因温度不同而产生的电动势。对于单一导体，如果其两端的温度不同，则导体内高温端的自由电子具有较大的动能，会向低温扩散，因而在导体两端产生了电动势，这个电动势称为单一导体的温差电动势。

接触电动势是指两种导体的热电极由于材料不同而具有不同的自由电子密度，而热电极结点接触面就会产生自由电子的扩散现象，自由电子将从密度大的导体 A 扩散到密度小的导体 B，使导体 A 失去电子带正电，导体 B 得到电子带负电，当达到动态平衡时，在热电极结点处便产生一个稳定的电动势差。

通常情况下，温差电动势比接触电动势小很多，可忽略不计。

设计和制作热电偶时应注意以下特点。

（1）如果组成热电偶的两个热电极的材料不同，即使两结点的温度相同也不会产生热电动势。

（2）如果组成热电偶的两个热电极的材料相同，即使两结点的温度不同也不会产生热电动势。

（3）当热电极的材料选定后，热端温度和冷端温度的温差越大，热电动势就越大。

（4）通常热电偶的接触电动势远大于温差电动势，因而回路中的热电动势的方向取决于热端的接触电动势方向，电子密度大的导体 A 为正极，电子密度小的导体 B 为负极。

2．测温原理

热电动势的大小与热电极的长度和直径无关，只与热电极的材料和冷、热两端的温度有关。如果热电极的材料选定，冷端的温度确定，那么热电动势就只与热端温度有关，因此就可以通过测量热电动势的大小得到热端的温度值，这就是热电偶的测温原理。

四、热电偶的基本定律

1．均质导体定律

由同一种均质（电子密度处处相同）导体或半导体组成的闭合回路中，不论其截面积和长度如何，不论其各处的温度分布如何，都不能产生热电动势，这就是均质导体定律。应该注意的是，热电偶必须由两种不同的均质材料制成，热电动势的大小与热电极的材料的两个结点的温度有关，而与热电极的截面积及温度分布无关。

2．中间导体定律

在热电偶回路中接入第三种导体，其示意图如图 2-2-5 所示，只要接入导体的两端温度相等，对热电偶回路中总的热电动势就无影响，这就是中间导体定律。

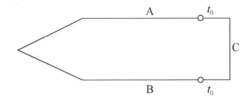

图2-2-5 接入第三种导体的示意图

根据这个定律，用热电偶测温时，可在回路中接入连接导线和仪表，也可采用开路热电偶对液态金属和金属壁面进行温度测量，只要保证两热电极插入的地方温度相同即可，如图 2-2-6 所示。

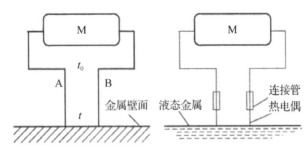

图2-2-6 热电偶测量液态金属和金属壁面温度的示意图

3．中间温度定律

在热电偶测量电路中，热端温度为 t，冷端温度为 t_0，中间温度为 t'，则 (t, t_0) 的热电动势等于 (t, t') 与 (t', t_0) 热电动势的代数和，即

$$E(t, t_0) = E(t, t') + E(t', t_0)$$

这个定律是中间温度定律，为热电偶回路中使用补偿导线提供了理论依据，也为冷端温度修正法提供了计算公式。根据这个定律，采用与热电偶热电特性相近的导体 A′ 和 B′，将热电偶冷端延伸到温度恒定的地方。

如图 2-2-7 所示，如果两种导体 A 和 B 分别与第三种导体 C（标准电极）组成的热电偶所产生的热电动势是已知的，则这两种导体所组成的热电偶的热电动势也是已知的，且

$$E_{AB}(t, t_0) = E_{AC}(t, t_0) + E_{BC}(t, t_0)$$

这个定律是标准电极定律。只要测得标准电极与各种金属组成的热电偶的热电动势，任何两种电极配对组成的热电偶的热电动势就可根据标准电极定律计算出来，而不需要逐个进行测

得，这极大地简化了热电偶选配电极的工作。由于纯铂丝的物理、化学性能稳定，熔点较高，易提纯，所以目前常用纯铂丝作为标准电极。

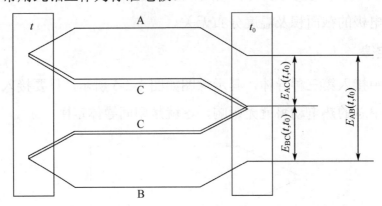

图2-2-7　由标准电极组成的热电偶示意图

五、热电偶的冷端温度补偿

工业上常用的各种热电偶的温度-热电动势关系曲线是在冷端温度保持 0℃的情况下得到的，因此在应用热电偶测温时，只有将冷端温度保持为0℃，或者进行一定的修正后才能得出准确的测量结果，这称为热电偶的冷端温度补偿。

通常采用的冷端温度补偿方法有以下几种。

1．补偿导线法

根据热电偶的测温原理可知，当冷端温度保持不变时，热电偶回路的热电动势与热端温度呈单值对应关系。而实际测温时，由于热电偶一般比较短（0.35～2m），长度有限，冷端温度会直接受到被测介质的温度和周围环境的影响，无法保持恒定，因此会产生测量误差。

为了准确测量温度，一般采用补偿导线将热电偶的冷端引到远离被测对象并且温度又比较稳定（通常为室温）的地方。

补偿导线由两种不同性质的廉价金属材料制成，在一定温度范围内（0～100℃），与所配接的热电偶具有相同的热电特性，起到延长冷端的作用。

如图 2-2-8 所示，其中 A′、B′为补偿导线。使用补偿导线时必须注意：不同的热电偶要求配用不同型号的补偿导线，如表 2-2-2 所示，并且极性不能接反，在规定的温度范围内使用，两根补偿导线与热电偶相连的两个结点温度必须相同。

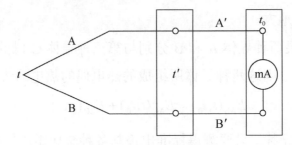

图2-2-8　补偿导线法

表2-2-2　常用热电偶补偿导线表

补偿导线型号	配用的热电偶分度号	补偿导线		补偿导线颜色	
		正极	负极	正极	负极
SC	S	SPC（铜）	SNC（铜镍）	红	绿
KC	K	KPC（铜）	KNC（铜镍）	红	蓝
KX	K	KPX（镍铬）	KNX（镍硅）	红	黑
EX	E	EPX（镍铬）	ENX（铜镍）	红	棕
JX	J	JPX（铁）	JNX（铜镍）	红	紫
TX	T	TPX（铜）	TNX（铜镍）	红	白

在将热电偶与补偿导线连接时，使用热电偶连接器（见图 2-2-9）不但方便，还可以将热电偶连接器产生的测量误差减到最小。热电偶连接器采用与热电偶相同的金属材料制成，还备有高温用和屏蔽用的接地线。

图2-2-9　热电偶连接器

2．冷端补偿法

因为工程上使用的热电偶的分度表和热电偶的显示仪器都是在冷端温度为0℃时制成的，所以在实际使用时，如果冷端温度不为零，就不能通过分度表直接去查热电动势，因此必须对冷端进行补偿。

1）冷端恒温法

将热电偶的冷端置于冰水混合物的恒温容器中，使冷端的温度保持在0℃不变，称为冷端恒温法，也称为冰浴法。这种方法消除了冷端不为0℃时所引入的误差，但这种方法仅限于实验室中使用。

2）计算修正法

当热电偶的冷端温度为某一恒定温度 t_0 时，由分度表可查 $E(t_0,0)$，同时可测得电路中的热电动势 $E(t,t_0)$，则可根据中间温度定律，计算出热端相对于0℃所对应的热电动势 $E(t,0)$ 即

$$E(t,0) = E(t,t_0) + E(t_0,0)$$

然后由分度表查出实际温度值。

【例2-2-1】用铜-康铜热电偶测某一温度 t，冷端在室温环境 t_0 中，测得热电动势 $E(t,t_0)=$ 2.035mV，又用室温计测出 $t_0=20℃$，查此种热电偶的分度表可知，$E(20,0)=0.789$mV，故得

$$E(t,0)=E(t,20)+E(20,0)=2.035\text{mV}+0.789\text{mV}=2.824\text{mV}$$

再次查分度表，与2.824mV对应的热端温度 $t=67℃$。

3）补偿电桥法

补偿电桥法是比较常用的一种冷端补偿方法。如图2-2-10所示，在热电偶测温系统中串联一个不平衡电桥，用不平衡电压来自动补偿热电偶因冷端温度变化而引起的热电动势的变化。不平衡电桥由3个电阻温度系数较小的锰铜丝绕制的电阻 R_2、R_3、R_4 和一个电阻温度系数较大的铜丝绕制的电阻 R_{Cu} 共同组成，该不平衡电桥也称为冷端补偿器，被封装在一个盒子里，与冷端处于同一环境温度下。

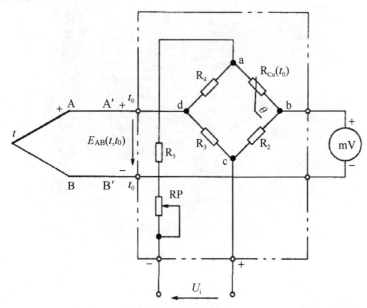

图2-2-10　补偿电桥法

设电桥在某一温度（通常是20℃）时处于平衡，此时，桥路输出电压 $U_{bd}=0$，电桥无补偿作用。假设环境温度升高，热电偶的冷端温度也随之升高，此时，热电偶的热电动势就有所降低，设为 ΔE_1。由于不平衡电桥与冷端处于同一环境温度中，所以电阻 R_{Cu} 的阻值将增大，电桥失去平衡，b、d间有输出电压，设为 ΔE_2。若适当选择桥臂电阻和电流的数值，使 ΔE_1 和 ΔE_2 数值相等、方向相反，则二者相加后为零，相互抵消。仪表读出的热电动势值便不受温度变化的影响，起到自动补偿的作用。

值得注意的是，如果电桥是在20℃时平衡的，则采用这种电桥补偿时必须把仪表的机械零点预先调到20℃处；如果电桥是被设计成在0℃时平衡的，则仪表的机械零点应调到0℃处。

4）仪表机械零点调整法

仪表机械零点调整法是当热电偶与动圈式仪表配套使用时，若热电偶的冷端温度比较恒

定，对测量精度要求又不太高，则可将动圈式仪表的机械零点调整至热电偶冷端所处的温度 t_0 处，这相当于在输入热电偶的热电动势之前就给仪表输入一个热电动势 $E(t_0,0)$。这样，仪表在使用时所指示的值约为 $E(t_0,0)+E(t,t_0)$。

在进行仪表机械零点调整时，首先必须将仪表的电源和输入信号切断，然后用螺钉旋具调节仪表面板上的螺钉，使指针指到 t_0 的刻度上。当气温变化时，应及时修正指针的位置。

此方法虽有一定的误差，但非常简便，在工业上经常采用。

 任务实施

一、任务准备

实施本任务教学所使用的设备器材及工具仪表可参考表 2-2-3。

表2-2-3 设备器材及工具仪表

序号	分类	名称	型号规格	数量	单位	备注
1	工具仪表	数字式万用表	DT9808 或自定	1	块	
2		电工常用工具		1	套	
3		电烙铁	35W	1	把	
4	设备器材	烧杯	250ml（内装冰水混合物）	1	个	
5		酒精灯		1	个	
6		玻璃温度计	最高测温 150℃	1	支	
7		漆包铜线	$\phi\,0.4mm$，长 250mm	1	根	
8		康铜丝	$\phi\,0.4mm$，长 250mm	1	根	
9		砂纸		1	张	

二、热电偶测温

1．制作简易热电偶

（1）将漆包铜线和康铜丝两端长约 10mm 部分用砂纸打磨光亮，除去漆包绝缘层和氧化层。

（2）将上述两段金属丝的一端互相绞紧连接，把多余的端头剪去，这样就制成一个可以临时使用的简易热电偶。

2．测试自制热电偶的热电效应

（1）将数字式万用表转换开关拨至 DC 200mV 挡后，将两根金属丝的冷端分别接数字式万用表的两个接线柱，记录下此时数字式万用表的读数。

（2）点燃酒精灯，用酒精灯加热热电偶的热端，观察数字式万用表的读数的变化，记录温度逐渐升高时数字式万用表的两次读数。

（3）熄灭酒精灯，使温度逐渐下降，观察数字式万用表的读数变化，再记录温度逐渐降低

时数字式万用表的两次读数。

（4）将测量数据填入表 2-2-4 中。

表2-2-4　测量数据

温度					
电压 U/mV					

通过实验可以看到，数字式万用表所显示的电压是酒精灯加热热电偶的热端引起的，而且温度越高，产生的电压越高，在酒精灯停止加热，热电偶的热端逐渐恢复常温后，电压逐渐减小，最终消失。

3．用热电偶测物体的温度

将数字式万用表的功能量程置于"0℃"位置，再将其附近（K 型热电偶）的红色插头插入"V-Ω-Hz"插孔，黑色插头插入"mA"插孔，然后将热电偶的热端分别放在冰水混合物、沸腾的开水及通电的电烙铁附近，读取数字式万用表的读数，并将数据填入表 2-2-5 中。

表2-2-5　测量数据

被测物体	冰水混合物	沸腾的开水	通电的电烙铁
温度/℃			

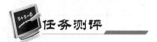 任务测评

对任务实施的完成情况进行检查，并将结果填入表 2-2-6 中。

表2-2-6　任务测评表

序号	主要内容	考核项目	评分标准	配分	扣分	得分
1	热电偶测温	制作热电偶	1．漆包铜线及康铜丝等端部处理合理； 2．漆包铜线及康铜丝端部连接牢固，美观	30分		
		热电效应测试	1．自制热电偶的冷端与数字式万用表的接线柱接触可靠； 2．测试方法正确，测试结果有效	30分		
		用热电偶测温	1．仪表量程使用正确，测量应用熟练； 2．测试方法正确，测量示值在误差范围之内	30分		
2	安全文明生产	劳动保护用品穿戴整齐；遵守操作规程；操作结束要清理现场	1．操作中，违反安全文明生产考核要求的任何一项扣 2 分，扣完为止； 2．当发现学生有重大事故隐患时，要立即予以制止，并每次扣安全文明生产分 5 分	10分		
合　计						

项目3

力和压力的检测

项目目标

◇ 知识目标：

1. 掌握电阻应变式传感器和压电式传感器的结构、特性及工作原理。

2. 理解电阻应变式传感器和压电式传感器的典型应用电路。

3. 掌握电阻应变片的粘贴方法。

4. 熟悉电阻应变片的温度补偿原理，掌握补偿方法。

5. 熟悉电阻应变式传感器和压电式传感器的应用。

◇ 能力目标：

1. 能正确粘贴电阻应变片。

2. 会应变片单臂电桥及压电效应性能测试的方法和步骤。

项目描述

力是物体之间的一种相互作用，它可使物体产生变形，也可以改变物体的机械运动状态，或改变物体所具有的动能和势能。在工业生产中，常需要通过对力、压力等物理量的检测及监控来达到自动控制的目的。本项目主要包括：应变电桥的性能测试、电子打火机压电效应的测试2个任务，要求学生通过这2个任务的学习，进一步掌握电阻应变式传感器、压电式传感器等常用的力传感器的工作原理及使用方法，以及在工业生产中力和压力的检测方法及应用。

任务 1 应变电桥的性能测试

学习目标

◇ 知识目标：

1. 理解应变效应。

2．掌握电阻应变式传感器的结构、特性及工作原理。

3．掌握电桥测量电路的工作原理及温度补偿方法。

4．理解电阻应变式传感器典型应用电路的工作原理。

5．掌握应变片单臂电桥性能测试的方法及步骤。

✧ 能力目标：

能完成应变片单臂电桥的性能测试。

本任务的主要内容是：通过学习，掌握电阻应变式传感器的结构、特性及工作原理，并能完成应变片单臂电桥的性能测试。

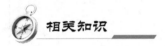

一、应变效应和电阻应变片

1．应变效应及其原理

金属或半导体电阻在外力的作用下发生机械变形（拉伸或压缩）时，其阻值发生变化的现象称为电阻的应变效应。

由电工学可知，当金属丝的长度为 l，横截面积为 S，半径为 r，电阻率为 ρ，且金属丝未受外力作用时，它的阻值为

$$R = \rho \frac{l}{S} = \rho \frac{l}{\pi r^2} \tag{3-1-1}$$

在沿金属丝的长度方向施加均匀力时，式（3-1-1）中的 ρ、l、r 都将发生变化，导致阻值发生变化，即当金属丝受外力作用而伸长时，长度增加，而横截面积减少，阻值增大；当金属丝受外力作用而压缩时，长度减小，而横截面积增加，阻值减小。这样，只要测量出金属丝阻值的大小，就可以反映外界作用力的大小，其关系可以表示为

$$\frac{\Delta R}{R} = K \frac{\Delta L}{L} = K\varepsilon \tag{3-1-2}$$

式中　　K——金属丝的灵敏度系数；

$\dfrac{\Delta R}{R}$——金属丝的电阻变化率；

$\dfrac{\Delta L}{L}$——金属丝的应变，通常用 ε 表示。

2．电阻应变片

电阻应变片就是利用电阻的应变效应制成的敏感元件，它可以把其机械变形转换成阻值的

变化。电阻应变片由敏感栅（电阻丝）、引线、基底、覆盖层、黏合剂等组成，其基本结构如图 3-1-1 所示。图 3-1-1 中，l 为敏感栅沿轴向测量变形的有效长度（电阻应变片的标距），b 为敏感栅的宽度（电阻应变片的基宽）。敏感栅是电阻应变片的主要组成部分，应变-电阻的变换就是由它完成的。因此，对敏感栅的金属材料有如下要求。

（1）灵敏度系数要大，并在所测应变范围内保持不变；

（2）电阻率要高而稳定，以便缩短敏感栅长度；

（3）抗氧化、耐腐蚀性好，电阻温度系数要小；

（4）机械强度高，具有良好的机械加工和焊接性能。

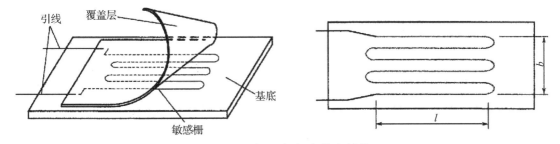

图3-1-1　电阻应变片基本结构

基底用于保持敏感栅、引线的几何形状和相对位置，覆盖层既保持敏感栅和引线的形状和相对位置，还可保护敏感栅。

基底材料通常有纸基和胶基两种。胶基由环氧树脂、酚醛树脂和聚酰亚胺等制成胶膜，厚度为 0.03～0.05mm。

黏合剂用于将敏感栅固定于基底上，并将覆盖层与基底粘贴在一起。

引线是从电阻应变片的敏感栅中引出的细金属线。要求引线材料的电阻率低，电阻温度系数小、抗氧化性能好，易于焊接。通常敏感栅材料都可以制作引线。

3．电阻应变片的分类

电阻应变片的品种繁多，形式多样，常用的电阻应变片有金属电阻应变片和半导体应变片两大类。

1）金属电阻应变片

金属电阻应变片又分为金属丝式、金属箔式和金属薄膜式三种结构。图 3-1-2 所示为几种不同类型的电阻应变片。

金属丝式应变片是将直径极细的电阻丝弯曲成若干个回纹形状后黏固在绝缘基板上制成的应变片。

金属丝式应变片是最早使用的，有纸基型、胶基型两种类型。金属丝式应变片的蠕变较大，金属丝易脱落，但其价格便宜，广泛用于一次性、低精度的应变、应力实验。现在这类金属丝式应变片逐渐被性能更好的金属箔式应变片代替。

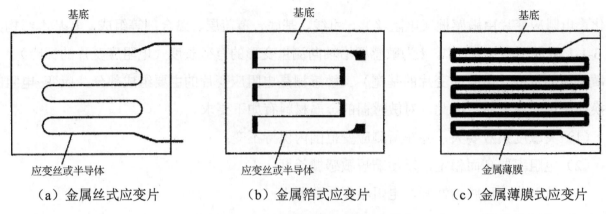

（a）金属丝式应变片　　　　（b）金属箔式应变片　　　　（c）金属薄膜式应变片

图3-1-2　几种不同类型的电阻应变片

金属箔式应变片是将数微米厚的金属膜黏固在环氧树脂基片上，再通过光刻、腐蚀等工艺制成的应变片。金属箔式应变片的金属膜厚度通常为 0.003～0.01mm，其面积比金属丝式应变片的面积大得多，所以散热效果好、允许通过的电流大、横向效应小、灵敏度系数较大、柔性好、寿命长、工艺成熟且适于大批量生产而得到广泛使用。

金属薄膜式应变片是采用真空蒸镀或真空沉淀等方法，在薄膜的绝缘基片上形成 0.1μm 以下的金属电阻薄膜敏感栅，最后加上保护层制成的应变片。它的优点是灵敏度系数较大，允许电流密度大，工作温度范围较广，可在核辐射等恶劣环境下工作。

2）半导体应变片

半导体应变片是利用半导体单晶硅的压阻效应制成的一种敏感元件（压阻效应是半导体晶体材料在某一方向受力产生变形时其电阻率发生变化的现象），如图 3-1-3 所示。半导体应变片的灵敏度高（一般比金属丝式应变片、金属箔式应变片高几十倍），横向效应小，故它的应用日趋广泛。

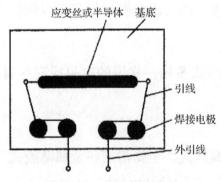

图3-1-3　半导体应变片

4. 电阻应变片的粘贴技术

电阻应变片在使用时通常是用黏合剂贴在弹性元件或试件上，正确的粘贴工艺对保证粘贴质量、提高测试精度起着重要的作用。因此电阻应变片在粘贴时，应严格按粘贴工艺要求进行。

1）电阻应变片的检查

对所选用的电阻应变片进行外观和电阻的检查。观察敏感栅的排列是否整齐、均匀，片内是否夹有气泡，是否有锈蚀及短路、断路和折弯现象。测量电阻应变片的电阻值，检查电阻值、精度是否符合要求，对于桥臂配对用的电阻应变片，其电阻值要尽量一致。

2）试件的表面处理

为了保证一定的黏合强度，必须将试件待贴表面进行打磨，除去锈斑、氧化皮、油污等覆盖层，再用直尺、钢针画出应变片定位线，最后用脱脂棉球酒精或丙酮清洗待贴表面以除去油脂、灰尘等，保持待贴表面平整、光滑。

3）确定贴片位置

在电阻应变片上标出敏感栅的纵、横向中心线，粘贴时应使电阻应变片的中心线与试件的定位线对准。

4）粘贴电阻应变片

将清洗干净的电阻应变片表面涂上黏合剂，轻轻地粘贴到试件的表面，然后在电阻应变片上盖上一片玻璃纸或透明的塑料薄膜，并用手轻轻滚动挤压，将多余的黏合剂和气泡排出。

5）固化处理

贴片后可根据使用的黏合剂的固化工艺进行固化处理。

6）粘贴质量检查

检查粘贴位置是否正确，电阻应变片的电阻值有无较大变化。电阻应变片与试件之间的绝缘电阻值应大于200MΩ。

7）引线的固定

将粘贴好的电阻应变片的两根导线的引线焊接在接线端子上，再将导线由接线端子引出。

8）引线的保护

为防止电阻应变片的电阻丝和引线被拉断，需用胶布将导线固定在试件表面，且要处理好导线与试件之间的绝缘问题。

9）防潮防湿处理

为防止因潮湿引起绝缘电阻黏合强度下降，因腐蚀而损坏电阻应变片，应在电阻应变片上涂一层硅橡胶、石蜡、蜂蜡、环氧树脂等防潮、防腐材料，固化后用万用表测量，电阻应变片的电阻值应无明显变化。

5．电阻应变片的参数

1）标准电阻值 R_0

标准电阻值是指在室温条件下，未安装的电阻应变片不受外力作用时测定的电阻值，也称为初始电阻值。主要规格有60Ω、90Ω、120Ω、150Ω、350Ω、600Ω、1000Ω等，其中，120Ω最为常用。

2）绝缘电阻值 R_G

绝缘电阻值是指敏感栅和基底之间的电阻值，一般应大于10MΩ。

3）灵敏度系数 K

灵敏度系数是指电阻应变片安装到被测物体表面后，在其轴线方向上的单向应力作用下，电阻应变片的电阻值的相对变化与被测物体表面上安装电阻应变片区域的轴向应变之比。

灵敏度系数是衡量电阻应变片质量优劣的主要指标，它的准确性直接影响测量精度，因而要求灵敏度系数的值尽量大而且稳定。

4）应变极限 ε_{max}

应变极限是指电阻应变片所能承受的最大应变值。在一定温度下，对电阻应变片缓慢施加拉伸负荷，传感器的指标应变值对真实应变值的相对误差大于 10%时的真实应变值为电阻应变片的应变极限。

5）允许电流 I_e

允许电流是指电阻应变片允许通过的最大电流。

6）机械滞后

机械滞后是指所粘贴的电阻应变片在温度一定时，其加载特性与卸载特性不重合。

产生机械滞后的原因主要是敏感栅、基底和黏合剂在承受机械应变后所留下的残余变形造成的。为了减小机械滞后，除选用合适的黏合剂外，最好在安装电阻应变片后，做三次以上的加卸载循环后再正式测量。

7）零点漂移和蠕变

（1）零点漂移：对于粘贴好的电阻应变片，当温度恒定且不承受应变时，其电阻值随时间增加而变化的特性称为电阻应变片的零点漂移。

产生原因：①敏感栅通电后的温度效应；②电阻应变片的内应力逐渐变化；③黏合剂固化不充分等。

（2）蠕变：如果在一定温度下，使电阻应变片承受恒定的机械应变，其电阻值随时间增加而变化的特性称为蠕变。一般蠕变的方向与原应变的方向相反。

产生原因：电阻应变片在制造过程中所产生的内应力、丝材、黏合剂、基底等的变化是造成电阻应变片蠕变的原因。

这两项指标都是用来衡量电阻应变片特性对时间的稳定性的。

二、电阻应变片的测量电路

1. 应变电桥

电阻应变片的机械应变一般都很小，引起的电阻值变化也很微小，一般为 $5×10^{-4}～1×10^{-1}\Omega$，因此，要精确地测量出微小电阻值的变化量，就需要有专用的测量电路，将电阻应变片电阻值的变化转换为电压或电流的变化，再由仪表显示输出。这种测量电路常被称为应变电桥。

应变电桥一般可分为直流电桥和交流电桥两种，由于直流电桥的输出信号在进一步放大时易产生零漂，故交流电桥的应用更为广泛。直流电桥只用于较大应变的测量，交流电桥可用于各种应变的测量。但直流电桥结构简单，与交流电桥的工作原理相似，所以这里以直流电桥为例进行分析。

1）电桥结构

与热电阻电桥测量线路相同，把电阻应变片接入电路桥臂即构成应变电桥，如图 3-1-4 所示。

电桥平衡条件：$R_2R_4 = R_1R_3$，$U_o = 0$，即电路输出为零。当其中某一应变电阻发生变化时，电桥平衡被打破，有电压输出，输出电压与被测量的变化成比例，因而达到测量被测量的目的。

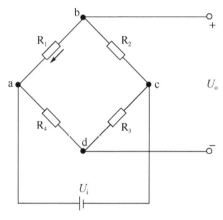

图3-1-4　电桥电路

在实际使用时，即使在平衡状态，电桥输出也不一定为零，因此，一般电桥测量电路都设有调零装置，如图 3-1-5 所示。

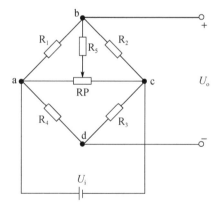

图3-1-5　设有调零装置的电桥电路

2）电桥形式

根据电阻应变片接入电桥工作桥臂的形式不同，应变电桥可分为以下 3 种形式。

（1）单臂电桥：电桥 4 个桥臂中只有一个电阻应变片。其输出电压为

$$U_o = \frac{1}{4}\frac{\Delta R}{R}U_i$$

（2）双臂电桥（又称为差动半桥）：电桥中相邻两个桥臂为电阻应变片。其输出电压为

$$U_o = \frac{1}{2}\frac{\Delta R}{R}U_i$$

（3）差动全桥：电桥 4 个桥臂均为电阻应变片。其输出电压为

$$U_o = \frac{\Delta R}{R}U_i$$

注意：

① 上述各式中的 ΔR 为电阻应变片的电阻值变化量，电桥 4 个桥臂的电阻值 R 均相同。

② 接入同一电桥各桥臂的电阻应变片的电阻值、灵敏度系数和电阻温度系数均应相同。

2. 应变电桥的温度补偿

在实际测量中，电阻应变片的电阻值不仅随机械应变而变化，其敏感栅的金属丝的电阻值也会随环境温度的变化而变化，这种由于环境温度的改变而给测量带来的附加误差，称为电阻应变片的温度误差。产生误差的原因：一是电阻应变片的电阻温度系数不一致；二是应变材料与被测试件材料的线膨胀系数不同，而使应变片产生附加应变。因此，为了提高测量精度，必须进行温度补偿。常用的温度补偿方法有电桥补偿法和应变片自补偿法两种。

1）电桥补偿法

电桥补偿法，又称为补偿片法，是最常用且效果较好的线路补偿方法，一般应用于单臂电桥。

接法一：如图 3-1-6 所示，在被测试件上安装一个工作应变片（工作片）R_1，在另一个与被测试件的材料相同但不受力的补偿件上安装一个补偿应变片（补偿片）R_2。测量时，把两者接入电桥的相邻两桥臂上。

由于补偿片与工作片完全相同，都贴在同样材料的试件上，且处于相同的环境温度中，因此因温度变化而使工作片所产生的电阻值变化 ΔR_1 和补偿片的电阻值变化 ΔR_2 相等，电桥仍处于平衡状态，输出不受温度影响，从而补偿了应变电桥的温度误差。

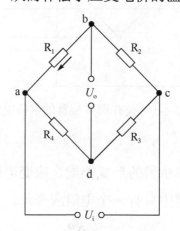

图3-1-6　电桥补偿法接法一

接法二：如图 3-1-7 所示，将工作片和补偿片分别贴在试件的上下两侧，当试件受力弯曲

时，上面的电阻应变片受到拉应变，下面的电阻应变片受到压应变，两者大小相等，方向相反。如果把工作片和补偿片接入应变电桥的相邻桥臂中，那么就会使电桥的输出电压增加一倍。此时补偿片既能起到温度补偿作用，又能提高测量灵敏度。

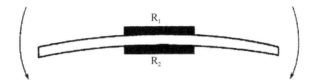

图3-1-7　电桥补偿法接法二

2）应变片自补偿法

所谓温度自补偿，就是当温度发生变化时，利用电阻应变片的自身特性，在使用温度范围内，使电阻应变片的虚假输出为零或在某一规定的允许范围内。

自补偿的电阻应变片制造简单，成本较低，但必须在特定的构件材料上才能使用，不同材料的试件必须采用不同的电阻应变片。

三、电阻应变式传感器

电阻应变式传感器是利用应变效应制成的一种测量微小机械变化量的传感器。它可将拉力、压力、扭矩、加速度、振动等非电量转换成电量，是目前应用最广泛的力传感器之一。

1．结构组成及外形

如图3-1-8所示，电阻应变式传感器主要由弹性元件、电阻应变片和外壳组成，核心元件是电阻应变片，但电阻应变片不能直接承受力，力只能作用在弹性元件上。所谓弹性元件，就是一种在力的作用下产生变形，当外力撤掉后又能完全恢复其原来状态的元件。实践中要求其具有良好的弹性、足够的精度，以及良好的稳定性和抗腐蚀性等。常用的材料有特种钢、合金等。图3-1-9所示为几种电阻应变式传感器的外形图。

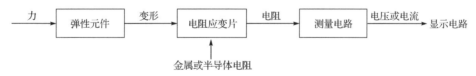

图3-1-8　电阻应变式传感器的组成框图

（a）电阻应变式压力传感器　　　　（b）电阻应变式直视吊钩秤

图3-1-9　几种电阻应变式传感器的外形图

（c）电阻应变式称重传感器　　　　　　　　　（d）电阻应变拉压式负荷传感器

图3-1-9　几种电阻应变式传感器的外形图（续）

2．工作原理

应用电阻应变式传感器时，可将应变片粘贴于弹性元件表面或者直接将应变片粘贴于被测试件上。弹性元件或试件的变形通过基底和黏合剂传递给敏感栅，使得其电阻值也发生相应的变化，然后经转换电路转换为电压或电流的变化，再通过显示记录仪表将数值显示出来，就可以知道弹性元件受力的大小，实现力的测量。

3．电阻应变式传感器的应用

1）制作偏差检测器

图 3-1-10 所示为物体尺寸偏差检测器的原理图，它主要用于检测被测物体尺寸与标准体尺寸的偏差。

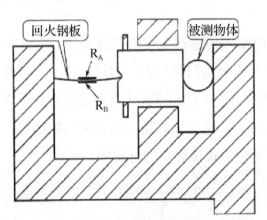

图3-1-10　物体尺寸偏差检测器的原理图

在回火钢板的内、外两侧分别粘贴电阻应变片 R_A 和 R_B，并将其接入电桥电路的相邻两个桥臂中。当被测物体尺寸大于标准体尺寸时，回火钢板的弯曲程度增加，使电阻应变片 R_A 受到压力，其电阻值减小；使电阻应变片 R_B 受到拉力，其电阻值增大，桥路平衡被打破，测量电路产生输出电压。当被测物体尺寸小于标准体尺寸时，则情况刚好相反。由此，根据输出电压的变化量，即可求得被测物体与标准体的尺寸偏差情况。

2）电阻应变式称重传感器的应用

图 3-1-11 所示为电阻应变式称重传感器的原理图。它是在金属板簧上粘贴两个电阻应变片，并将电阻应变片接入如图 3-1-11 所示的电桥电路的两个相邻的桥臂中。

如果没有重量，则电桥平衡，输出电压 $U_o = 0$。当测定物体的重量时，弹簧产生挠度，电阻应变片的电阻值发生变化，使电桥失去平衡，产生输出电压 U_o，从而测出物体的重量。

3）电阻应变式加速度传感器

电阻应变式加速度传感器由质量块、贴有电阻应变片的弹性元件（悬臂梁）和外壳组成，其结构如图3-1-12所示。实际使用时，传感器与被测物体固定在一起，当被测物体以加速度 a 运动时，质量块受到一个与加速度方向相反的惯性作用，使悬臂梁变形，电阻应变片感受到应变并使其电阻值发生变化。电阻值的变化引起由电阻应变片组成的测量电桥的不平衡，桥路的输出电压即反映出加速度 a 的大小。

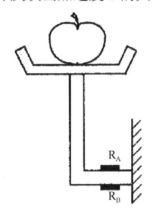

图3-1-11　电阻应变式称重传感器的原理图

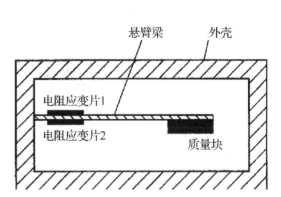

图3-1-12　电阻应变式加速度传感器的结构

 任务实施

一、任务准备

实施本任务教学所使用的设备器材及工具仪表可参考表3-1-1。

表3-1-1　设备器材及工具仪表

序号	分类	名称	型号规格	数量	单位	备注
1	工具仪表	万用表	MF-47或自定	1	块	
2		数字电压表	自定	1	块	
3		电工常用工具		1	套	
4		螺旋测微仪		1	把	
5	设备器材	实验仪	CSY-998	1	台	
6		金属箔式应变片		1	片	
7		电阻应变式传感器实验模块		1	组	
8		直流稳压电源	±2～±10V	1	个	
9		差动放大器模块	放大倍数1～100可调	1	组	

二、应变电桥的性能测试

1．认识 CSY-998 型传感器系统实验仪

本任务的应变电桥的性能测试采用 CSY-998 型传感器系统实验仪，如图 3-1-13 所示。

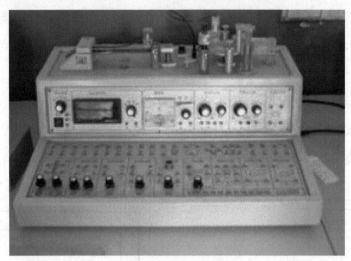

图3-1-13　CSY-998型传感器系统实验仪

CSY-998 型传感器系统实验仪主要由各类传感器（包括电阻应变式传感器、压电式传感器、磁电式传感器、电容式传感器、霍尔式传感器、热电偶传感器、热敏电阻传感器、差动变压器传感器、涡流式传感器、气敏传感器、湿敏传感器、光纤传感器等）、测量电路（包括电桥、差动放大器、电容放大器、电压放大器、电荷放大器、涡流变换器、移相器、相敏检波器、低通滤波器等）及其接口插孔组成。该系统实验仪还提供了直流稳压电源、音频振荡器、低频振荡器、F/V 表等。

2．实验原理

实训台的悬臂梁上贴有电阻应变片，当用螺旋测微仪带动悬臂梁分别向上和向下移动来使悬臂梁受力发生形变时，电阻应变片的敏感栅随同变形，其电阻值也随之发生相应的变化。此时应变电桥测量电路将电阻的应变转换成电压信号，经差动放大器放大后送入直流电压表显示，就能得出输出电压与电阻应变片受力发生形变的线性关系。由于悬臂梁的应变非常小，故需使用差动。

3．电路中各模块、元件的作用

金属箔式应变片单臂电桥的性能测试电路如图 3-1-14 所示。该电路中各模块、元件的作用如下。

（1）R_1、R_2、R_3、R_4 组成电桥的 4 个桥臂，电桥的作用是将电阻应变片的受力形变转换成电桥电压输出。

（2）差动放大器的作用是放大电桥的电压变化量，提高灵敏度。

（3）直流调平衡电位器 W_D，作用是调整电桥的平衡。

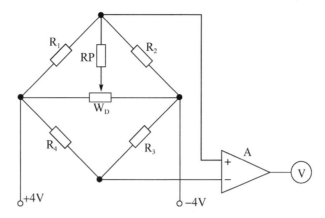

图3-1-14　金属箔式应变片单臂电桥的性能测试电路

4．金属箔式应变片单臂电桥的性能测试

金属箔式应变片单臂电桥的性能测试的操作步骤如下。

（1）差动放大器调零。将实验台中的差动放大器增益调至 100 倍，"+""－"输入端用实验导线对地短接。将万用表调到直流电压 2V 挡，接到差动放大器的输出端，调整差动放大器的调零电位器，使得万用表的读数为零，然后关闭电源。将差动放大器调零后，其调零电位器位置不能再变化。

（2）电路连接。按图 3-1-14 将实验各元件连接成测试电路。桥路中 R_2、R_3、R_4 为电桥中的固定电阻，R_1 为电阻应变片（可任选上/下梁中的一片工作片）。将万用表调到直流电压 2V 挡，并接在差动放大器的输出端。连接电路完毕后，对照线路进行检查，仔细检查电路中各元件是否接线正确。注意连接方式，勿使直流激励电源短路。

（3）将螺旋测微仪装于悬臂梁前端的永久磁钢上，并调节使悬臂梁处于基本水平状态。

（4）确认接线无误后开启仪器电源，并预热数分钟。

（5）调整电桥的直流调平衡电位器 W_D，使测试系统输出为零（使电桥平衡）。

（6）在悬臂梁水平状态的基础上（此时输出电压为零）旋动螺旋测微头，带动悬臂梁分别向上和向下各移动 5mm，螺旋测微头每移动 1mm 记录一个输出电压值，并填写在表 3-1-2 中。

表3-1-2　测量数据

位移 X/mm	0	1.0	2.0	3.0	4.0	5.0
向上位移时输出 U/V						
向下位移时输出 U/V						

（7）根据表 3-1-2 中所测数据计算单臂电桥的灵敏度 S，$S＝\Delta U/\Delta X$，并在坐标图上绘制出 U–X 关系曲线。

 任务测评

对任务实施的完成情况进行检查，并将结果填入表 3-1-3 中。

表3-1-3　任务测评表

序号	主要内容	考核项目	评分标准	配分	扣分	得分
1	应变电桥测试	线路装配	1. 电阻应变片连线正确； 2. 能按测量电路正确连接线路，安全可靠； 3. 实验步骤正确得当； 4. 螺旋测微仪安装方法正确	40分		
		测试	1. 操作前各旋钮初始位置正确； 2. 差动放大器调零方法正确，可实现放大器调零； 3. 电桥调零方法正确，并可实现电桥调零； 4. 能正确使用万用表，测量数据准确，记录无误； 5. 能在直角坐标系中绘制出 $U-X$ 关系曲线，求出灵敏度	50分		
2	安全文明生产	劳动保护用品穿戴整齐；遵守操作规程；操作结束要清理现场	1. 操作中，违反安全文明生产考核要求的任何一项扣2分，扣完为止； 2. 当发现学生有重大事故隐患时，要立即予以制止，并每次扣安全文明生产分5分	10分		
合　计						

任务2　电子打火机压电效应的测试

 学习目标

✧ 知识目标：

1. 了解石英晶体及压电陶瓷的压电效应及特点。

2. 理解压电式传感器的结构、特性及工作原理。

3. 掌握压电式传感器典型应用电路的原理。

4. 掌握压电材料压电效应的简易测试方法。

✧ 能力目标：

能完成电子打火机压电效应的测试。

 工作任务

在工业控制中，力的检测应用得非常广泛。通过检测力的大小还可以测量其他参数，如海洋的水深，山的高度，储液罐的液位，飞机的飞行高度、速度，医学中的血压、脉搏，以及计量方面的电子秤等。本任务的主要内容是：通过学习，理解压电式传感器的结构、特性及工作原理，掌握压电材料压电效应的简易测试方法，并能完成电子打火机压电效应的测试。

相关知识

一、压电式传感器

压电式传感器是一种典型的有源传感器，它是利用某些电介质受力后产生的压电效应而制成的传感器。压电式传感器是力敏感元件，可以对各种动态力、机械冲击和振动进行测量，在声学、医学、力学、导航等方面都得到了广泛的应用。压电式传感器的外形如图 3-2-1 所示。

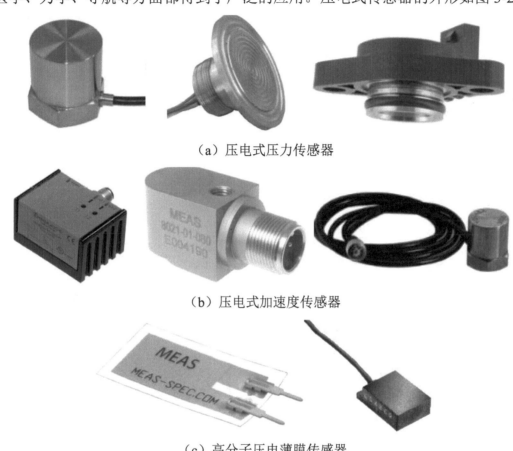

（a）压电式压力传感器

（b）压电式加速度传感器

（c）高分子压电薄膜传感器

图3-2-1 压电式传感器的外形

二、压电材料及性能参数

具有明显压电效应的敏感功能材料称为压电材料。

1．压电效应

某些电介质在沿一定方向受到外力的作用而变形时，由于内部电荷的极化现象，相应地会在其表面产生极性相反的电荷，当外力作用消失时，又恢复到不带电状态，当外力方向改变时，电荷极性也随之改变，这种现象称为压电效应。压电效应是把机械能转化为电能的过程。相反，在电介质极化方向施加电场时，这些电介质也会产生机械形变，当去掉外加电场时，电介质变形也随之消失，这种现象称为逆压电效应或电致伸缩效应。与压电效应相反，逆压电效应的过

程是把电能转化为机械能的过程，所以压电效应也称为正压电效应。压电式传感器是利用压电材料的压电效应工作的。

2．压电材料

可用于压电式传感器中的压电材料一般有三类：压电晶体、经过极化处理的压电陶瓷和新型压电材料。压电材料实物图如图 3-2-2 所示。

（a）压电晶体

（b）压电陶瓷

（c）压电半导体

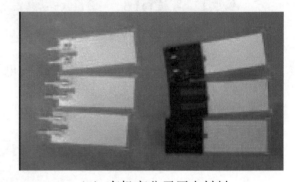

（d）有机高分子压电材料

图3-2-2　压电材料实物图

1）压电晶体

压电式传感器中用得最多的是压电多晶体中的压电陶瓷和压电单晶体中的石英晶体、酒石酸钾钠等。其他压电单晶体还有适用于高温辐射环境的铌酸锂，以及钽酸锂、镓酸锂、锗酸铋等。

（1）天然石英晶体（SiO_2）［见图 3-2-2（a）］是一种良好的压电晶体，压电效应就是在这种晶体中被发现的。石英晶体的居里温度为 537℃，且性能非常稳定，介电常数与压电系数的温度稳定性特别好，具有机械强度高、性能稳定、绝缘性能好、动态响应快、线性范围宽、迟滞小等优点。但石英晶体的压电系数小、灵敏度低，且价格较贵，所以它只能在标准传感器、高精度传感器或高温环境下工作的传感器中作为压电元件使用。

（2）酒石酸钾钠是水溶性压电晶体，具有很高的灵敏度和很大的介电常数，但容易受潮，机械强度也较低，只适用于室温和湿度比较低的环境。

（3）铌酸锂是一种透明的单晶体，其居里温度为1200℃，具有良好的压电性能和时间稳定性，主要应用于高温环境。

2）压电陶瓷

压电陶瓷如图3-2-2（b）所示。压电陶瓷是人工制造的多晶体压电材料，与石英晶体相比，压电陶瓷的压电系数很高，是石英晶体的50倍。它具有烧制方便、耐湿、耐高温、易于成形等特点，制造成本很低。因此，在实际应用中的压电式传感器大多采用压电陶瓷。其优点是灵敏度高，但性能没有石英晶体稳定，工作温度也较低，最高只有70℃。常用的压电陶瓷有以下几种。

（1）钛酸钡（$BaTiO_3$）由$BaCO_3$和TiO_2在高温下烧结而成，有较大的压电系数和介电常数，但机械强度不高，较少使用。

（2）锆钛酸铅（PZT）是目前使用较多的压电材料，性能稳定，灵敏度高，有较大的压电系数和介电常数，居里温度在300℃以上。

（3）铌镁酸铅（PMN）有较大的压电系数和较高的工作温度，而且能承受较大的压力，适合作为高温下的力传感器。

3）新型压电材料

（1）压电半导体如图3-2-2（c）所示。有些晶体既具有半导体特性又同时具有压电特性，如氧化锌（ZnO）、硫化锌（ZnS）、碲化镉（CdTe）、硫化镉（CdS）、碲化锌（ZnTe）和砷化镓（CaAs）等。因此既可利用它们的压电特性研制传感器，又可利用它们的半导体特性制作电子器件。两者结合起来，就出现了集转换元件和电子线路于一体的新型传感器，应用前景广阔。

（2）有机高分子压电材料如图3-2-2（d）所示。有机高分子压电薄膜是一种新型压电材料，它是将某些高分子聚合物薄膜拉伸并极化后制成的。这种压电材料具有质轻柔软、耐冲击、灵敏度高等优点，因此常用于防盗、振动等小压力的测量方面。其主要产品有聚偏二氟乙烯（PVF_2）、聚偏氟乙烯（PVDF）、聚氟乙烯（PVF）、聚氯乙烯（PVC）等。

目前，人们为了解决石英晶体和压电陶瓷易碎、不易加工等问题，将压电陶瓷粉末加入高分子化合物中，制成高分子压电陶瓷薄膜。这样，高分子压电陶瓷薄膜既具有压电陶瓷的优点，又具有高分子压电薄膜的柔软性，已广泛应用于报警系统和各类数据检测系统。

图3-2-3所示为由高分子压电材料制作的报警器。

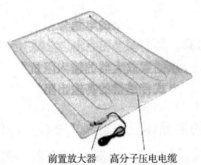

前置放大器　高分子压电电缆

（a）可用于波形分析及警报的高分子压电脚踏板　　　　　（b）压电式脚踏报警器

图3-2-3　由高分子压电材料制作的报警器

3．压电材料的特性参数

衡量压电材料性能的特性参数主要有压电系数、介电常数、居里温度等。

（1）压电系数：是衡量材料压电效应强弱的参数。

（2）介电常数：是表示物质绝缘能力特性的一个系数，会影响压电式传感器的频率下限。

（3）居里温度：是压电材料开始丧失压电特性的温度。

（4）机械耦合系数：是在压电效应中，转换输出能量（电能）与输入能量（机械能）之比的平方根，是衡量压电材料机-电转换效率的一个重要参数。

（5）弹性常数：决定压电材料的固有频率和动态特性。

（6）电阻：压电材料的绝缘电阻将减少电荷泄漏，从而改善压电式传感器的低频特性。

4．压电材料的选择

选择压电材料一般考虑以下因素。

（1）机-电转换性能：要具有大的压电系数。

（2）机械性能：机械强度高、刚度大，以获得较宽的线性范围和较高的固有振动频率。

（3）电性能：要具有高的电阻率和大的介电常数，以期减少电荷的泄漏及外部分布电容的影响。

（4）温度和湿度稳定性良好，要具有较高的居里温度，以期得到较宽的工作温度范围。

（5）时间稳定性：压电特性不随时间改变。

三、压电式传感器的测量转换电路

压电式传感器中的压电元件在外力的作用下发生变形，表面产生电荷，只要测得其产生的电荷量，就可以得到作用力的大小。但是压电式传感器自身的内阻抗很高，输出的电信号又比较微弱，一般不能直接接测量仪表，需要把它输出的电信号接到前置放大器，进行放大处理后再进行测量和显示。

所以，为了与压电式传感器高的内阻抗相匹配，要求前置放大器的输入阻抗要高。这样高输入阻抗的前置放大器就有两个作用：一是把压电式传感器的高输出阻抗变换为低输出阻抗；

二是把传感器输出的微弱电信号进行放大。

1. 压电元件的等效电路

压电式传感器中的压电元件就是将能产生电荷的两个压电晶片表面封上金属电极后构成的。当压电元件受力时，就会在两个电极上产生电荷，因此压电元件相当于一个电荷源；两个电极之间是绝缘的压电介质，因此压电元件又相当于一个以压电材料为介质的电容，其电容值为

$$C_a = \varepsilon_r \varepsilon_o A / \delta$$

式中　　A——压电元件电极面积；

　　　　δ——压电元件厚度；

　　　　ε_r——压电材料的相对介电常数；

　　　　ε_o——真空的介电常数。

因此，可以把压电元件等效为一个电荷源与一个电容相并联的等效电路，也可以等效为一个电荷源与一个电容相串联的等效电路，如图 3-2-4 所示。

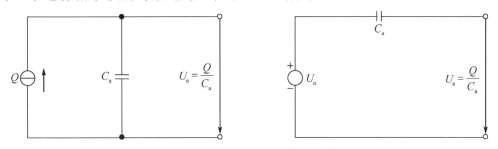

图3-2-4　压电元件的等效电路

由于外力作用在压电元件上所产生的电荷只有在无泄漏的情况下才能保存，即需要测量回路具有无限大的内阻抗，这实际上是达不到的，所以压电式传感器不能用于静态参数测量。压电元件只有在交变力的作用下，电荷才能源源不断地产生，可以供给测量回路一定的电流，故压电式传感器只适用于动态测量。

2. 压电式传感器测量电路

压电式传感器的输出可以是电荷信号，也可以是电压信号，因此，对应的前置放大器（测量电路）就有两种形式：电荷放大器和电压放大器。由于电压放大器的输出电压与电缆电容有关，更换电缆会引入测量误差，所以目前多采用电荷放大器。

电荷放大器的等效电路如图 3-2-5 所示。图 3-2-5 中，R_a 为传感器的泄漏电阻，R_i 为放大器的输入电阻，R_f 为反馈电阻，C_c 为电缆电容，C_i 为放大器的输入电容。当放大器开环增益 A、输入电阻 R_i 和反馈电阻 R_f 足够大时，放大器的输出电压 U_o 可近似为

$$U_o \approx C_f$$

电荷放大器的输出电压与电缆电容无关，取决于输入电荷和反馈电容，且与输入电荷成正

比，这正是电荷放大器的突出优点。

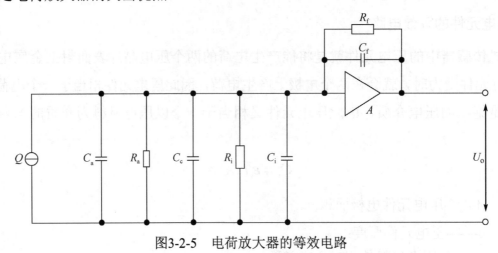

图3-2-5　电荷放大器的等效电路

电荷放大器实际上是一个具有负反馈电容 C_f 的高增益运算放大电路，反馈电容 C_f 越小，灵敏度越高。反馈电阻并联在反馈电容的两端，形成直流负反馈，用于稳定直流工作点，防止放大器直流饱和，减小零漂。

四、压电式传感器的结构及应用

1．压电式传感器的结构

在实际应用中为提高灵敏度，使压电元件表面有足够的电荷，常把两片或四片压电元件组合在一起使用。由于压电材料有极性，因此存在并联、串联两种结构形式，如图 3-2-6 所示。

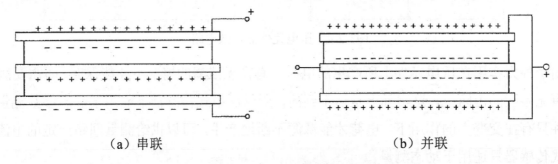

（a）串联　　　　　　　　　　　　（b）并联

图3-2-6　压电元件的两种连接方法

设单片压电元件的电容为 C，电荷量为 Q，电压为 U。在串联方式下，正电荷集中在上极板，负电荷集中在下极板，中间极板的上片产生的负电荷与下片产生的正电荷相互抵消，其输出为

$$C' = C / 2$$
$$U' = 2U$$
$$Q' = Q$$

在并联方式下，片上的负电荷集中在中间极板上，相当于两只电容并联，其输出为

$$C' = 2C$$
$$U' = U$$
$$Q' = 2Q$$

并联方式输出电荷大，适用于测量缓慢变化的信号，并且适用于测量以电荷为输出量的场合。而串联方式输出电压大，本身电容小，适用于测量以电压为输出并且测量电路输入阻抗较高的场合。

2．压电式传感器的应用

压电式传感器是一种自发电式传感器，具有体积小、质量小、灵敏度高、工作频带宽及测量精度高等特点，因其内部没有运动部件，所以它的结构坚固、可靠性和稳定性高，被广泛应用于工业生产、军事科技、医学及日常生活。例如：利用压电陶瓷的压电效应可生产出不用火石的压电打火机、煤气灶自动点火开关及炮弹触发引信等；用压电陶瓷制作的医学探头可帮助医生了解人体的内部情况，进行有效的诊断和治疗；还可用压电陶瓷制作压电地震仪，对细微振动进行监测，以获得精确的震源方位和强度，从而预测地震，减少损失。

压电式传感器主要应用于加速度、压力和力等的测量。

1）压电式加速度传感器

利用公式 $F=ma$（a 为加速度，m 为质量块质量），可将加速度转换成力来测量。图 3-2-7 所示为压电式加速度传感器的结构图。压电元件由两片压电片（石英晶体压电片或陶瓷压电片）组成，在压电片的两个表面上镀银并焊接输出引线。在压电元件上，以一定的预紧力安装一个惯性质量块，整个组件装在一个厚基座的金属壳体中。

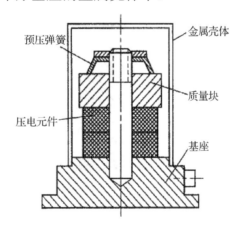

图3-2-7　压电式加速度传感器的结构图

测量时，通过基座底部的螺孔将传感器与试件刚性地固定在一起，传感器感受与试件相同频率的振动。由于压紧在质量块上的弹簧刚度很大，质量块的质量相对较小，可认为质量块的惯性很小，所以质量块也感受与试件相同频率的振动。质量块以正比于加速度的交变力作用在压电元件上，压电元件的两个表面就有交变电荷产生，传感器的输出电荷（或电压）与作用力成正比，即与试件的加速度成正比。

2）压电式力传感器

图 3-2-8 所示为压电式单向测力传感器的结构示意图，其主要由石英晶体压电片、绝缘套、传力上盖、电极、基座和插座等组成。

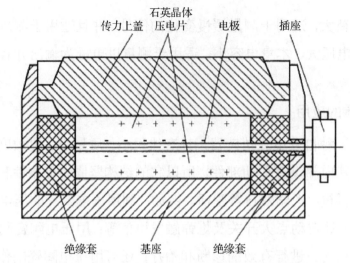

图3-2-8　压电式单向测力传感器的结构示意图

3）压电式玻璃破碎报警器

压电式玻璃破碎报警器是利用压电元件对振动敏感的特性而制成的。使用报警器时，把传感器用胶粘贴在玻璃上，然后通过电线和报警电路相连，如图3-2-9所示。当玻璃受到撞击或破碎时会产生振动波，传感器可感知振动波，并将其转换成输出电压，输出电压经过放大、滤波、比较等处理后输送给报警系统，驱动报警执行机构工作。压电式玻璃破碎报警器可广泛用于文物保管、贵重物品保管及其他商品柜台保管等场合。

图3-2-9　压电式玻璃破碎报警器

4）压电式压力传感器

利用公式 $F=PS$（P 为压力，S 为受压面积），可将压力转换成力来测量（动态压力测量）。压电式压力传感器可以用来测量大的压力，如子弹在膛中击发的一瞬间的膛压和炮口的冲击波压力；也可以用来测量微小的压力。

压电式压力传感器具有体积小、灵敏度高、频响高、抗应变结构设计、抗热冲击能力强、工作稳定可靠等特点。其产品主要用于发动机缸压爆炸监测，高频动态压力测量，柴油发动机、飞机发动机等的管道压力及燃烧室的压力检测等。

5）压电陶瓷压力传感器

图 3-2-10 所示为压电陶瓷压力传感器的结构图，当有压力 *P* 作用在压电陶瓷的测压面时，压力通过测压面传递到压电陶瓷，从而改变压电陶瓷的形状，使压电陶瓷中的带电离子脱离压电陶瓷，从导线传出。可以通过测量带电离子的电量来测量压力的大小。

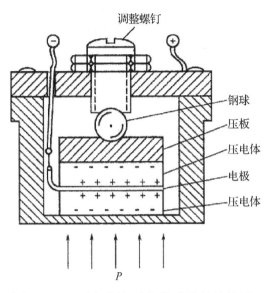

图3-2-10　压电陶瓷压力传感器的结构图

一、任务准备

实施本任务教学所使用的设备器材及工具仪表可参考表 3-2-1。

表3-2-1　设备器材及工具仪表

序号	分类	名称	型号规格	数量	单位	备注
1	工具仪表	指针式万用表	MF-47 或自定	1	块	
2		数字式万用表	DT9808	1	块	
3		数字电压表	自定	1	块	
4		电工常用工具		1	套	
5		示波器	DF4328	1	台	
6	设备器材	一次性电子打火机		1	个	
7		导线		若干	米	
8		鳄鱼夹		若干	个	

二、电子打火机压电效应的测试

1. 认识电子打火机

电子打火机的结构如图 3-2-11 所示。电子打火机使用了压电晶体，这种材料在受到压力的情况下，其表面会聚集正负电荷，为了达到较高的电压，通常采用多层压电材料进行堆叠，打火机激发装置的特殊构造，可以在瞬间给予压电材料短暂而强烈的冲击作用，这样就会在压电装置两端出现非常高的电压，在空气间隙较小的情况下，此高压穿越空气放电，出现电火花，点燃打火机。

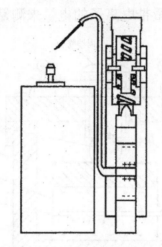

图3-2-11　电子打火机的结构

2．压电效应的测试

1）用指针式万用表测量

（1）将指针式万用表拨至直流高压挡。

（2）取出电子打火机的压电元件，将其与指针式万用表的红、黑表笔相连，然后按下点火元件的压杆，观察指针式万用表的指针偏转情况，说明其原因，并填入表3-2-2中。

表3-2-2　测量分析1

现象	
原因	

2）用数字式万用表测量

（1）将数字式万用表拨至直流高压挡。

（2）将数字式万用表的红、黑表笔与电子打火机的压电元件相连，然后按下点火元件的压杆，观察数字式万用表数值变化情况，说明其原因，并填入表3-2-3中。

表3-2-3　测量分析2

现象	
原因	

3）用示波器观察压电效应

（1）将示波器的交直流选择开关置于"DC"挡，扫描范围置于"10～100kHz"挡，扫描时间置于"0.1ms"挡，用 X 移位和 Y 移位将水平亮线移到方格坐标的中央部，置 X 轴上。

（2）按如图 3-2-12 所示的接线图将 Y 输入接线柱上的两根馈线的鳄鱼夹分别接在电子打火机压电元件的两个电极上，迅速按下其压杆，观察示波器水平亮线的变化情况。

（3）利用荧光屏的余辉作用，观察和测量电压幅值。

（4）用示波器估测脉冲持续时间并绘出图形。

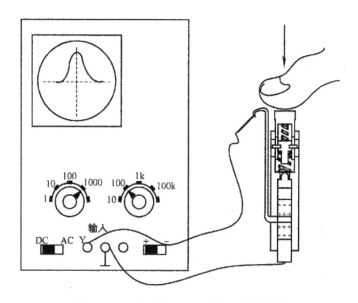

图3-2-12 示波器与电子打火机接线图

对任务实施的完成情况进行检查，并将结果填入表 3-2-4 中。

表3-2-4 任务测评表

序号	主要内容	考核项目	评分标准	配分	扣分	得分
1	电子打火机压电效应的测试	用指针式万用表测量	1. 仪表量程选择正确，应用熟练； 2. 压电元件与指针式万用表的表柱接触可靠，测量方法正确； 3. 观察细致，原因分析正确	30 分		
		用数字式万用表测量	1. 仪表量程选择正确，应用熟练； 2. 压电元件与数字式万用表的表柱接触可靠，测量方法正确； 3. 观察细致，原因分析正确	30 分		
		用示波器测量	1. 示波器挡位设置准确，使用方法正确； 2. 电压的数值估测基本准确； 3. 脉冲的持续时间估测基本准确	30 分		

序号	主要内容	考核项目	评分标准	配分	扣分	得分
2	安全文明生产	劳动保护用品穿戴整齐;遵守操作规程;操作结束要清理现场	1. 操作中,违反安全文明生产考核要求的任何一项扣 2 分,扣完为止; 2. 当发现学生有重大事故隐患时,要立即予以制止,并每次扣安全文明生产分 5 分	10 分		
合 计						

项目4

气体和湿度的检测

项目目标

◇ 知识目标：

1. 了解气敏传感器、湿敏传感器的结构及特性。

2. 理解气敏传感器、湿敏传感器的工作原理。

3. 掌握气敏传感器的测试和使用方法。

4. 掌握湿度的测量方法。

◇ 能力目标：

1. 能完成可燃气体报警电路的安装与调试。

2. 能完成湿度检测报警电路的安装与调试。

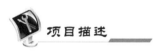

项目描述

随着自动化生产和人们生活水平的提高，环境状态越来越成为人们关注的重点，如何检测环境量，特别是气体浓度和湿度的检测显得尤为重要。本项目主要包括可燃气体报警电路的安装与调试、湿度检测报警电路的安装与调试 2 个任务，要求学生通过这 2 个任务的学习，进一步掌握气敏传感器、湿敏传感器的结构、特性、工作原理，并在此基础上学会它们的测试和使用方法，掌握报警电路的制作过程，以及气敏传感器和湿敏传感器在实际生产生活中的应用。

任务 1　可燃气体报警电路的安装与调试

学习目标

◇ 知识目标：

1. 了解气敏传感器的结构及特性。

2．理解气敏传感器的工作原理。

3．掌握气敏传感器的典型应用电路。

◇ 能力目标：

1．会气敏传感器的测试和使用方法。

2．能完成可燃气体报警电路的安装与调试。

3．会进行气体浓度的测试。

人类生活在气体环境中，气体的浓度和成分的变化对人类生产生活有着极其重要的影响。例如，缺氧或出现有毒气体会使人窒息甚至昏迷致死；可燃气体的泄漏会引起爆炸或火灾；现代化生产中排放的有害气体成分日益增加，特别是石油、化工生产及汽车等的使用而造成的大气污染日益严重等。因此，需要用气敏传感器来检测气体的浓度和成分来净化空气，提高环境质量。图4-1-1 所示为可燃气体报警电路原理图，本任务是通过学习，了解气敏传感器的结构、特性、工作原理，掌握气敏传感器的测试和使用方法，并能完成可燃气体报警电路的安装与调试。

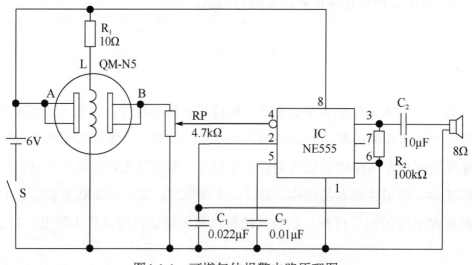

图4-1-1 可燃气体报警电路原理图

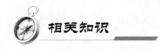

一、气敏传感器

气敏传感器是能感知环境中某种气体及其浓度的传感器。它利用化学、物理效应将气体的种类及浓度等信息转换为电信号，经电路处理后进行检测、监控和报警。图4-1-2 所示为部分气敏传感器的实物外形图。

图4-1-2　部分气敏传感器的实物外形图

1．气敏传感器的性能要求

（1）对被测气体有较高的灵敏度。

（2）对被测气体以外的共存气体或物质不敏感。

（3）性能稳定。

（4）动态特性好，响应速度快。

（5）使用寿命长。

2．气敏传感器的分类

气敏传感器的分类如表 4-1-1 所示。

表4-1-1　气敏传感器的分类

类型	检测对象	特点
半导体式	还原性气体、丙烷等	灵敏度高、构造与电路简单，但输出与气体浓度不成比例
接触燃烧式	甲烷、乙炔、甲醇、氢气等可燃气体	输出与气体浓度成比例，但灵敏度较低
化学反应式	氧气、一氧化碳、氢气、甲烷、乙醇、二氧化碳等	气体选择性好，但不能重复使用
光干涉式	与空气折射率不同的气体，如一氧化碳等	寿命长，但选择性差
热传导式	与空气热传导率不同的气体，如氢气等	构造简单，但灵敏度低、选择性差
红外散射式	一氧化碳、二氧化碳	能定性测量，但装置大、价格高

二、气敏传感器的结构及工作原理

虽然气敏传感器的种类很多，但目前工厂和家庭中最常用的几种气敏传感器以半导体式气敏传感器为主。

1．半导体式气敏传感器的结构

半导体式气敏传感器是利用半导体气敏元件同被测气体接触，使得半导体性质发生变化的原理来检测特定气体的成分或浓度的传感器。按半导体的物理特性的不同，半导体式气敏传感器又可分为电阻型半导体气敏传感器和非电阻型半导体气敏传感器两种。

1）电阻型半导体气敏传感器

电阻型半导体气敏传感器是利用气体吸附使半导体本身的电阻值发生变化这一特性而制作的传感器，它由气敏元件、加热器、外壳等组成。其中加热器的作用是加速被测气体的吸附及脱出过程，烧去气敏元件的油垢或污物，起清洁作用。控制不同的加热温度，能对不同被测气体有不同的选择作用。加热温度与元件输出灵敏度有关，一般为200～400℃。

气敏元件常被称为气敏电阻，其主要材料为金属氧化物半导体，合成时加入敏感材料和催化剂烧结而成。常用的金属氧化物半导体有 SnO_2（氧化锡）、ZnO（氧化锌）、Fe_2O_3（氧化铁）等。SnO_2气敏元件主要用于检测氧气、二氧化碳、乙醇等气体的浓度；Fe_2O_3气敏元件对丙烷和异丁烷（液化石油气的主要成分）的灵敏度较高。气敏元件种类很多，按制作工艺分，可分为烧结型气敏元件、薄膜型气敏元件和厚膜型气敏元件三种。

（1）烧结型气敏元件。

烧结型气敏元件是将元件的电极和加热器均埋在金属氧化物气敏材料中，经加热成形后低温烧结而成的。

目前最常用的是 SnO_2 烧结型气敏元件，用来测量还原性气体。它的加热温度较低，一般为200～300℃。其加热方式有直热式和旁热式两种。直热式 SnO_2 烧结型气敏元件在实际生产中使用较少，目前使用较多的是旁热式 SnO_2 烧结型气敏元件。

旁热式 SnO_2 烧结型气敏元件的结构和图形符号如图4-1-3所示。旁热式 SnO_2 烧结型气敏元件是在一根薄壁陶瓷绝缘管内放入一根螺旋形高电阻率金属丝作为加热器，在陶瓷绝缘管的外壁涂覆 SnO_2 作为基础材料的浆料层，经烧结后形成厚膜气体敏感层，陶瓷绝缘管的两端设置一对金电极及铂-铁合金丝引线。一般引线有6根，其中，两个 A 和两个 B 分别相连后，成为气敏元件的引线，f-f 为加热器的引线。

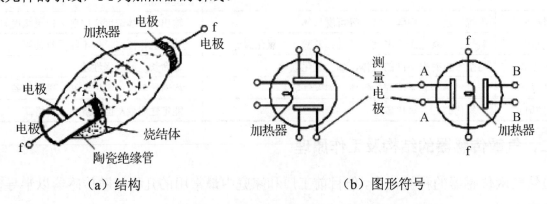

（a）结构　　　　　　　　　　（b）图形符号

图4-1-3　旁热式SnO_2烧结型气敏元件的结构和图形符号

（2）薄膜型气敏元件。

薄膜型气敏元件制作时采用蒸发或溅射的方法，在处理好的石英基片上形成一薄层金属氧化物薄膜（如 SnO_2、ZnO 等），再引出电极，其结构如图4-1-4所示。

薄膜型气敏元件的优点是灵敏度高、响应迅速、机械强度高、互换性好、成本低。

（3）厚膜型气敏元件。

厚膜型气敏元件是将气敏材料（SnO_2、ZnO 等）与一定比例的硅凝胶混合制成能印刷的厚膜胶，再把厚膜胶由丝网印刷到装有铂电极的氧化铝基片上，在400～800℃的温度下烧结1～

2h 而制成的。用厚膜工艺制成的气敏元件一致性较好，机械强度高，适合批量生产。

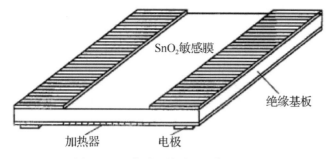

图4-1-4　薄膜型气敏元件的结构

2）非电阻型半导体气敏传感器

非电阻型半导体气敏传感器是利用半导体与气体接触后，其特性（如二极管的伏安特性）发生变化来测定气体的成分或浓度的。

2．半导体式气敏传感器的工作原理

金属氧化物在常温下是绝缘的，制成半导体后却显示气敏特性。通常气敏元件工作在空气中，空气中的氧气和二氧化氮这些电子兼容性大的气体，接收来自半导体材料的电子而吸附负电荷，形成氧的负离子吸附，结果使 N 型半导体材料的表面空间电荷层区域的传导电子减少，使表面电导减小，从而使气敏元件处于高阻状态。一旦气敏元件与被测还原气体接触，就会与吸附的氧起反应，将被氧束缚的电子释放出来，敏感膜表面电导增加，使气敏元件电阻值减小。

该类气敏元件通常工作在高温状态（200～450℃），目的是加速上述的氧化还原反应。

3．接触燃烧式气敏传感器的结构及工作原理

接触燃烧式气敏传感器是基于强催化剂使气体在其表面燃烧时产生热量，从而使贵金属电极电导随气体浓度发生变化来对气体进行检测的。

典型的接触燃烧式气敏传感器结构图如图 4-1-5 所示。催化剂中埋设有铂等金属丝，工作时金属圈中通电流使温度保持在 300～600℃，当可燃气体接触预先加热的传感器表面时会燃烧，所产生的热量使金属丝温度进一步升高，致使电阻值增大，导致电桥失衡产生输出。不同种类不同浓度的可燃气体燃烧产生的热量不同，对应不同的电量输出。

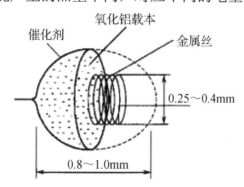

图4-1-5　典型的接触燃烧式气敏传感器结构图

接触燃烧式气敏传感器价廉、精度高,但灵敏度较低,不适合检测一氧化碳等有毒气体,一般用于石油化工、造船厂、矿山及隧道等领域,以检测石油类可燃气体的存放情况和防止危险事故的发生,其基本工作电路如图4-1-6所示。

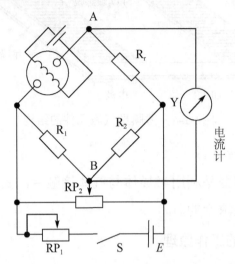

图4-1-6 接触燃烧式气敏传感器的基本工作电路

三、气敏传感器的应用

气敏传感器最早用于可燃气体泄漏报警器,以保证生命安全,后逐渐应用于有毒气体的检测、容器或管道的检漏、环境监测、锅炉的燃烧检测与控制等方面。近年来,气敏传感器走进了人们的日常生活,如家庭中煤气或液化石油气泄漏报警和自动排气装置、汽车尾气检测仪器、交警用的酒精测试仪、宾馆等公共场合安装的烟气报警装置等都使用的是气敏传感器。表4-1-2列出了气敏传感器的主要应用实例。

表4-1-2 气敏传感器的主要应用实例

分类	检测气体对象	应用场合
易燃易爆气体	煤气、天然气、液化石油气、甲烷、氢气	家庭、冶金、化工、矿山、实验室
有毒气体	一氧化碳、硫化氢、氨气、卤化物	石油化工、金属冶炼、家庭煤气灶
环境气体	氧气、水蒸气、污染气体	环境监测、地下工程、汽车尾气
工业气体	燃烧过程的气体	冶炼、内燃机、锅炉等
其他气体	烟雾、司机呼出的酒精气体等	火灾预报、交通管理

1. 酒精测试仪

对酒精敏感的传感器广泛地应用于检测汽车司机呼出气体内的酒精浓度,也有时用于酒厂生产线。

酒精测试仪的电路图如图4-1-7所示,此电路采用TGS-812型气敏传感器,这种传感器对酒精有较高的灵敏度,所以,人们用它来制作酒精测试仪。除此之外,TGS-812型气敏传感器对一氧化碳也敏感,也常被用于探测汽车尾气。

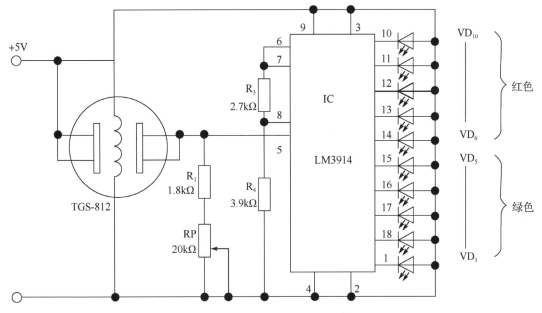

图4-1-7 酒精测试仪的电路图

该电路还采用了一个显示驱动集成电路 LM3914，它共有 10 个输出端，每个输出端连接 1 个发光二极管。在 10 个发光二极管中，$VD_1 \sim VD_5$ 为绿色发光二极管，指示酒精浓度处于安全水平，$VD_6 \sim VD_{10}$ 为红色发光二极管，指示酒精浓度超过安全水平。

TGS-812 型气敏传感器加热时的工作电压为 5V，加热电流约为 125mA。它的负载电阻为 R_1 和 RP，其输出直接接 LM3914。当气敏传感器探测不到酒精气体时，传感器呈高阻状态，R_1 和 RP 的输出电压很低，加在 LM3914 ⑤脚的电平为低电平，10 个发光二极管都不点亮；当气敏传感器探测到酒精气体时，其内阻迅速降低，从而使 R_1 和 RP 的输出电压升高，加在 LM3914 ⑤脚的电平变为高电平。气体中酒精含量越高，⑤脚的电位就越高，则点亮发光二极管的数目就越多（先绿色后红色），由此来判断被测试者饮酒的程度。

2．有毒气体报警器

当空气中的一氧化碳、液化石油气、甲烷、丙烷等有毒气体达到一定浓度时，将会危及人的健康与安全，图 4-1-8 所示为有毒气体探测报警电路。该电路线路简单，灵敏度较高，能对上述有毒气体进行检测并发出警报。

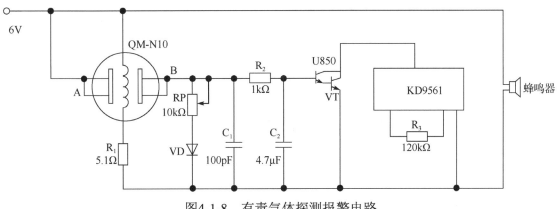

图4-1-8 有毒气体探测报警电路

工作原理：当空气中不含有毒气体时，A、B 两点间的电阻很大，流过 RP 的电流很小，B 点为低电位，达林顿管 U850 不导通；空气中含有上述有毒气体时，A、B 两点间的电阻迅速减小，通过 RP 的电流增大，B 点电位升高，向 C_2 充电直至达到 U850 导通电位（约 1.4V）时，U850 导通，驱动发声集成片 KD9561 发声。

当空气中有毒气体浓度下降，使 A、B 两点间恢复高阻时，B 点电位低于 1.4V，达林顿管 U850 截止，报警解除。

四、可燃气体报警器

1．可燃气体报警电路

该任务的可燃气体报警器采用了 QM 系列气敏传感器，它是采用金属氧化物半导体作为敏感材料的 N 型半导体气敏传感器，具有灵敏度高、响应速度快、输出信号大、使用寿命长、工作稳定可靠等优点，很适合作气体报警器和气体检测传感器，广泛应用于消防、保安及环保等领域。部分 QM 系列气敏传感器的用途及特点如表 4-1-3 所示。

表4-1-3　部分QM系列气敏传感器的用途及特点

型号	检测对象	检测范围	特点	用途
QM-H1	氢气	$(10 \sim 7000) \times 10^{-6}$	分辨率高，抗除氢气外的其他气体干扰	氢气泄漏报警器、氢气检测仪
QM-J3	酒精气体	$(29 \sim 5000) \times 10^{-6}$	可抗汽油气体干扰	酒精气体检测仪、司机饮酒测定器
QM-N5	甲烷、氢气、丁烷等可燃气体	$(100 \sim 1000) \times 10^{-6}$	灵敏度高、响应恢复快	可燃气体检测仪、监控报警器、自动排烟器
QM-N7	一氧化碳	$(10 \sim 1000) \times 10^{-6}$	对一氧化碳有选择性	毒气检测仪、管道煤气测漏仪
QM-N8	液化石油气、天然气	$(500 \sim 10\,000) \times 10^{-6}$	稳定性好，可抗醇类气体干扰	可燃气体测漏仪、报警器、空调机

NE555 时基集成电路是一种多用途的数/模混合集成电路，利用它能极方便地构成多谐振荡器、施密特触发器等装置。NE555 时基集成电路使用灵活、方便，所以它在波形的产生与变换、测量与控制等很多领域都得到了广泛的应用，故本实验选择 NE555 时基集成电路构成的多谐振荡器作为脉冲信号源。多谐振荡器是一种自激振荡器，在接通电源以后，不需要外加触发信号，便能自动地产生矩形脉冲，由于矩形波中含有丰富的高次谐波分量，所以习惯上又把矩形波振荡器称为多谐振荡器。

NE555 时基集成电路的内部结构如图 4-1-9 所示，它包括两个比较器、一个 R-S 触发器、一个放电晶体管（开关）及由三个 5kΩ 电阻组成的基准电压发生器。电源电压 VCC 通过 NE555 时基集成电路内部三个 5kΩ 电阻分压，使电路内部两个电压比较器构成一个电平触发器，其

上触发电平为 $\frac{2}{3}$VCC，下触发电平为 $\frac{1}{3}$VCC。⑤脚控制端外接一个电压 VCC，可以使上、下触发电平发生变化。

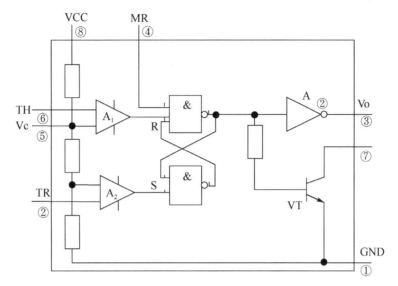

图4-1-9　NE555时基集成电路的内部结构

NE555 时基集成电路的外部引脚排列图如图 4-1-10 所示。其为塑封双列直插式封装，正面印有 555 字样，集成电路的左下角为①脚，引脚号按逆时针方向排列。

图4-1-10　NE555时基集成电路的外部引脚排列图

各引脚的作用：①脚是公共接地端，为负极；②脚为低触发端 TR，低于 $\frac{1}{3}$VCC 时即导通；③脚是输出端 Vo，电流可达 2000mA；④脚是强制复位端 MR，不用时可与电源正极相连或悬空；⑤脚用来调节比较器的基准电压，简称控制端 Vc，不用时可悬空或通过 0.01μF 的电容接地；⑥脚为高触发端 TH，也称阈值端，高于 $\frac{2}{3}$VCC 时即截止；⑦脚是放电端 DIS；⑧脚是电源正极 VCC。

2．工作原理

可燃气体报警电路原理图如图 4-1-1 所示。其中，气敏传感器 QM-N5 和电位器 RP 组成气体检测电路，时基集成电路 NE555 及外围元器件组成多谐振荡器。

当无可燃气体或可燃气体的浓度较低时，气敏传感器 QM-N5 的电导率很小，A、B 两点间的电阻值很大，使 NE555 时基集成电路的④脚为低电平，NE555 时基集成电路处于强行复位状态，振荡器不工作，扬声器不发声。

当有可燃气体且其浓度升高并超出允许范围时，气敏传感器 QM-N5 的电导率增大，A、B 两点间的电阻值迅速减小，B 点电位上升，使 NE555 时基集成电路的④脚变为高电平，振荡器工作，扬声器发声报警，提醒人们采取措施，以防事故的发生。

 任务实施

一、任务准备

实施本任务教学所使用的设备器材及工具仪表可参考表 4-1-4。

表4-1-4　设备器材及工具仪表

序号	分类	名称	型号规格	数量	单位	备注
1	工具仪表	指针式万用表	MF-47 或自定	1	块	
2		电工常用工具		1	套	
3		电烙铁	35W	1	把	
4	设备器材	气敏传感器	QM-N5	1	个	
5		时基集成电路	NE555	1	个	
6		电位器	4.7kΩ	1	个	
7		电阻 R_1	10Ω	1	个	
8		电阻 R_2	100kΩ	1	个	
9		扬声器	8Ω	1	个	
10		电容 C_1	0.022μF	1	个	
11		电容 C_2	10μF	1	个	
12		电容 C_3	0.01μF	1	个	
13		钮子开关	MS-102	1	个	
14		万能电路板		1	块	
15		直流稳压电源	0～6V	1	个	

二、可燃气体报警电路的安装与调试

1. 认识并检测元器件

按表 4-1-4 核对所用器材的数量、型号和规格，并用指针式万用表的电阻挡对电阻进行检测，剔除并更换不符合要求的元器件。在此仅就气敏传感器 QM-N5 的好坏的检测进行介绍。

气敏传感器 QM-N5 的好坏的检测方法及步骤如下。

（1）引脚判断：检测气敏传感器时，首先应判断哪两个极为加热极，哪两个极为测量极。因气敏传感器的加热器引脚之间的电阻值很小，所以应将万用表置于最小欧姆挡。万用表两表

笔分别接触任意两个引脚测其电阻值，若其中两个引脚之间的电阻值较小，一般为 30～40Ω，则这两个引脚为加热极，余下引脚为测量极。

（2）好坏判断：首先给气敏传感器的加热器加一个 5V 的电压（交、直流均可），将万用表调至 $R×1kΩ$ 挡，两表笔分别接气敏传感器的测量极，此时万用表的指示为几千欧。然后用一个装有酒精的瓶子，瓶口对准气敏传感器（不同的传感器应选用不同的气体），此时万用表指示的电阻值逐渐减小，直到接近于零。显然，当让气敏传感器吸附浓度较高的气体时，如果万用表指示的电阻值明显变化，则说明此气敏传感器是好的；如果万用表指示的电阻值变化不大，则说明此气敏传感器灵敏度差或可能已经损坏。

2．电路连接

按照图 4-1-1 所示的电路，在万能电路板上插装和焊接电路。插装元器件时，要注意元器件的布局和连线，元器件应排列整齐。焊接前，对照电路图进行检查，以确保元器件插装正确。焊接时，先焊电阻，后焊气敏传感器和集成电路。焊接后，检查各焊点是否焊接可靠，不能出现连焊、虚焊和漏焊等现象。

3．电路调试

将直流稳压电源调为 6V，接通电路，在无酒精气体的环境中电路不报警，否则适当调节电位器 RP，将万用表打在直流 1V 挡，用红表笔测 NE555 时基集成电路的④脚，黑表笔接地，此时④脚电位应在 0.1～1V。

预热 5min 后，将气敏传感器的探头放到装有体积浓度为 0.05% 的酒精气体的瓶口，调节电位器 RP，使扬声器报警，再将探头放入无酒精气体的环境中，扬声器不报警。锁定此时的电位器 RP 的电阻值，此后电位器不再调动。

任务测评

对任务实施的完成情况进行检查，并将结果填入表 4-1-5 中。

表4-1-5　任务测评表

序号	主要内容	考核项目	评分标准	配分	扣分	得分
1	可燃气体报警电路的安装与调试	元器件识别	1．能正确识别色环电阻； 2．能利用指针式万用表检测气敏传感器的好坏	10分		
		插件	1．电阻卧式插装，贴紧万能电路板，排列整齐，横平竖直； 2．气敏传感器立式插装，高度符合工艺要求； 3．NE555 时基集成电路插装符合要求	20分		

续表

序号	主要内容	考核项目	评分标准	配分	扣分	得分
1	可燃气体报警电路的安装与调试	焊接	1. 焊点光亮、清洁，焊料适量； 2. 无漏焊、虚焊、连焊、溅锡等现象； 3. 焊接后，元器件引脚剪脚留头长度小于1mm	30分		
		调试	通电后，无酒精气体（可燃气体）时，警报不响；当气敏传感器探测酒精浓度达到调整浓度时，扬声器发出警报	30分		
2	安全文明生产	劳动保护用品穿戴整齐；遵守操作规程；操作结束要清理现场	1. 操作中，违反安全文明生产考核要求的任何一项扣2分，扣完为止； 2. 当发现学生有重大事故隐患时，要立即予以制止，并每次扣安全文明生产分5分	10分		
合　计						

任务 2　湿度检测报警电路的安装与调试

学习目标

◇ 知识目标：

1. 了解湿敏传感器的结构及特性。

2. 理解湿敏传感器的工作原理。

3. 掌握湿敏传感器的典型应用电路。

◇ 能力目标：

1. 会湿敏传感器的测试和使用方法。

2. 能完成湿度检测报警电路的安装与调试。

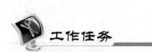

工作任务

　　湿度是表示大气中所含水蒸气多少的物理量，它与工农业生产和日常生活密切相关。例如，在大规模集成电路生产车间，若其相对湿度低于30%，则容易产生静电而影响生产；仓库中存放的粮食、茶叶和中药材在湿度过大时，容易发生变质的现象；在一些粉尘大的车间，当因湿度小而产生静电时，容易发生爆炸；而食用菌培养、农产品育苗、水果保鲜等又都需要在一定的湿度下进行。因此，湿度的检测和控制在工业、农业、气象、医疗及日常生活中的地位越来越重要，应用也越来越广泛。图 4-2-1 所示为湿度检测报警电路原理图，本任务是通过学习，了解湿敏传感器的结构、特性及工作原理，掌握湿敏传感器的测试和使用方法，并能完成湿度检测报警电路的安装与调试。

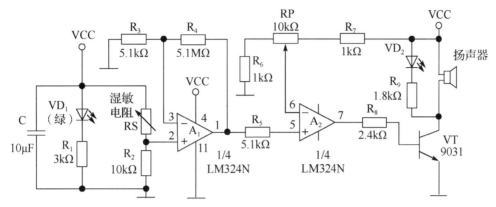

图4-2-1　湿度检测报警电路原理图

一、湿敏传感器

用于检测环境湿度的传感器称为湿敏传感器，它是将被测环境湿度转换为电信号的装置，主要由湿敏元件和转换电路两部分组成。图 4-2-2 所示为部分湿敏传感器的实物外形。

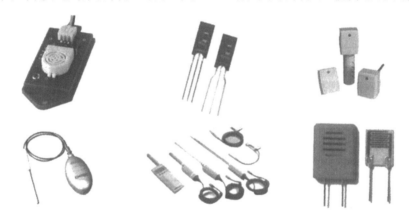

图4-2-2　部分湿敏传感器的实物外形

1．湿敏传感器的分类

（1）按工作原理的不同，湿敏传感器可分为电阻式湿敏传感器、电容式湿敏传感器和频率式湿敏传感器等。

（2）按探测功能的不同，湿敏传感器可分为绝对湿度湿敏传感器、相对湿度湿敏传感器和结露传感器等。

绝对湿度是指在一定温度和气压下，单位体积空气中所含水蒸气的质量，即空气中水蒸气的密度，用 AH 表示。

相对湿度是指被测气体中水蒸气气压和该气体在相同温度下饱和水蒸气气压的百分比，一般用%RH 表示。

露点是指水蒸气在冷却过程中最初发生结露时的温度。

（3）按使用材料的不同，湿敏传感器可分为电解质式湿敏传感器、陶瓷式湿敏传感器、高分子式湿敏传感器等。

2．湿敏传感器的特性

1）精度与长期稳定性

一般湿敏传感器的精度为±2%～±5%RH，要达到±2%～±3%RH 的精度是较困难的。在实际使用中，由于尘土、油污、有害气体的影响，长时间使用会产生老化现象，影响其精度。因此，湿敏传感器长期工作的稳定性是非常重要的。

2）温度系数

湿敏传感器除对环境湿度敏感外，对温度也十分敏感。而且有的湿敏元件在不同的相对湿度下，其温度系数也有差别，因此需加温度补偿电路，或采用计算机软件补偿。

3）供电电源

湿敏传感器在测量湿度时，所加的测试电压必须是交流电压（如正弦波、方波或三角波），不能用直流电压或含有直流分量的交流电压。因为直流电压会引起湿敏元件体内水分子的电解，致使电导率随时间的增加而下降，影响测量精度。

4）互换性

湿敏传感器的一致性较差，同一种型号的传感器不能互换，这给电路调试及维修增加了困难。

二、湿敏传感器的结构及工作原理

目前常用的湿敏传感器主要有氯化锂湿敏传感器、陶瓷式湿敏传感器、高分子电容式湿敏传感器等。

1．氯化锂湿敏传感器

氯化锂湿敏传感器属于电阻式湿敏传感器，它是利用感湿材料的电阻值随湿度变化的基本原理来进行工作的。氯化锂湿敏传感器的结构如图 4-2-3 所示。

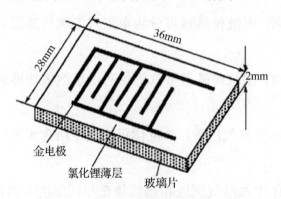

图4-2-3　氯化锂湿敏传感器的结构

氯化锂湿敏传感器采用真空镀膜工艺在玻璃片上镀一层梳状金电极，然后涂一层氯化锂和聚乙烯醇等配制的感湿胶膜。聚乙烯醇是一种黏合性很强的多孔性物质，它与氯化锂结合后，水分子很容易在其薄膜中被吸附及释放，从而使湿敏元件的阻抗发生变化。最后在湿敏元件表面涂一层多孔性的保护膜以提高其抗污染气体的能力。

氯化锂湿敏传感器具有稳定性好、精度高、响应快、长期工作滞后小等优点，缺点是尺寸较大，结露时容易失效，比较适用于空调系统。

2．陶瓷式湿敏传感器

陶瓷式湿敏传感器的结构如图4-2-4所示。该传感器的材料通常是用两种以上的金属氧化物半导体在1300℃高温下烧结而成的多孔陶瓷。这些材料有 $ZnO-LiO_2-V_2O_3$ 系、$Si-Na_2O_5$ 系、$TO_2-MgO-Cr_2O_3$ 系和 Fe_2O_3 等，前两种材料的电阻率随湿度增加而下降，故称为负特性湿敏半导体陶瓷，最后一种材料的电阻率随湿度的增加而升高，故称为正特性湿敏半导体陶瓷。

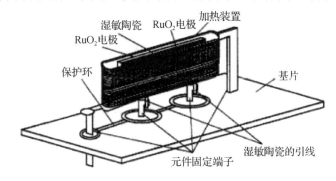

图4-2-4 陶瓷式湿敏传感器的结构

陶瓷式湿敏传感器的热稳定性及抗污能力很强，并具有工艺简单、成本低、响应快、精度高、测量范围宽等优点，但不宜在易燃、易爆的环境中使用。

3．高分子电容式湿敏传感器

高分子电容式湿敏传感器基本上是一个电容器，其结构及特性如图4-2-5所示。它是利用电容器两极间的介质随湿度变化而变化的特性制成的。

高分子电容式湿敏传感器是在陶瓷基片玻璃底衬上制作一个电极，在电极上薄薄地涂一层高分子薄膜（约1μm），在另一个电极涂一层可透气的金属薄膜。当相对湿度变化时，水分子通过两端的电极被高分子薄膜吸附或释放，随着水分子被吸附或释放，高分子薄膜的介电常数将发生相应的变化，所以只要测定电容值就可测得相对湿度。

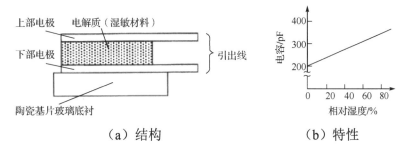

（a）结构 （b）特性

图4-2-5 高分子电容式湿敏传感器的结构及特性

高分子电容式湿敏传感器具有响应速度快、产品互换性好、测量范围宽、灵敏度高、易于实现小型化集成化等优点，但其精度要比电阻式湿敏传感器低一些，也不宜用于含有机溶剂气体的环境中，且不能耐 80℃以上的高温。高分子电容式湿敏传感器广泛用于食品、纺织、气象、仓库等领域的湿度检测。

三、湿敏传感器的应用

1. 土壤湿度的检测

土壤中是否缺水，单凭观察土壤表面是否湿润是不科学的。有了湿度检测器，如果土壤中缺水，就能很直观地显示出来。图 4-2-6 所示为土壤湿度检测实物连接图。

图 4-2-7 所示为土壤湿度简易测试电路，其中湿敏传感器由埋在土壤中的两个电极组成。

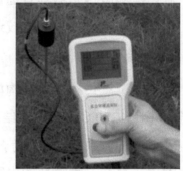

图4-2-6　土壤湿度检测实物连接图

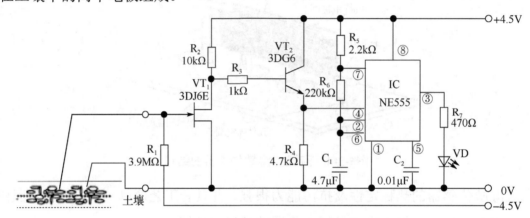

图4-2-7　土壤湿度简易测试电路

若土壤湿润，则土壤的电阻率很小，两电极间的电阻值很小，场效应管 VT_1 的栅极相当于接地，栅源间无偏压，VT_1 导通，三极管 VT_2 截止，NE555 时基集成电路的④脚输入为低电平，振荡器不工作，发光二极管 VD 截止不发光。

若土壤缺水，则土壤的电阻率增大，两电极间的电阻值变大，场效应管 VT_1 截止，三极管 VT_2 导通，电阻 R_4 产生较大的电压降，NE555 时基集成电路的④脚输入为高电平，振荡器开始工作，输出脉冲信号，发光二极管 VD 随着低频脉冲信号闪烁发光，从而提醒人们注意防旱。

2. 录像机的结露检测电路

录像机在使用过程中，若环境湿度比较大或将录像机从较冷的地方移到较暖的地方，则录像机内就会发生结露现象，这样会使磁带与走带机构之间的摩擦阻力增大，导致带速不稳，甚至会导致磁带拉伤或使磁头受损而停止转动。

图 4-2-8 所示为录像机结露检测电路，该电路由结露传感器探测机内的湿度情况，在结露时发光二极管 VD_2（结露指示灯）亮，并输出控制信号使录像机进入停机保护状态。

结露传感器是一种特殊的湿敏传感器，它与一般的湿敏传感器不同之处在于它对低湿不敏感，仅对高湿敏感，主要用来检测物体的表面是否附着水蒸气结成的水滴。电路原理：在低湿的环境中，结露传感器的电阻值约为 $2k\Omega$，VT_1 的基极电位低于 0.5V，VT_1 处于截止状态，VT_2 饱和导通，使其集电极电位低于 1V。因 VT_3、VT_4 接成达林顿管，所以 VT_3、VT_4 也截止，结露指示灯不亮，输出的控制信号为低电平，控制录像机正常工作。

在湿度太大结露时，结露传感器的电阻值大于 $50k\Omega$，VT_1 因基极电位上升而饱和导通，VT_2 截止，从而使 VT_3、VT_4 导通，结露指示灯亮，输出的控制信号为高电平，控制录像机进入停机保护状态。

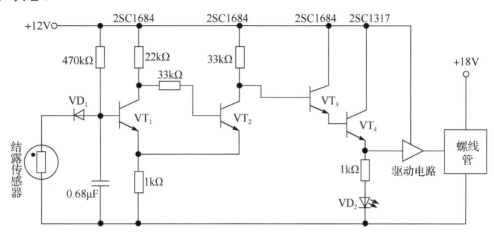

图4-2-8 录像机结露检测电路

四、湿度检测报警电路

1．LM324N

LM324N 为四运放集成电路，它采用 14 脚双列直插塑料封装，可以工作在低到 3.0V 或者高到 32V 的电源下，静态电流小，可单电源供电使用。

2．工作原理

湿度检测报警电路（见图 4-2-1）由湿度检测采样电路、同相放大器、电压比较器、报警指示电路、电源指示电路 5 部分组成。R_2 与湿敏电阻 RS（MSO1-A）组成湿度检测采样电路，A_1、R_3、R_4 组成同相放大器，A_2、R_5、R_6、R_7、RP 组成电压比较器，R_8、R_9、扬声器、VT、VD_2 组成报警指示电路，VD_1、R_1 组成电源指示电路，VCC 由 2 节 5 号电池提供 3V 电源。

任务实施

一、任务准备

实施本任务教学所使用的设备器材及工具仪表可参考表4-2-1。

表4-2-1　设备器材及工具仪表

序号	分类	名称	型号规格	数量	单位	备注
1	工具仪表	指针式万用表	MF-47或自定	1	块	
2		电工常用工具		1	套	
3		电烙铁	35W	1	把	
4	设备器材	湿敏电阻RS	MSO1-A	1	个	
5		集成运算放大器	LM324N	2	个	
6		发光二极管	ψ5mm	2	个	
7		三极管	9031	1	个	
8		电阻 R_1	3kΩ	1	个	
9		电阻 R_2	10kΩ	1	个	
10		电阻 R_3	5.1kΩ	1	个	
11		电阻 R_4	5.1MΩ	1	个	
12		电阻 R_5	5.1kΩ	1	个	
13		电阻 R_6	1kΩ	1	个	
14		电阻 R_7	1kΩ	1	个	
15		电阻 R_8	2.4kΩ	1	个	
16		电阻 R_9	1.8kΩ	1	个	
17		扬声器	8Ω	1	个	
18		电容C	10μF	1	个	
19		电源	5号电池	2	个	
20		钮子开关	MTS-102	1	个	
21		万能电路板		1	块	
22		直流稳压电源	0～6V	1	个	

二、湿度检测报警电路的安装与调试

1．认识并检测元器件

按表 4-2-1 核对所用器材的数量、型号、规格，并用指针式万用表的电阻挡对电阻进行检测，剔除并更换不符合要求的元器件。在此仅就湿敏电阻的检测进行介绍。

湿敏电阻的检测方法及步骤如下。

将指针式万用表置于 $R×1kΩ$ 挡，正常时测得湿敏电阻的阻值约为 1kΩ，若远大于 1kΩ，说明湿敏电阻不能再使用。然后将蘸水棉签放在湿敏电阻上，如果指针式万用表显示的阻值在数分钟后有明显变化（依湿度特性不同而变大或变小），则说明所测湿敏电阻良好。湿敏电阻损坏后，应选用相同型号的湿敏电阻进行更换，否则将降低电路的测试性能。

2．电路连接

按照图 4-2-1 所示的电路在万能电路板上插装和焊接电路。插装元器件时，要注意元器件的布局和连线，元器件应排列整齐。焊接前，对照电路图进行检查，以确保元器件插装正确。焊接时，先焊电阻，后焊湿敏电阻和集成电路。焊接后，检查各焊点是否焊接可靠，不能出现连焊、虚焊和漏焊等现象。

3．电路调试

接通电路，在环境湿度较小时，湿敏电阻 RS 的阻值较大，A_1 的②脚输入低电平，则①脚输出低电平，此时调节电位器 RP 使三极管 VT 截止，电路不报警，VD_2 不发光。当湿度增大时（可对湿敏电阻 RS 吹/哈气），湿敏电阻 RS 的阻值减小，A_1 的②脚电平升高，A_1 输出高电平，经 A_2 电压比较输出高电平，三极管 VT 导通，扬声器发出报警信号，VD_2 发光显示。

对任务实施的完成情况进行检查，并将结果填入表 4-2-2 中。

表4-2-2　任务测评表

序号	主要内容	考核项目	评分标准	配分	扣分	得分
1	湿度检测报警电路的安装与调试	元器件识别	1．能正确识别色环电阻； 2．能利用指针式万用表检测湿敏电阻的好坏	10 分		
		插件	1．电阻卧式插装，贴紧万能电路板，排列整齐，横平竖直； 2．二极管、三极管垂直立式插装，高度符合工艺要求； 3．湿敏电阻的安装符合工艺要求	20 分		
		焊接	1．焊点光亮、清洁，焊料适量； 2．无漏焊、虚焊、连焊、溅锡等现象； 3．焊接后，元器件引脚剪脚留头长度小于1mm	30 分		
		调试	通电后，当湿度小时，发光二极管不发光，警报不响；当湿度增加时，扬声器发出报警信号，二极管发光	30 分		
2	安全文明生产	劳动保护用品穿戴整齐；遵守操作规程；操作结束要清理现场	1．操作中，违反安全文明生产考核要求的任何一项扣 2 分，扣完为止； 2．当发现学生有重大事故隐患时，要立即予以制止，并每次扣安全文明生产分 5 分	10 分		
合　计						

项目5

位置的检测

 项目目标

◇ 知识目标：

1. 掌握电感式接近开关、霍尔式接近开关的结构特点、工作原理。

2. 掌握电容式接近开关、光电式接近开关的结构特点、工作原理。

3. 理解各种位置接近开关在工业生产和日常生活中的应用。

◇ 能力目标：

1. 能认识常见接近开关并了解它们的结构及使用方法。

2. 能掌握不同接近开关的特点、使用场合及在不同环境下的选型原则。

3. 能初步掌握简单位置检测系统中传感器的作用及安装方法。

 **项目描述**

位置检测在航空、航天、地质探测、机床加工和工业生产中都得到了非常广泛的应用。目前用于位置检测的传感器件大多采用接近传感器，它是一种对接近它的物件有"感知"能力的器件。不管被测物体是运动的还是静止的，只要被检测的物体靠近它的工作面并达到一定距离时，接近传感器都会发出相应的信号，控制电路的通断，因此通常又把接近传感器称为接近开关。接近开关因制作方法的不同而种类繁多，常用的接近开关有电感式接近开关、电容式接近开关、霍尔式接近开关、光电式接近开关、热释电式接近开关、多普勒式接近开关、电磁感应式接近开关、微波式接近开关及超声波式接近开关等。本项目主要包括金属物体和磁性物体的位置检测、绝缘物体的位置检测2个任务，要求学生通过这2个任务的学习，进一步掌握常用位置检测传感器的结构及工作原理，理解它们在工业生产、日常生活及 PLC 自动检测系统中的应用，并学会简单位置检测电路的设计、安装及调试。

任务 1　金属物体和磁性物体的位置检测

 学习目标

◇ 知识目标：

1．掌握电感式接近开关、霍尔式接近开关和干簧管的结构特点、工作原理及应用。

2．理解各种接近开关在工业生产和日常生活中的应用。

3．识别霍尔式接近开关和音乐集成电路。

◇ 能力目标：

1．能进行简单位置检测电路的安装及调试。

2．会检测并调试开门乐铃电路的整体性能，能初步检测故障所在及原因。

 工作任务

金属物体的位置检测通常采用电感式接近开关。本任务是通过学习，了解电感式接近开关、霍尔式接近开关和干簧管的结构特点、工作原理及应用，识别霍尔式接近开关和音乐集成电路，学会对它们的检测和使用方法，会检测并调试开门乐铃电路的整体性能，能初步检测故障所在及原因。

 相关知识

一、金属物体的位置检测

金属物体的位置检测通常采用电感式接近开关。

1．电感式接近开关

电感式接近开关又称为电涡流式接近开关，是一种利用电涡流感知物体位置的接近开关。图 5-1-1 所示为部分电感式接近开关的外形。

图5-1-1　部分电感式接近开关的外形

2．电涡流效应

根据法拉第电磁感应定律，当将块状金属导体置于变化的磁场中或在磁场中做切割磁感线运动时，导体内将产生呈漩涡状流动的感应电流，称为电涡流，这种现象称为电涡流效应，如图 5-1-2 所示。涡流的大小与金属导体的电阻率 ρ、磁导率 μ、金属导体的厚度 d、线圈与金属导体的距离 x，以及励磁电流频率 f 等参数有关，如果固定其中某些参数，就能由电涡流的大小测量出另外一些参数。

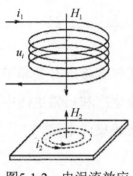

图5-1-2　电涡流效应

3．电感式接近开关的结构及工作原理

1）结构

电感式接近开关是一种有开关量输出的接近开关，主要由高频振荡电路、检波电路及放大输出电路三部分组成，其原理框图如图 5-1-3 所示。

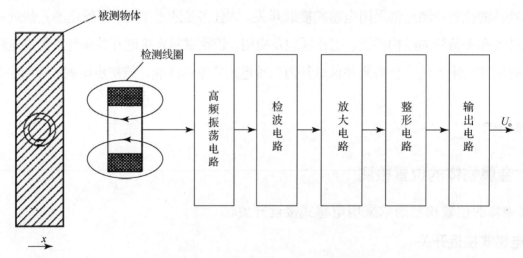

图5-1-3　电感式接近开关的原理框图

2）工作原理

图 5-1-3 所示的检测线圈是振荡电路的一部分。当金属物体接近这个能产生电磁场的高频振荡线圈，并达到感应距离时，金属物体内部便产生涡流，这个涡流反作用于检测线圈，使得接近开关的高频振荡频率衰减，直至停振。振荡器振荡及停振的变化被后级放大电路处理并转换成开关信号，触发驱动控制器件，控制电路的通断，从而达到非接触式检测的目的。

由此可见，电感式接近开关是靠金属物体内部产生的涡流来衰减高频振荡频率而判断有无物体靠近的，所以一般来说电感式接近开关只能用来测量金属物体。

4．电感式接近开关的应用

电感式接近开关因具有测量线性范围大、灵敏度高、结构简单、抗干扰能力强、不受油污等介质影响且可进行非接触式测量的一系列优点而得到了广泛的应用。

1）机械手的限位

在自动生产线中使用着各种各样的机械手，它们不停地从事着搬运工件的工作。为保证机械手抓取及放置工件位置的准确性，往往采用电感式接近开关对它们的运动定位。图 5-1-4 所示为机械手左右运动限位的控制示意图。电感式接近开关分别设置在机械手臂需要限位的位置，当机械手左右臂靠近电感式接近开关时，电感式接近开关感知到机械手臂的靠近，并在到达规定的检测距离时输出控制信号，经执行机构使机械手停止运行或反方向退回。

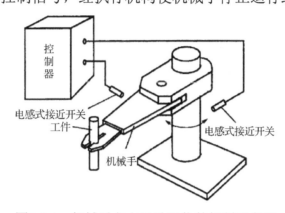

图5-1-4　机械手左右运动限位的控制示意图

2）生产线金属工件的分拣、计数

图 5-1-5 所示为生产线工件分拣和计数装置的示意图。电感式接近开关 A 和 B 安装在工件传送带的一侧。只有当金属工件经过时，传感器才输出相应脉冲开关信号。

电感式接近开关 A 的安装位置略高于合格工件，当金属箱在传送带上移动时，电感式接近开关 A 检测到高度较高的金属箱后，发出脉冲信号给控制电路，使关闭门 G 动作，达到分拣的目的。

分拣后的合格工件经过电感式接近开关 B 时，电感式接近开关 B 输出相应脉冲开关信号，该信号直接被送往计数器进行计数。

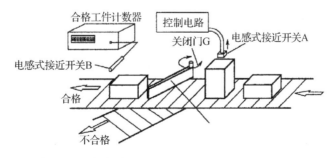

图5-1-5　生产线工件分拣和计数装置的示意图

3）生产工件加工定位

在自动焊接流水生产线上，若要对工件进行点焊，则一般要由两道工序完成，如图 5-1-6 所示。当工件通过接近开关 A 时，给出到位信号，使电磁挡铁 A、B 动作：电磁挡铁 A 阻挡下一个工件进入，电磁挡铁 B 进行工件的定位。当工件到达电磁挡铁 B 时，经接近开关 B 确认后，夹紧装置将工件抬起并夹紧，由自动点焊装置进行焊接操作。焊接结束后，松开工件，电磁挡铁复位，工件进入下一道工序。

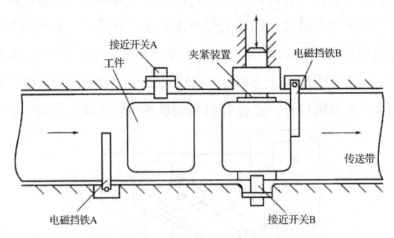

图5-1-6　自动焊接加工定位示意图

5．电感式接近开关应用时的注意事项

在测量过程中，电感式接近开关对于工作环境、被测物体等都有一定的要求。

（1）安装时要尽量避免周围金属的影响及接近开关之间的相互干扰。

（2）电感式接近开关对金属物体敏感，但很薄的金属镀层也很难检测到。

（3）电感式接近开关最好不要放在有直流磁场的环境中，以免发生误动作。

（4）避免接近开关接近化学溶剂，特别是在强酸、强碱的生产环境中。

（5）注意对检测探头的定期清洁，避免有金属粉尘黏附。

二、磁性物体的位置检测

在自动检测系统中，常用对磁敏感的磁敏传感器检测磁性物体的位置。磁敏传感器有霍尔式接近开关、干簧管、磁阻传感器、磁敏二极管及磁敏三极管等。在此介绍常见的霍尔式接近开关和干簧管。

1．霍尔式接近开关

霍尔式接近开关是利用霍尔元件的霍尔效应制成的传感器，简称霍尔开关。图 5-1-7 所示为部分霍尔开关的外形。

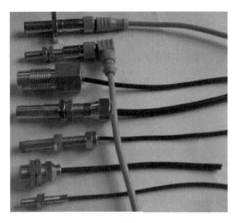

图5-1-7 部分霍尔开关的外形

1）霍尔效应与霍尔元件

如图 5-1-8 所示，将半导体薄片放置在磁感应强度为 B 的磁场中，且磁场方向垂直于半导体薄片。当有电流垂直于磁场方向通过半导体薄片时，在垂直于磁场和电流方向的两个端面之间出现电势差，这种现象称为霍尔效应，该电势差称为霍尔电势差（霍尔电势）。这个半导体薄片被称为霍尔元件，霍尔元件就是利用霍尔效应制成的。

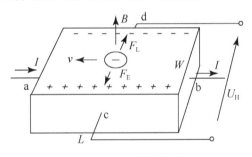

图5-1-8 霍尔效应

霍尔效应是磁电效应的一种，这一现象是美国物理学家霍尔（A. H. Hall，1855—1938 年）于 1879 年在研究金属的导电机构时发现的。后来人们发现半导体、导电流体等也有这种效应，而半导体的霍尔效应比金属强得多，利用这一现象制成的霍尔元件广泛地应用于工业自动化技术、检测技术及信息处理等领域。

原理简述：磁场垂直作用于半导体薄片，激励电流 I 从 a 端流入，电子 e 的运动方向与电流方向相反，电子将受到洛伦兹力 F_L 的作用向内侧偏移，使该侧面积累电子而带负电，外侧因缺少电子而带正电，进而使 c、d 方向产生电势 U_H，U_H 是霍尔电势。电子积累得越多，F_L 也越大。霍尔电势的表达式为

$$U_H = K_H I B$$

式中　K_H——霍尔元件的灵敏度系数。

由该式可知，在 K_H 一定的情况下，霍尔电势 U_H 的大小正比于激励电流 I 和磁感应强度 B。

2）霍尔元件的结构及符号

霍尔元件的结构比较简单，它是由霍尔片、4 根引线和外壳组成的，其符号如图 5-1-9（a）

所示。霍尔片是一个矩形半导体薄片，尺寸一般为 4mm×2mm×0.1mm。电极 a、b 称为激励电极（或控制电极），用于加激励电压或电流；电极 c、d 称为霍尔电极，接输出负载电阻 R_L，R_L 可以是放大器的输入电阻或测量仪器的内阻。霍尔元件的电路连接如图5-1-9（b）所示。

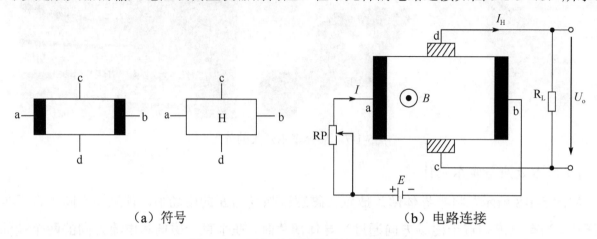

（a）符号   （b）电路连接

图5-1-9　霍尔元件的符号和电路连接

3）霍尔集成传感器

霍尔集成传感器是目前国内外应用较为广泛的一种磁敏传感器。霍尔元件是分立型结构的，它的霍尔输出电势很小，并且容易受温度的影响，因现在常将霍尔元件、放大器、温度补偿电路及稳压电源等安装在一个芯片上制成霍尔传感器，也称霍尔集成传感器。

霍尔集成传感器分线性型霍尔传感器及开关型霍尔传感器两大类。线性型霍尔传感器的输出电压与外加磁场强度呈线性关系，输出量为模拟信号。它有单端输出和双端输出两种，广泛用于位置、力、速度、电流、磁场等的测量与控制，产品有霍尔电流传感器、钳形电流表、电罗盘、高斯计等。部分霍尔集成传感器的外形如图 5-1-10 所示。

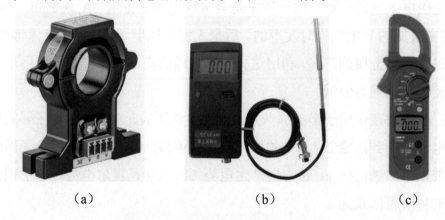

（a）　　　　　　　（b）　　　　　　　（c）

图5-1-10　部分霍尔集成传感器的外形

霍尔开关属于开关型霍尔传感器，它是由霍尔元件、稳压电源、放大器、施密特触发器、OC 门等电路安装在同一芯片上的集成电路，输出量为高、低电平的数字信号。

开关型霍尔传感器具有无触点、功耗低、无转换抖动、响应频率高、使用寿命长、温度特性好、能适应恶劣环境等优点，被广泛用于转速和位置的测量及报警电路中。

4）霍尔开关的原理及应用

（1）霍尔开关的原理。将霍尔开关通上恒定的控制电流，当有磁性物体接近霍尔开关然后离开时，霍尔开关的输出信号将发生显著的变化，输出一个脉冲霍尔电势，从而控制电路的通和断，因此霍尔开关只能检测磁性物体。因输出信号是脉冲数字信号，对霍尔元件本身的线性和温度稳定性等要求不高，只要输出信号足够大即可，所以霍尔开关因其工艺简单、工作可靠，被广泛用于精确定位、导磁产品计数、转速测量等领域。

（2）霍尔开关的应用。

应用一：转速测量。

利用霍尔开关测量转速的原理很简单，只要在被测旋转体的主轴上安装一个非金属圆形薄片，将磁钢嵌在薄片圆周上，旁边安装霍尔开关即可，如图5-1-11所示。

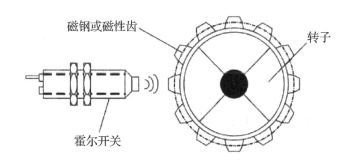

图5-1-11　转速测量

当被测旋转体旋转时，霍尔开关与被测旋转体的距离发生周期性变化，将周期性地改变霍尔开关的输出信号。当磁钢与霍尔开关重合时，霍尔开关输出低电平；当磁钢离开霍尔开关时，霍尔开关输出高电平。信号可经非门（或施密特触发器）整形后，形成脉冲，这样主轴转动一周，霍尔开关就输出一个脉冲信号。只要对此脉冲信号计数就可以测得转速。为了提高转速测量的分辨率，可增加薄片圆周上磁钢的个数。

$$N = \frac{f}{n} \times 60$$

式中　　f——信号频率；

　　　　N——被测旋转体的转速；

　　　　n——被测旋转体磁钢个数（或磁性齿个数）。

【例 5-1-1】某旋转体转子上有 60 个磁性齿，与霍尔元件相连的计数器在 2min 内收到 120 000 个脉冲信号，试求该旋转体的转速。

解：∵转子上有 60 个磁性齿

∴$n = 60$

又∵$f = \dfrac{120\,000}{2} = 60\,000$ 个/min = 1000 个/s

$$\therefore N = \frac{f}{n} \times 60 = \frac{1000}{60} \times 60 = 1000 \text{r/s}$$

应用二：产品计数。

图 5-1-12 所示为霍尔开关的计数应用装置。图 5-1-12 中，霍尔开关 UGN-3501T 具有较高的灵敏度，能感受到很小的磁场变化，因而可检测磁性物体的有无。

当磁性物体接近霍尔开关时，霍尔开关可输出 20mV 的脉冲信号，脉冲信号经运放 μA741 放大后，输入三极管 2N5812 的基极，整形后的脉冲信号由集电极输出，送入计数器进行计数，然后由显示器显示检测数值。

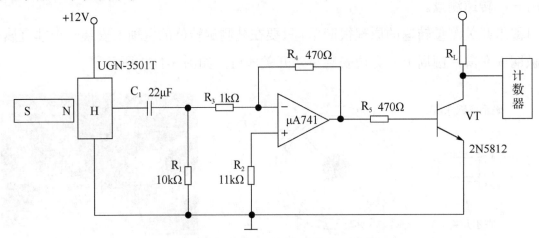

图5-1-12　霍尔开关的计数应用装置

应用三：液位控制。

如图 5-1-13 所示，在浮子上装一块小磁钢，在两液位极限位置上装上霍尔开关。当液面升、降到极限位置时，霍尔开关便输出脉冲信号，用于控制电泵的开、关，从而达到控制液位的目的。

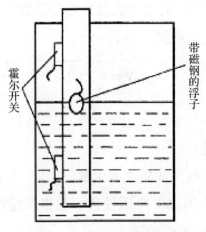

图5-1-13　液位控制示意图

2．干簧管

干簧管是将两个高磁导率的合金簧片（通常是铁镍合金）密封在真空或充满惰性气体的玻璃管内，然后引出两条引线而制成的，其结构示意图如图 5-1-14 所示。

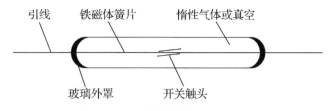

图5-1-14　干簧管的结构示意图

1）干簧管的结构特点

玻璃管中的两个簧片之间保持一定的重叠和适当的间隙，只有存在合适的磁场时，它们才能接触合到一起。为了延长干簧管的使用寿命，在两个簧片的接触点处喷射或镀有非常坚硬的金属，如铑和钌。玻璃管中一般充的是氮气或一些惰性气体。为了提高开关和平衡高压的能力，有些干簧管内部是真空的。

2）干簧管的工作原理

如图 5-1-15 所示，当有磁性物体靠近干簧管时，两个簧片被磁化，形成相互吸引的磁极，当磁场力大于簧片的弹力时，触点吸合导通。由于簧片是经退火和消除顽磁处理过的，所以当磁场减弱后，簧片附近的磁场也会消失，簧片会借助本身的弹力释放而断开。由此可通过干簧管的通断来检测是否有磁性物体。

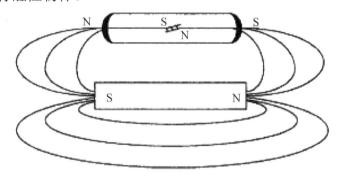

图5-1-15　干簧管的工作原理示意图

3）干簧管的应用

应用一：防盗报警装置。

在门窗的边框上装上干簧管，在门窗的位置上装上磁铁，如图 5-1-16 所示。当门窗关闭时，假定簧片为闭合状态，一旦门窗打开，则簧片断开，于是装置就会发出报警信号，这就是防盗报警装置的原理。

图 5-1-17 所示为简易的门窗防撬报警电路，该电路使用了三个干簧管，其中两个干簧管用于窗 1 和窗 2 的防撬，另一个干簧管用于门的防撬。干簧管安置在门框和窗框中，永久磁铁安装在门及窗上，它们之间的距离约为 5mm。当门窗关闭时，三个干簧管的接点在永久磁铁的作用下吸合，VT 的基极与发射极被干簧管的接点短接，VT 截止，蜂鸣器不发声。当门窗被撬开时，干簧管由吸合变为释放状态，VT 由 R 提供基极电流而导通，蜂鸣器发出报警声响。由于三个干簧管是串接的，所以任一门窗被撬开时蜂鸣器都能发出报警声响。

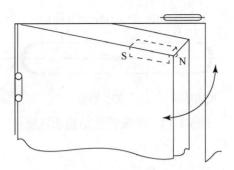

图5-1-16　防盗报警装置的示意图

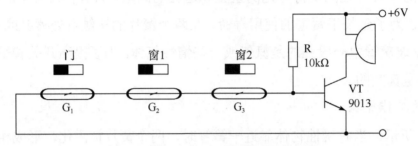

图5-1-17　简易的门窗防撬报警电路

干簧管还可用于电冰箱、冷冻柜、微波炉、电烤箱等家用电器门的位置检测。干簧管与延时电路结合，一旦有人将这些家用电器的门打开一定的时间而没有将门关上的话，电路就会发出报警信号，警告人们此时门正处于半开半掩状态，以达到防腐节能的目的。

应用二：水箱水位控制器。

图 5-1-18 所示为采用干簧管测试水箱水位的原理示意图。水箱水位控制器由干簧管、浮球、滑轮及永久磁铁等构成。当浮球由于液面的升降而上下移动时，它通过滑轮与绳索带动永久磁铁上下移动；当永久磁铁移动到干簧管的设定位置时，干簧管的常开触点在永久磁铁磁场的作用下接通；当永久磁铁移开时，干簧管的常开触点断开。根据干簧管的常开触点的接通与断开情况即可得知水位信号。

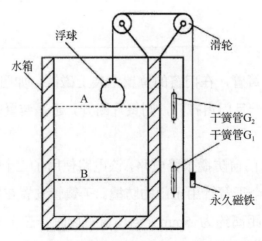

图5-1-18　采用干簧管测试水箱水位的原理示意图

正常情况下，水箱内的水位在 A、B 之间时，干簧管 G_1 和 G_2 不受永久磁铁磁场的作用，干簧管 G_1 和 G_2 内部的常开触点均处于断开状态，水泵电动机不工作。

当液位下降到低于 B 点时，永久磁铁同干簧管 G_2 接近，在永久磁铁磁场的作用下，干簧管 G_2 内部的常开触点接通。在干簧管 G_2 内部的常开触点接通的瞬间，水泵电动机工作，向水箱注水。

随着水位不断升高，当水位上升到高于 A 点时，永久磁铁同干簧管 G_1 接近，在永久磁铁磁场的作用下，干簧管 G_1 内部的常开触点接通。在干簧管 G_1 内部的常开触点接通的瞬间，水泵电动机停转，注水停止。随着用水水位的下降，干簧管开关循环工作。

应用三：位置控制装置。

现在很多自动控制系统都采用气缸作为自动送料装置。图 5-1-19 所示为气缸结构示意图。将气缸的活塞环上，包一层永久磁铁，再将两个干簧管分别安装在活塞的最内端和最外端。当活塞往外运动到最外端时，干簧管 A 发出信号，指示灯亮；当活塞往内运动到最内端时，干簧管 B 发出信号，指示灯亮，这样就可以检测气缸活塞的位置。

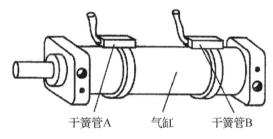

图5-1-19　气缸结构示意图

三、开门乐铃电路

开门乐铃电路如图 5-1-20 所示，它主要由霍尔开关 UGN3020 和语音芯片 KD9300 组成，可以应用在银行、保险、仓库等场合的安全门上，提示用户出入要及时关门。

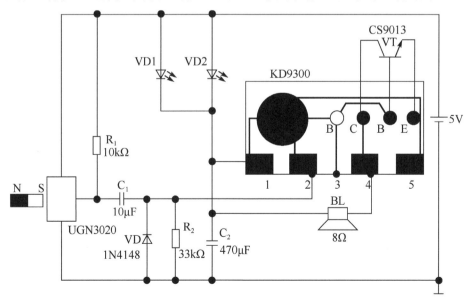

1—电源正极；2—触发端；3—音频输出端；4—放大音频输出端（接扬声器）；5—电源负极

图5-1-20　开门乐铃电路

工作原理：当门由闭合状态被打开时，磁铁离开霍尔开关的平面，使霍尔开关的输出端（OUT 端）变为高电平。电源通过电阻 R_1、R_2 对电容 C_1 充电，在电阻 R_2 两端形成一个正脉冲电压，这个正脉冲加在 KD9300 的触发端（2 脚）上，使 KD9300 输出音乐信号，经过三极管 VT 驱动扬声器 BL，播放一遍音乐后停止，发光二极管 VD_1 和 VD_2 随音乐响起而点亮，随音乐停止而熄灭。

当门一直关闭时，磁铁靠近霍尔开关的平面，霍尔开关的输出端为低电平，此时 KD9300 的触发端（2 脚）为低电平，没有音乐信号输出。当门一直打开时，霍尔开关的输出端为高电平，电容 C_1 已充电结束，此时由于电容 C_1 的隔直作用，KD9300 的触发端（2 脚）仍为低电平，没有音乐信号输出。

当原来打开的门被关闭时，霍尔开关的输出端变为低电平。已充满电的电容 C_1 通过电阻 R_1、R_2 和二极管 VD 进行放电，在电阻 R_2 两端形成一个负脉冲，即 KD9300 的触发端（2 脚）不会出现高电平，所以 KD9300 依然没有音乐信号输出。没有音乐响起时，发光二极管 VD_1 和 VD_2 都不点亮。

任务实施

一、任务准备

实施本任务教学所使用的设备器材及工具仪表可参考表 5-1-1。

表5-1-1　设备器材及工具仪表

序号	分类	名称	型号规格	数量	单位	备注
1	工具仪表	指针式万用表	MF-47 或自定	1	块	
2		毫安表	KD2101	1	块	
3		电工常用工具		1	套	
4		电烙铁	35W	1	把	
5	设备器材	电源开关	MTS-102	1	个	S
6		发光二极管	ϕ5mm，发红光	2	个	VD_1、VD_2
7		电阻	390Ω	1	个	R
8		电阻	10kΩ	1	个	R_1
9		电阻	33kΩ	1	个	R_2
10		电容	10μF	1	个	C_1
11		电容	470μF	1	个	C_2
12		二极管	1N4148	1	个	VD
13		三极管	CS9013	1	个	VT
14		扬声器	8Ω	1	个	BL
15		音乐集成电路	KD9300	1	个	
16		万能电路板		1	块	

二、开门乐铃电路的安装与调试

1．认识并检测元器件

（1）按表 5-1-1 核对所用器材的数量、型号和规格，并用指针式万用表的电阻挡对电阻、电容、发光二极管、三极管等元器件进行检测，剔除并更换不符合要求的元器件。

（2）霍尔开关的识别及检测。

① UGN3020 为三端型霍尔开关，其引脚排列如图 5-1-21 所示。

② 在实验台上按图 5-1-22 连接霍尔开关检测电路，并检查电路安装是否正确，然后将直流稳压电源调为 6V。闭合开关 S，将磁铁接近霍尔开关后再离开，观察发光二极管的发光情况，最后用毫安表、指针式万用表 10V 挡测量回路电流和霍尔开关的输出电压，填入表 5-1-2 中。

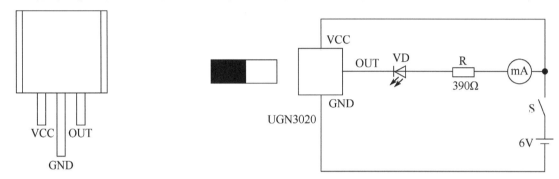

图5-1-21　UGN3020霍尔开关的引脚排列　　　　　图5-1-22　霍尔开关检测电路

表5-1-2　发光二极管的发光

状态项目	发光二极管的发光状态	电压 U/V	电流 I/mA
无磁体靠近			
有磁体靠近			

2．电路连接

按照图 5-1-20 所示的电路，在万能电路板上插装和焊接电路，安装准确无误后，用柔软的细线把霍尔开关与焊接好的电路板连接。

3．电路调试

将直流稳压电源调为 5V，接通电源。先调试磁铁与霍尔开关平面的位置，调试结果：把磁铁的 S 极靠近霍尔开关然后离开，会听到音乐声，看到发光二极管点亮。如图 5-1-23 所示，按调试好的位置把磁铁安装到门上，并把霍尔开关安装在门框上。最后分别检测门一直闭合、一直打开、由打开到闭合和由闭合到打开时，是否听到音乐声，发光

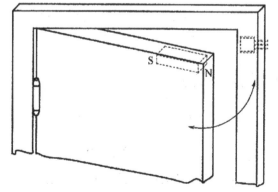

图5-1-23　开门乐铃电路的安装示意图

二极管是否点亮。正常时，只有门由闭合到打开时才有音乐响起，发光二极管才点亮。

任务测评

对任务实施的完成情况进行检查，并将结果填入表 5-1-3 中。

表5-1-3　任务测评表

序号	主要内容	考核项目	评分标准	配分	扣分	得分
1	开门乐铃电路的安装与调试	元器件识别	1．能正确识别色环电阻； 2．能利用指针式万用表判断二极管、三极管的引脚，检测管子的好坏； 3．能利用万用表检测电容的极性和好坏； 4．会检测霍尔开关的性能； 5．能识别音乐集成电路	25分		
		安装与焊接	1．电阻卧式插装，贴紧万能电路板，排列整齐，横平竖直； 2．发光二极管、电容、三极管、霍尔开关、音乐集成电路要立式插装，高度符合工艺要求； 3．焊点光亮、清洁，焊料适当； 4．无漏焊、虚焊、连焊、溅锡等现象； 5．焊接后元器件引脚剪脚留头长度小于 1mm	25分		
		检测与调试	1．门一直闭合、一直打开和由打开到闭合时，音乐不响，发光二极管不亮； 2．门由闭合到打开时，音乐响起，发光二极管点亮； 3．能查出故障所在并找出原因	40分		
2	安全文明生产	劳动保护用品穿戴整齐；遵守操作规程；操作结束要清理现场	1．操作中，违反安全文明生产考核要求的任何一项扣 2 分，扣完为止； 2．当发现学生有重大事故隐患时，要立即予以制止，并每次扣安全文明生产分 5 分	10分		
合　计						

任务 2　绝缘物体的位置检测

学习目标

◇ 知识目标：

1．掌握电容式接近开关、光电式接近开关的工作原理、结构特点。

2．掌握电容式接近开关的使用方法。

3．了解电容式接近开关的特点及安装要求。

4．了解光电效应的概念，掌握光电式接近开关的分类及基本原理。

5．掌握接近开关的选型原则、使用场合及安装方法。

✧ 能力目标：

1．会电容式接近开关和光电式接近开关的测试和使用方法。

2．能完成绝缘物体的位置检测。

对于金属物体和磁性物体以外的其他物体的位置检测，通常采用电容式接近开关和光电式接近开关。本任务是通过学习，了解电容式接近开关和光电式接近开关的结构、特性及工作原理，掌握电容式接近开关和光电式接近开关的测试和使用方法，并能完成绝缘物体的位置检测。

 相关知识

一、电容式接近开关检测物体位置

电容式接近开关不仅能检测金属物体，而且能检测木材、橡胶、塑料、纸张、液体和粉状物等绝缘体。由于电容式接近开关的检测品种多、测量精度高、能量消耗少、结构简单、造价低廉而被广泛应用于自动检测和自动控制系统。

1．电容式接近开关

1）外形结构

电容式接近开关根据不同的用途，其形状不同，结构也有所差异（如圆柱形、扁平形等）。应用最广的是圆柱形，其外形与电感式接近开关没有差别，部分电容式接近开关的外形如图 5-2-1 所示。

图5-2-1　部分电容式接近开关的外形

电容式接近开关的内部结构如图5-2-2所示。电容式接近开关作用表面在圆柱形的前端面，主电路由填充树脂封装。电路内设有电位器，当接近开关与被测物体之间隔有不灵敏的物体（如纸袋、玻璃等）时，调节电位器，可使接近开关不检测夹在中间的物体。电路中还设有 LED 指示器，开关动作时，红色 LED 亮，这样便于调整及了解接近开关工作状态。

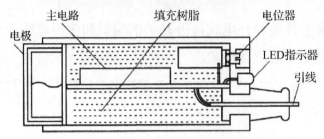

图5-2-2 电容式接近开关的内部结构

2）工作原理

如图 5-2-3 所示，电容式接近开关由高频振荡电路、F/V 变换电路、信号处理电路、开关量转换电路等组成。电容式接近开关的测量头构成电容的一个极板，另一个极板是被测物体本身，两者构成一个大电容。当物体移向接近开关时，物体和接近开关间的介电常数发生变化，即电容量改变，从而使得和测量头相连的高频振荡电路的电路状态也随之发生变化，由此便可控制接近开关的接通和关断。

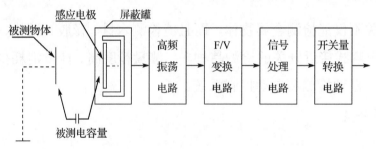

图5-2-3 电容式接近开关的原理框图

2. 电容式接近开关的特点及安装要求

1）特点

电容式接近开关在检测物体位置时，对金属物体可以获得较长的检测距离，对非金属物体的检测距离决定于被测材料的介电常数，材料的介电常数越大，可获得的检测距离越长。它不仅可以检测固体，也可以检测粉状物或液体状态的材料。部分常用材料的介电常数如表 5-2-1 所示。

表5-2-1 部分常用材料的介电常数

材料	介电常数	材料	介电常数	材料	介电常数
水	80	木材	2~7	聚乙烯	2.3
大理石	8	酒精	25.8	苯乙烯	3
云母	6	电木	3.6	石蜡	2.2

续表

材料	介电常数	材料	介电常数	材料	介电常数
陶瓷	4.4	电缆	2.5	米	3.5
硬橡胶	4	油纸	4	聚丙烯	2.3
玻璃	5	汽油	2.2	碎纸屑	4
硬纸	4.5	合成树脂	3.6	石英玻璃	3.7
空气	1	赛璐珞	3	硅	2.8
软橡胶	2.5	普通纸	2.3	石英砂	4.5
松节油	2.2	有机玻璃	3.2	变压器油	2.2

2）安装要求

电容式接近开关的典型安装示意图如图 5-2-4 所示。由于电容式接近开关的检测灵敏度与距离有关，所以在使用时，安装距离必须满足一定的要求。表 5-2-2 列出了电容式接近开关安装尺寸标注。其中 S_n 为电容式接近开关的标准检测距离，一般取值为 10～15mm，具体参见各产品说明。

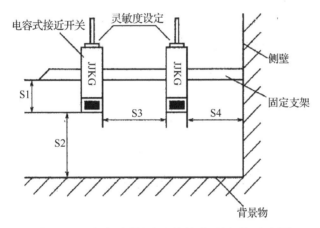

图5-2-4 电容式接近开关的典型安装示意图

表5-2-2 电容式接近开关安装尺寸标注

标号	安装距离	说明
S1	≥1S_n	检测面与固定支架的间距
S2	≥3S_n	检测面与背景物的间距
S3	≥5S_n	并列安装间距
S4	≥3S_n	检测面与侧壁的间距

3. 电容式接近开关的应用

1）应用一：自动感应水龙头

自动感应水龙头原理框图如图 5-2-5 所示。当人体接近电容式接近开关时，等效电容的容量值发生变化，从而改变振荡电路的振荡频率，F/V 变换电路将振荡电路输出的频率量转化成电压量后，交给信号处理电路，该电路将电压信号进行一系列的处理（包括放大、整形）后传输给开关量转换电路，开关量转换电路实际上是 A/D 转换器，它将模拟电压转换为数字电压，水龙头开关控制电路由开关量转换电路的输出量控制,开关量转换电路产生控制信号控制水龙头的开与关,从而使得人体接近水龙头一定距离时,水龙头自动开启,离开一定距离后水龙头自动关闭,如图 5-2-6 所示。

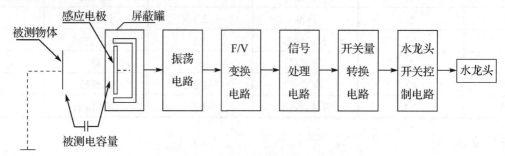

图5-2-5　自动感应水龙头原理框图

图5-2-6　自动感应水龙头

2）应用二：检测软包装内的液体

电容式接近开关内部的特殊构造,使得它可以透过罐、管道、瓶、塑料及纸张等非金属物体检测物体内部的液体位置。图 5-2-7 所示为牛奶或软包装饮料自动检测生产线。

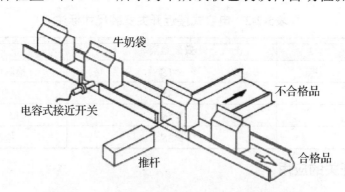

图5-2-7　牛奶或软包装饮料自动检测生产线

在牛奶或软包装饮料自动检测生产线上,由于灌装设备的故障,会有漏装或少装的情况发生,采用电容式接近开关,可以检测纸袋（或塑料袋）中有无液体或是否装足。当电容式接近开关检测到无液体或未装足的纸袋（或塑料袋）时,发出一个开关信号,等移动到一个固定位置时,由推杆将不合格品推出。

3）应用三：液位检测与控制

图 5-2-8 所示为电容式液位监控示意图，它由两个密封（高防水）的电容式接近开关和一个控制处理器组成，两个电容式接近开关分别监控液面的高位和低位。当液体即将接触到高位或低位传感器的感应面时，相应传感器就会发出一个信号到控制处理器，然后按照一定的程序启动或关闭控制处理器内的继电器，再由继电器控制电动机、水泵等负载，实现液位的自动检测与控制。

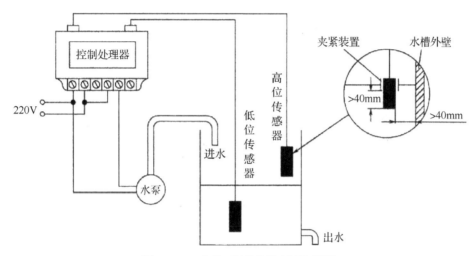

图5-2-8　电容式液位监控示意图

4．电容式接近开关的注意事项

在测量过程中，电容式接近开关对工作环境、被测物体等也有一定的要求。

1）动作距离

用户手册或产品介绍中的动作距离一般是用标准检测体（金属制）在接地状态下测量的，若被测物体是非金属，则检测的动作距离比用户手册中的数值小得多，应实测后确定，在调节时应留有余量（考虑温度及电压的影响）。

2）周围金属的影响

电容式接近开关的周围有金属物体时，会影响其性能，在使用时应根据用户手册的要求安装。

3）接近开关之间的相互干扰

两电容式接近开关若对置安装或并列安装时，要相隔一定的距离，不同的型号，距离要求也不同，可查用户手册。

4）高频电场的影响

若电容式接近开关的使用环境附近有高频电场存在，则其会受高频电场的影响而产生误动作。

5）工作环境的要求

避免电容式接近开关接近化学溶剂，特别是在强酸、强碱的生产环境中，并注意对电容式接近开关的日常保养和维护。

二、光电式接近开关检测物体位置

光电式接近开关简称光电开关，是一种基于光电效应制成的光电传感器。它是利用被测物体对光束的遮挡、吸收或反射等作用，把光强弱的变化转换成开关信号，从而对物体的位置、形状、标志、符号等进行检测。物体不限于金属，所有能反射光线的物体均可被检测。光电开关可实现远距离非接触式测量，并具有体积小、精度高、功耗低、响应快、使用寿命长、性能可靠和抗干扰能力强等优点而被广泛用于军事、通信、自动化控制和机器人系统等领域。部分光电开关的外形如图 5-2-9 所示。

（a）槽型光电开关　　　　（b）超小超薄光电开关　　　　（c）圆柱形光电开关

图5-2-9　部分光电开关的外形

1. 光电效应

光电开关的核心元件是光电元件，其作用是基于光电效应把光信号转换成电信号。常见的光电元件有光敏电阻、光电池、光电倍增管、光电二极管、光电三极管等。

光电效应是指物体吸收了光能后转换为该物体中某些电子的能量而产生的电效应。光电效应通常分为外光电效应、内光电效应及光生伏特效应。

1）外光电效应

图 5-2-10 所示为外光电效应示意图。在光线作用下，物体内的电子逸出物体表面向外发射的现象称为外光电效应，这是 1887 年由德国科学家赫兹发现的，向外发射的电子称为光电子。利用外光电效应制作的光电元件有光电管和光电倍增管等。

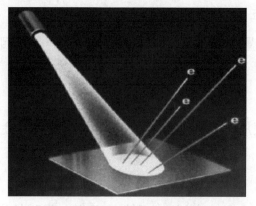

图5-2-10　外光电效应示意图

2）内光电效应

光照射到半导体材料上激发出电子–空穴对而使半导体材料产生光电效应，这种现象称为内光电效应。内光电效应激发出的电子并没有逸出物体表面，而是依然留在物体内部，利用内光电效应制作的光电元件有光敏电阻。

3）光生伏特效应

在光线作用下，能够使物体产生一定方向电动势的现象称为光生伏特效应。根据该效应制作的光电元件有光电池、光电二极管、光电三极管等。

2．光电开关的结构及工作原理

光电开关一般由发射器、接收器和检测电路三部分组成，其工作原理示意图如图 5-2-11 所示。

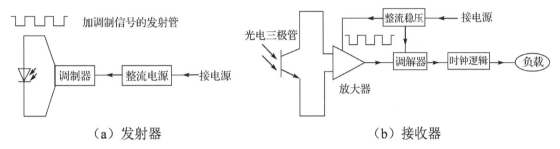

（a）发射器　　　　　　　　　　　（b）接收器

图5-2-11　光电开关的工作原理示意图

光电开关将输入电流在发射器上转换为光信号并射出，接收器再根据接收到的光线的强弱或有无对目标物体进行探测。多数光电开关选用的是波长接近可见光的红外线光波。

3．光电开关的分类

根据光电开关工作原理的不同，可将光电开关分成以下几种。

1）槽型光电开关

槽型光电开关通常采用标准的 U 形结构，如图 5-2-12 所示。其发射器和接收器分别位于 U 形槽的两边，并形成一光轴，当被测物体经过 U 形槽且阻断光轴时，光电开关就产生一个开关信号，断开或接通电路，完成一次控制动作。槽型光电开关比较适合检测高速运动的物体，并且能分辨透明与半透明物体。但因受整体结构的限制，其检测距离一般只有几厘米。

2）对射式光电开关

把发射器和接收器分开，分别放在被测物体通过路径的两侧，就构成了对射式光电开关，如图 5-2-13 所示。当被测物体经过发射器和接收器之间且阻断光线时，光电开关就输出一个开关信号。因其结构设计的特殊性，对射式光

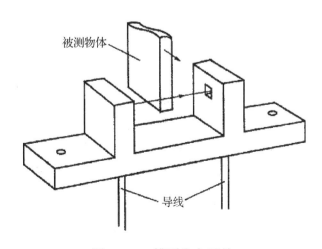

图5-2-12　槽型光电开关

电开关的检测距离可达几米乃至几十米。当被测物体为不透明物体时，对射式光电开关是最可靠的检测装置。

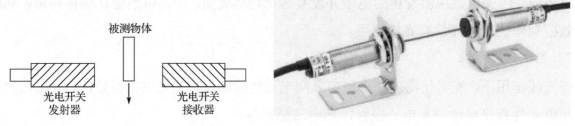

图5-2-13　对射式光电开关

3）镜反射式光电开关

如图 5-2-14 所示，镜反射式光电开关是集发射器与接收器于一体的，光电开关发射器发出的光线经过反光镜反射回接收器，当被测物体经过且完全阻断光线时，光电开关就动作，输出一个开关信号。镜反射式光电开关的被测物体必须是不透光的，检测距离比对射式光电开关要短。

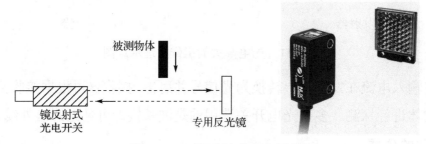

图5-2-14　镜反射式光电开关

4）漫反射式光电开关

如图 5-2-15 所示，漫反射式光电开关也是集发射器和接收器于一体的，但它前面没有反光镜。当没有被测物体时，接收器接收不到发射器发出的光，光电开关没有输出信号；当有被测物体经过时，被测物体将光电开关发射器发射的足够亮的光线漫反射到接收器，光电开关内部就产生一个开关信号。漫反射式光电开关的被测物体的表面必须光亮或其反光率非常高才适用，检测距离较短，一般只有几毫米。

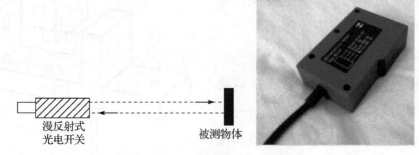

图5-2-15　漫反射式光电开关

5）光纤式光电开关

利用光纤良好的光传输特性，配上红外发光二极管及光电二极管可以制成光纤式光电开关。由于光纤式光电开关传递的仅是光信号，可以对距离远的被测物体进行检测，实现遥控和遥测，因此它特别适用于防爆的场合。光纤式光电开关如图5-2-16所示。

图5-2-16　光纤式光电开关

4．术语解释

1）检测距离

如图5-2-17所示，检测距离是指被测物体按一定方式移动，当光电开关动作时测得的基准位置（光电开关的感应表面）到检测面的空间距离。额定动作距离指光电开关动作距离的标称值。

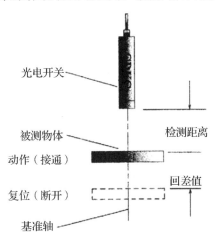

图5-2-17　光电开关检测距离示意图

2）回差值

回差值是指动作距离与复位距离之间的绝对值。

3）响应频率

响应频率是指在规定1s的时间间隔内，允许光电开关动作循环的次数。

4）输出状态

输出状态分常开和常闭两种状态。当没有检测到物体时，常开型的光电开关接通的负载由于光电开关内部的输出晶体管的截止而不工作；当检测到物体时，输出晶体管导通，负载工作。

5）检测方式

根据光电开关在检测物体时发射器发出的光线被折回到接收器的途径的不同，其检测方式可分为漫反射式、镜反射式、对射式等。

6）输出形式

输出形式有 NPN 二线、NPN 三线、NPN 四线、PNP 二线、PNP 三线、PNP 四线、AC 二线、AC 五线（自带继电器），以及直流 NPN、PNP、常开、常闭、多功能等。

7）反射率

漫反射式光电开关发出的光线需要经被测物体表面才能反射回漫反射式开关的接收器，所以检测距离和被测物体表面的反射率将决定接收器接收到的光线强度。粗糙表面反射回的光线强度必将小于光滑表面反射回的光线强度，而且被测物体表面必须垂直于光电开关的发射光线。常用材料的反射率如表 5-2-3 所示。

表5-2-3　常用材料的反射率

材料	反射率	材料	反射率
白画纸	90%	不透明黑色塑料	14%
报纸	55%	黑色橡胶	4%
餐巾纸	47%	黑色面料	3%
包装箱硬纸板	68%	未抛光白色金属表面	130%
洁净粗木板	20%	光泽浅色金属表面	150%
透明塑料杯	40%	不锈钢	200%
半透明塑料瓶	62%	木塞	35%
不透明白色塑料	87%	啤酒泡沫	70%
洁净松木	70%	人的手掌心	75%

5．光电开关的应用

光电开关常应用于流水线上的计数检测、位置检测、质量检测及特定标记检测等。

1）应用一：光电开关在流水线上的应用

光电开关在流水线上的应用如图 5-2-18 所示。

（1）图 5-2-18（a）所示为容器中的液位检测电路，它是用一个带光纤的漫反射式光电开关作为对射式光电开关来监控透明容器内液位的检测电路。如果在光电开关检测的高度没有液体，那么光路就不会中断，然后到达接收器。如果液位足够高，光路会有偏移不能到达接收器，那么光电开关的状态就会发生翻转，输出控制信号。

（2）图 5-2-18（b）所示为包装内的物品检测电路，它是用对射式光电开关检测包装内的物品的检测电路。发射器和接收器相对安装使得光路可以穿过包装袋到达接收器，如果包装袋是空的，则会有足够的光线到达接收器；如果包装袋内有产品，则会中断发射器到接收器之间的光线，开关状态发生变化，输出控制信号。

（3）图 5-2-18（c）所示为物体的堆放高度检测电路，它是用多对对射式光电开关检测物体高度的检测电路。光电开关的安装是依次抬高的，检测距离可达到几米。当物体达到某一高度时，光路被中断，无法到达接收器，相应的开关就输出一个控制信号。

（4）图 5-2-18（d）所示为不合格零件检测电路。将对射式光电开关设置在某标准高度，一旦某零件的高度超过标准高度，高出的零件会中断光路，从而使光电开关检测出不合格品。

（5）图 5-2-18（e）所示为包装检测电路，用于检测包装是否闭合完好。把对射式光电开关的光路调整到刚刚高过盒子，如果盒子没有包装好，则打开的盖子会阻断光路，光电开关就会输出一个开关信号。

（6）图 5-2-18（f）所示为透明玻璃瓶的计数电路，它是一个镜反射式光电开关计数检测电路。流水线上的玻璃瓶每阻断一次光路，光电开关就动作一次，发出一个开关信号，与之相连的计数器就记录一次，从而实现计数检测。

（7）图 5-2-18（g）所示为电路板精确定位检测电路。把电路板放置在特定的检测位置，使用聚焦型漫反射式光电开关 1 进行检测。当电路板上特定的位置精确地通过光路时，电路板就会被定位，做进一步的检测或焊接工作，工作完毕后被送入下一道工序。激光型漫反射式光电开关 2 具有背景消隐功能，可以检测到电路板上的微小元件。

（8）图 5-2-18（h）所示为螺纹检测电路。在机器准备安装螺母前，需要检测螺母上是否有螺纹，如果有螺纹，则照射到螺纹的光线会经光纤反射到光电开关，然后光电开关动作；如果没有螺纹，则光线照射到螺母上的光洁表面后不会反射回光纤，光电开关不会输出信号，从而检出不合格品。

（9）图 5-2-18（i）所示为瓶盖和标签检测电路。这种色标光电开关通过区分标签和瓶盖各自的相对反射率来进行检测。如果没有瓶盖，则瓶口的螺纹会被当作背景忽略。

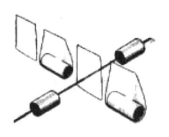
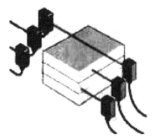

（a）容器中的液位检测电路　　（b）包装内的物品检测电路　　（c）物体的堆放高度检测电路

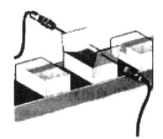

（d）不合格零件检测电路　　（e）包装检测电路　　（f）透明玻璃瓶的计数电路

图5-2-18　光电开关在流水线上的应用

（g）电路板精确定位检测电路　　　（h）螺纹检测电路　　　（i）瓶盖和标签检测电路

图5-2-18　光电开关在流水线上的应用（续）

2）应用二：光电开关在生活中的应用

图 5-2-19 所示为光电开关在日常生活中的应用。

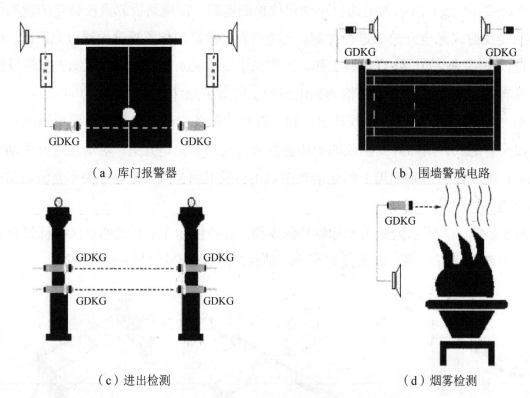

（a）库门报警器　　　　　　　　　　（b）围墙警戒电路

（c）进出检测　　　　　　　　　　（d）烟雾检测

图5-2-19　光电开关在日常生活中的应用

3）应用三：光电开关在自动扶梯控制系统中的应用

图 5-2-20 所示为光电开关在自动扶梯控制系统中的应用。该系统是在原工频控制系统的基础上，加装变频器、光电开关、扶梯变频运行专用控制器，以及其他必要辅助元件后组成的新型控制系统。这种变频运行控制系统可以根据客流量自动调节扶梯的运行速度。当扶梯上没有乘客时，扶梯低速运行；当系统检测到有乘客时，扶梯开始平稳加速，并达到额定运行速度；当系统在一定时间内未检测到乘客时，系统开始缓慢减速，停留在低速节能运行状态，直到再次检测到有乘客为止。这样既节能环保，又能延长扶梯的使用寿命。

图5-2-20　光电开关在自动扶梯控制系统中的应用

6．接近开关的选型原则及应用范围

1）接近开关的选型原则

在一般的工业生产场所，通常都选用电感式接近开关和电容式接近开关。因为这两种接近开关对环境的要求条件较低。当被测对象是导电物体或是可以固定在一块金属上的物体时，一般都选用电感式接近开关，因为它的响应频率高、抗环境干扰性能好、应用范围广、价格较低；当被测对象是非金属（或金属）、液位高度、粉状物高度、木材、纸张、塑料、玻璃、烟草和水等时，应选用电容式接近开关，这种接近开关的响应频率低，但稳定性好，安装时应考虑环境因素的影响。若被测对象为导磁材料或者为了区别和它在一起运动的物体而把磁钢埋在被测物体内时，应选用霍尔开关，因为它的价格最低。在环境条件比较好、无粉尘污染的场合，可采用光电开关。光电开关可实现远距离测量且工作时对被测对象几乎无任何影响，因此它在要求较高的传真机上、在烟草机械上等都被广泛使用。在防盗系统中，自动门通常使用热释电式接近开关、超声波式接近开关、微波式接近开关。有时为了提高识别的可靠性，上述几种接近开关往往被复合使用。无论选用哪种接近开关，都应注意工作电压、负载电流、响应频率、检测距离等指标。

2）接近开关的应用范围

接近开关的应用范围如表 5-2-4 所示。

表5-2-4　接近开关的应用范围

序号	检测项目	实例
1	位置检测	1．自动流水线上物体的位置控制； 2．自动焊接时电路板的位置控制； 3．检测电梯及升降设备的停止、启动位置； 4．检测物体的位置以防止两物体相撞等； 5．检测工件设定位置及移动机器或部件的极限位置； 6．检测回转体的停止位置、阀门的开或关位置； 7．检测汽缸或液压缸内活塞的移动位置
2	长度检测	1．金属板冲剪的尺寸控制装置； 2．检测自动装卸时堆物高度； 3．检测物品的长、宽、高及体积

序号	检测项目	实例
3	目标检测	1. 检测自动包装线上是否有包装箱； 2. 检测某成品件上是否缺少零件； 3. 检测传真机、打印机中纸的有无； 4. 检测物品的颜色、商标、条形码及数码等； 5. 检测各种不同材料的属性
4	异常检测	1. 检测产品是否合格、有无瓶盖、待安装螺母是否有螺纹等； 2. 检测安全门，控制安全扶梯的自动启动和停止等
5	数量检测	检测生产线上流过的产品数
6	转速检测	1. 检测传送带的速度； 2. 检测旋转机械的速度及转数； 3. 检测齿轮的转速等
7	液位检测	1. 检测水箱、水塔的水位，控制水泵的启动和停止； 2. 检测储油罐、化学品罐内的液位及物位的高低以便实现自动控制

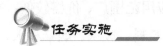

任务实施

一、任务准备

实施本任务教学所使用的设备器材及工具仪表可参考表 5-2-5。

表5-2-5 设备器材及工具仪表

序号	分类	名称	型号规格	数量	单位	备注
1	工具仪表	指针式万用表	MF-47 或自定	1	块	
2		电工常用工具		1	套	
3	设备器材	电源开关	MTS-102	1	个	S
4		光机电一体化实训台		1	套	
5		PLC	西门子 S7-200	1	台	
6		光电开关	G012-MDNA-AM（E3Z-LS61）	1	个	
7		电感式接近开关	NSN40-12M60-EO（DC 10~30V）	1	个	
8		电容式接近开关	3RGI-BERO	1	个	
9		光纤式光电开关	E3X-NA11	2	个	
10		磁性开关	D-C73、D-Z73、D-Y59B	6	个	
11		白色塑料块		若干	块	
12		黑色塑料块		若干	块	
13		金属块		若干	块	

二、用接近开关识别物料的属性

本任务选用的光机电一体化实训台，如图 5-2-21 所示。设备主要部件名称俯视图如图 5-2-22 所示。本任务要求组装一个由电感式接近开关、光电开关及电容式接近开关等构成的 PLC 自动分拣系统；选择接近开关的类型并安装，然后利用光机电一体化实训台完成程序设计、调试，实现不同属性物料的自动分拣工作。

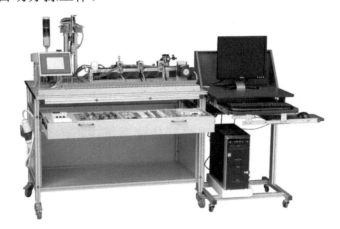

图5-2-21　光机电一体化实训台

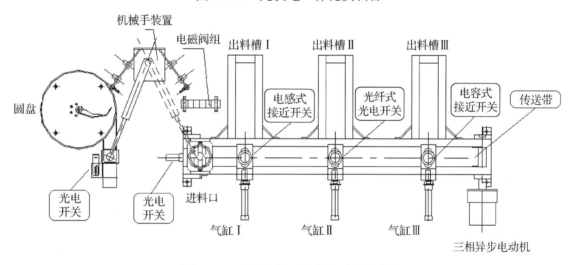

图5-2-22　设备主要部件名称俯视图

1．技术要求

用传感器（接近开关）检测传送带上三种不同属性的物料。当传感器检测到有金属物料时，气缸Ⅰ动作，将金属物料推入金属物料槽（出料槽Ⅰ）中；当传感器检测到有白色物料时，气缸Ⅱ动作，将白色物料推入白色物料槽（出料槽Ⅱ）中；当传感器检测到有黑色物料时，气缸Ⅲ动作，将黑色物料推入黑色物料槽（出料槽Ⅲ）中，从而完成自动分拣工作。

2．认识接近开关

1）电感式接近开关

电感式接近开关又称为电感式传感器。当金属物体接近电感式传感器时，金属物体内部便产生涡流，这个涡流反作用于接近开关内的检测线圈，使得接近开关的高频振荡频率衰减，直至停振。振荡器振荡及停振的变化被后级放大电路处理并转换成开关信号，触发驱动控制器件，控制电路的通和断，从而达到非接触式检测的目的。所以，电感式接近开关只能用来检测金属物体。

2）光电开关

光电开关一般由发射器、接收器和检测电路三部分组成。它利用光电效应将输入电流在发射器上转换为光信号并射出，接收器再根据接收到的光线的强弱或有无对目标物体进行探测。

3）光纤式光电开关

光纤式光电开关也属于光电传感器，它是把发射器发出的光线用光纤引导到检测点，再把检测到的光信号用光纤引导到接收器来实现检测的。光纤式光电开关可实现较远距离的检测，由于光纤损耗和光纤色散的存在，在长距离光纤传输系统中，必须在线路适当位置设立中级放大器，以便对衰减和失真的光脉冲信号进行处理和放大。

4）电容式接近开关

当物体移向电容式接近开关时，物体和电容式接近开关间的介电常数发生变化，即电容量改变，从而改变电路的工作状态，由此便可控制接近开关的通和断。电容式接近开关可以检测导体、绝缘体、液体或粉状物体。

5）磁性开关

当带有磁性的物体移动到磁性开关所在位置时，磁性开关内的两个金属簧片在磁性物磁场的作用下吸合，发出信号。当磁性物体移开时，舌簧开关触点自动断开，信号切断。磁性开关只能检测磁性物体。

3．接近开关选型

根据接近开关的检测原理及选型原则，本任务选用光电开关检测是否有物料被放置在传送带上，电感式接近开关在 A 点位置（Ⅰ号位）识别金属物料，光纤式光电开关在 B 点位置（Ⅱ号位）识别白色物料，最后用电容式接近开关（或光纤式光电开关）在 C 点位置（Ⅲ号位）识别黑色物料。物料传送和分拣机构示意图如图 5-2-23 所示。机构中接近开关的作用如下。

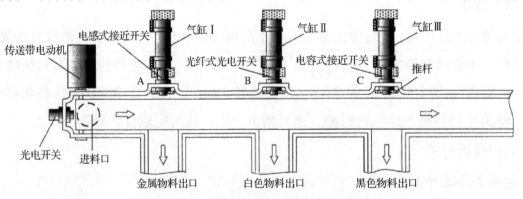

图5-2-23　物料传送和分拣机构示意图

1）电感式接近开关

电感式接近开关安装在传送带上方 A 点位置（Ⅰ号位），检测是否有金属物料通过，若有金属物料通过，则向 PLC 发出控制信号。

2）磁性开关

磁性开关用于气缸的位置检测，检测气缸伸出和缩回是否到位，若到位，则向 PLC 发出控制信号。

3）光电开关

光电开关安装在出料口和传送带进料口处，检测是否有物料被送到传送带上，若有物料，则向 PLC 发出输入信号。

4）光纤式光电开关

光纤式光电开关用于检测不同颜色的物料，可通过调节光纤放大器的灵敏度来区分不同颜色的物料。本任务中光纤式光电开关安装在传送带上方 B 点位置（Ⅱ号位），用来检测白色物料。

5）电容式接近开关

电容式接近开关安装在传送带上方 C 点位置（Ⅲ号位），用来检测黑色物料。

4．工作过程

（1）在传送带进料口处的光电开关检测是否有物料落下，若检测到有物料落下，发出信号给变频器，拖动电动机带动传送带转动。

（2）物料在传送带上运行时，首先由电感式接近开关检测传送带上的物料是否为金属物料，若是金属物料，则电感式接近开关发出检测信号，气缸Ⅰ伸出，将物料推入出料槽Ⅰ中。

（3）若不是金属物料，则物料被继续传送，再由光纤式光电开关检测传送带上的物料是否为白色物料，若是白色物料，则光纤式光电开关发出检测信号，气缸Ⅱ伸出，将物料推入出料槽Ⅱ中。

（4）若不是白色物料，则物料被继续传送，最后由电容式接近开关（也可以是高灵敏度的光纤式光电开关）检测传送带上是否有物料（黑色物料），若检测到有物料，则电容式接近开关（或光纤式光电开关）发出检测信号，气缸Ⅲ伸出，将物料推入出料槽Ⅲ中。

（5）若光电开关 10s 后未检测到物料，则电动机停转。

图 5-2-24 所示为物料传送和分拣机构的实物照片。

图5-2-24　物料传送和分拣机构的实物照片

5．接近开关的安装

（1）安装电感式接近开关时，要保证检测面与被测物体之间的间隔在检测距离范围内，间隔距离过长或过短都不能正常检测；另外，电感式接近开关接线要正确，将棕色线接电源的"+"极，蓝色线接电源的"−"极，黑色线接 PLC 输入端。当接近开关用来为 PLC 提供信号时，其接线示意图如图 5-2-25 所示。

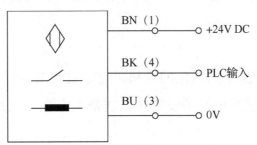

图5-2-25　电感式接近开关接线示意图

（2）光电开关与电容式接近开关的安装方法及接线同电感式接近开关。本任务选用的光电开关属于漫反射式光电开关，所以其有效作用距离是由目标的反射能力决定的，即由目标表面性质和颜色决定。因此，调节光电开关的灵敏度即可增大或减小有效作用距离：顺时针调整螺钉将增大有效作用距离，逆时针调整螺钉将减小有效作用距离。

电容式接近开关可选 3RG1-BERO 型接近开关，其检测距离为 5～20mm。安装时掌握好其与物料间的距离，不能过长，也不能过短。

（3）光纤式光电开关的安装较电感式接近开关和光电开关复杂，应按说明书正确安装。本任务系统中的 E3X-NA11 型光纤式光电开关的放大器单元采用光量条显示带旋钮设定型的放大器，它带有 8 个挡位的灵敏度旋钮，可灵活调节灵敏度以检测不同颜色的物料。可调节光纤式光电开关的灵敏度旋钮，使光纤式光电开关恰好只能检测出白色物料，而检测不出黑色物料。也可用光纤式光电开关代替Ⅲ号位的电容式接近开关来检测黑色物料，只需调节其灵敏度旋钮就能检测出黑色物料。

（4）磁性开关可以直接安装在气缸缸体上，以便实现对气缸活塞位置的检测。安装时应根据控制对象的要求调整磁性开关的安装位置，将其调整到指定位置后，用螺钉旋具紧固螺钉即可。

值得注意的是，本任务使用了 D-C73、D-Z73、D-Y59B 三种型号的磁性开关，它们的外形结构如图 5-2-26 所示。它们都是当检测到活塞位置到位时发出信号，当活塞离开检测位置时信号消失。

图5-2-26　三种型号的磁性开关的外形结构

6．程序设计

1）输入/输出（I/O）地址分配表

本任务采用的光机电一体化实训台是利用 PLC 进行控制的，根据控制要求，首先要确定 PLC 的 I/O 地址分配表，参见表 5-2-6。

表5-2-6　I/O地址分配表

输入		输出	
地址	说明	地址	说明
I0.0	启用按钮 SB1	Q0.2	气缸Ⅰ
I0.1	停止按钮 SB2	Q0.3	气缸Ⅱ
I0.2	电感式接近开关（检测金属物料）	Q0.4	气缸Ⅲ
I0.3	光纤式光电开关（检测白色物料）	Q0.5	变频器
I0.4	电容式接近开关（检测黑色物料）		
I0.5	光电开关（检测是否有物料）		
I1.3	金属物料检测气缸伸限位		
I1.4	白色物料检测气缸伸限位		
I1.5	白色物料检测气缸缩限位		
I1.6	黑色物料检测气缸伸限位		
I1.7	黑色物料检测气缸缩限位		

2）画出 PLC 的 I/O 接线图

根据如表 5-2-6 所示的 I/O 地址分配表，画出物料传送和分拣控制系统 PLC 的 I/O 接线图，如图 5-2-27 所示。

3）梯形图程序设计

根据控制要求和 PLC 的 I/O 地址分配表在上位机（计算机）上编写 PLC 程序，物料传送和分拣的参考程序如图 5-2-28 所示。

7．线路安装与调试

（1）根据如图 5-2-27 所示的 I/O 接线图进行元器件及电路安装。

（2）在通电前检查接近开关的安装位置是否正确，是否有少装现象，有没有松动等。

（3）用万用表的 $R \times 1\Omega$ 挡测量输入回路电阻及输出回路电阻，检查有无短路现象。

（4）在确保元器件安装无误、电路连接正确且没有短路故障时，可接通电源，进行检测和调试，具体内容如下。

① 检查电源指示灯是否正常发光。

② 检查光电开关是否工作正常。首先在传送带进料口放入物料，观察光电开关的指示灯是否发光，对应的 PLC 输入端是否有信号；再将进料口的物料取走，观察光电开关的指示灯是否熄灭，对应的 PLC 输入信号是否消失，即可检测出光电开关的检测电路是否正常。

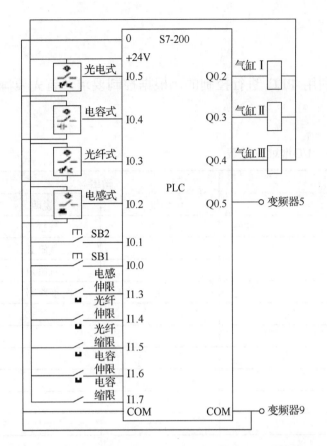

图5-2-27 物料传送和分拣控制系统PLC的I/O接线图　　　图5-2-28 物料传送和分拣的参考程序

③ 接近开关识别物料检测。在各接近开关检测位置上放上相应材质的物料（电感式接近开关下放金属物料，光纤式光电开关下放白色物料，电容式接近开关下放黑色物料），观察 PLC 相应的输入端是否有信号，再将物料移开，观察 PLC 相应的输入信号是否消失。另外，若光纤式光电开关的灵敏度要求是能检测出白色物料，但不能检测出黑色物料，则还要在光纤式光电开关的位置放置黑色物料，观察对应的 PLC 输入端是否有信号。若接近开关检测不到相应的物料，可适当调整安装位置、检测距离及灵敏度等。

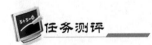任务测评

对任务实施的完成情况进行检查，并将结果填入表 5-2-7 中。

表5-2-7　任务测评表

序号	主要内容	考核项目	评分标准	配分	扣分	得分
1	用接近开关识别物料的属性	元器件识别与安装	1. 能识别各种接近开关； 2. 接近开关选型正确； 3. 各种接近开关的安装位置、连线正确	25分		
		程序设计	1. 能独立编写程序； 2. 程序编写得合理； 3. 会使用 PLC 编程软件	25分		

续表

序号	主要内容	考核项目	评分标准	配分	扣分	得分
1		调试	1. 能在通电前检查各接近开关的安装情况及 PLC 外部电路连接是否正确； 2. 会检测电气回路有无短路现象； 3. 通电后会检查各接近开关工作是否正常； 4. 在接近开关不能正常工作时能查出故障所在并解决； 5. 能利用 PLC 编程软件控制、监控 PLC 并能调试程序； 6. 程序运行正常	40分		
2	安全文明生产	劳动保护用品穿戴整齐；遵守操作规程；操作结束要清理现场	1. 操作中，违反安全文明生产考核要求的任何一项扣 2 分，扣完为止； 2. 当发现学生有重大事故隐患时，要立即予以制止，并每次扣安全文明生产分 5 分	10分		
合　计						

项目6

位移的检测

项目目标

◇ 知识目标：

1. 掌握电位器式位移传感器的工作原理及典型应用。

2. 掌握电感式位移传感器的工作原理及典型应用。

3. 掌握光栅式位移传感器的工作原理及典型应用。

◇ 能力目标：

1. 能认识常见位移传感器并了解其结构及特性。

2. 会直线位移和角位移的测量。

3. 能掌握差动螺线管式电感传感器测量位移的方法和步骤，并会光栅式位移传感器的安装与检修方法。

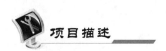
项目描述

位移包括直线位移和角位移。在各行各业的自动控制系统中对位移的检测是常见和基本的检测项目。位移传感器按输出信号可分为模拟式位移传感器和数字式位移传感器。本项目主要包括模拟式位移传感器检测位移、数字式位移传感器检测位移 2 个任务，要求学生通过这 2 个任务的学习，进一步掌握电感式位移传感器的工作过程及使用方法，加深对光栅式位移传感器的工作原理的理解，学会光栅式位移传感器的安装步骤及简单故障的判断方法。

任务 1　模拟式位移传感器检测位移

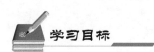
学习目标

◇ 知识目标：

1. 掌握电位器式位移传感器的工作原理。

2．掌握电位器式位移传感器的典型应用。

3．了解电感式位移传感器的分类、结构。

4．掌握电感式位移传感器的工作原理及典型应用。

◇ 能力目标：

会用差动螺线管式电感传感器测量位移。

 工作任务

模拟式位移传感器有电位器式位移传感器、电阻应变式位移传感器、电感式位移传感器、电容式位移传感器、超声波式位移传感器、光电式位移传感器、霍尔式位移传感器等。本任务是通过学习，了解模拟式位移传感器的结构、特性及工作原理，并能用差动螺线管式电感传感器测量位移。

 相关知识

一、电位器式位移传感器检测位移

电位器是一种常用的电子元件，广泛应用于各种电气和电子设备中。它是一种把机械的直线位移和角位移转换为与它呈一定函数关系的电阻和电压的传感元件。

电位器式位移传感器与电阻应变式位移传感器、压阻式位移传感器一样都属于电阻式位移传感器。电位器式位移传感器有着结构简单、价格低廉、性能稳定、适应性强、输出信号大等优点，缺点是分辨力有限、动态响应较差。电位器式位移传感器的外形如图 6-1-1 所示。

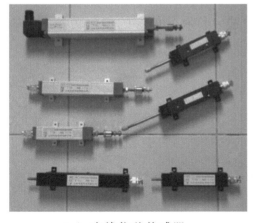　　　　

　　（a）直线位移传感器　　　　　　　（b）角位移传感器

图6-1-1　电位器式位移传感器的外形

1．电位器式位移传感器的结构及原理

电位器式位移传感器由电阻元件、电刷和骨架等构成，其结构如图 6-1-2 所示。

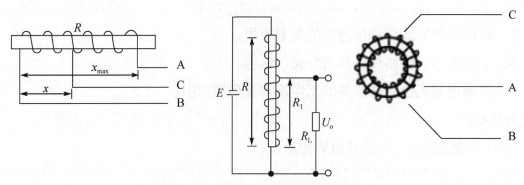

图6-1-2　电位器式位移传感器的结构

图 6-1-3 所示为常用的直线位移传感器的原理示意图，其电阻元件由金属电阻丝绕成，电阻丝横截面积相等，电阻沿长度分布均匀。设电位器全长为x_{max}，总电阻为R_{max}，则当电刷由 A 到 B 移动 x 距离后，A 到电刷间的电阻为

$$R_x = \frac{R_{max}}{x_{max}} \times x = k_r x$$

式中　　k_r——电位器的电阻灵敏度。

角位移传感器的原理与直线位移传感器的原理相同，如图 6-1-4 所示，角位移传感器的电阻与角度的关系为

$$R_\alpha = \frac{R_{max}}{\alpha_{max}} \times \alpha = k_r \alpha$$

电压与角度的关系为

$$U_\alpha = \frac{U_{max}}{\alpha_{max}} \times \alpha = k_u \alpha$$

式中　　k_u——电位器的电压灵敏度。

由此可见，电位器式位移传感器就是将直线位移和角位移的变化转换为电刷触点的移动，进而转换为输出电阻、电压或电流的变化，从而实现位移检测。

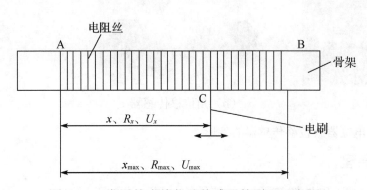

图6-1-3　常用的直线位移传感器的原理示意图

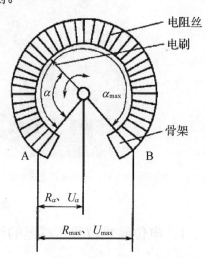

图6-1-4　角位移传感器的原理示意图

2．电位器式位移传感器的应用

图 6-1-5 所示为电位器式位移传感器测量压力的原理示意图，其原理是利用弹性元件（如弹簧管、膜片或膜盒）将被测的压力信号变换为弹性元件的位移，然后将此位移转换为电刷触点的移动，从而引起输出电压或电流的相应变化。在弹性元件膜盒的内腔，施加被测流体压力，在此压力作用下，膜盒中心产生位移，推动杠杆上移，使曲柄轴带动电刷在电位器电阻丝上滑动，从而使传感器的电阻发生变化，最后输出一个与被测压力成正比的电压信号。

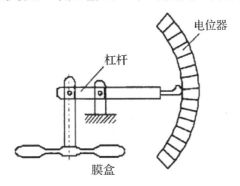

图6-1-5 电位器式位移传感器测量压力的原理示意图

二、电感式位移传感器检测位移

电感式位移传感器是利用电磁感应定律将被测非电量（如位移、压力、流量、振动速度等）转换为线圈自感量或互感量的变化，再由测量电路转换为电压或电流的变化量。电感式位移传感器具有结构简单、工作可靠、测量精度高、线性度好、输出功率大等优点而被广泛应用于工业控制及自动化系统。其不足之处是频率响应较低，不宜用于快速动态测量。

电感式位移传感器的种类很多，根据转换原理不同，可分为自感式位移传感器和互感式位移传感器两种。

1．自感式位移传感器

1）自感

当一个线圈中电流 i 变化时，该电流产生的磁通 p 也随之变化，因而线圈本身产生感应电动势 E，这种现象称为自感，产生的感应电动势称为自感电动势。自感式位移传感器就是通过测量线圈自感的变化从而确定被测量大小的。

2）自感式位移传感器的结构及原理

自感式位移传感器也称为变磁阻式传感器，主要由线圈、铁芯、衔铁三部分组成，其中铁芯和衔铁由导磁材料制成。线圈的自感系数计算公式为

$$L = \frac{N^2}{R_{\mathrm{m}}}$$

式中 L——自感系数；

R_{m}——磁路的总磁阻；

N——线圈的匝数。

该式表明，在线圈的匝数 N 一定的情况下，自感系数 L 与总磁阻 R_m 成反比。如果改变总磁阻 R_m 的大小，就可以改变线圈的自感系数 L。自感式位移传感器就是利用这个原理制成的。自感式位移传感器的种类较多，常见的有变气隙式自感位移传感器、变截面式自感位移传感器、螺线管式自感位移传感器及差动式自感位移传感器等。

图 6-1-6 所示为自感式液位检测装置。当液位升高时，液体对浮子有浮力作用，使浮子上升，磁铁上移，电感变化，原来的平衡状态被破坏，输出信号发生变化，从而检测出液位的变化。

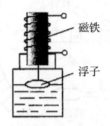

图6-1-6 自感式液位检测装置

3）变气隙式自感位移传感器的工作原理

变气隙式自感位移传感器的结构如图 6-1-7 所示。铁芯和衔铁由导磁材料（如硅钢片或坡莫合金）制成，在铁芯和衔铁之间有气隙，气隙厚度为 δ，传感器的运动部分与衔铁相连。当被测物体带动衔铁移动时，气隙厚度发生改变，引起磁路中磁阻变化，从而导致电感线圈的电感量变化，因此只要能测出这种电感量的变化，就能确定衔铁位移量的大小和方向。变气隙式自感位移传感器受灵敏度和线性度的制约只适用于测量微小位移（0.01～0.1mm）。

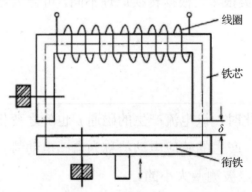

图6-1-7 变气隙式自感位移传感器的结构

在实际测量使用中，为减小非线性误差，提高灵敏度，多采用差动变隙式自感位移传感器，其结构如图 6-1-8 所示。

差动变隙式自感位移传感器由两个相同的线圈和磁路组成。当被测物体通过导杆，衔铁移动偏离中间位置时，两个回路中磁阻发生大小相等、方向相反的变化，形成差动输出。使用时，两个线圈连接成交流电桥的相邻桥臂，另两个桥臂由电阻组成。与单线圈自感位移传感器相比，差动变隙式自感位移传感器的灵敏度提高了一倍，线性度得到了改善，并且差动变隙式自感位移传感器的电感结构可消除温度、噪声等造成的影响。

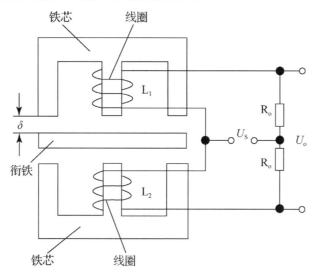

图6-1-8 差动变隙式自感位移传感器的结构

2. 互感式位移传感器

互感式位移传感器是根据变压器的基本原理制成的，其外形如图 6-1-9 所示。它是把被测的机械位移转换为线圈互感变化的传感器。由于该传感器将次级线圈用差动形式连接，所以又称为差动变压器式位移传感器。现大多采用螺线管式差动变压器测量位移，其结构示意图如图 6-1-10 所示。

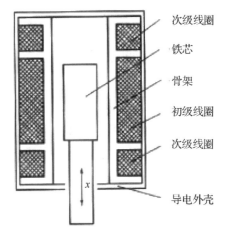

图6-1-9 互感式位移传感器的外形　　图6-1-10 螺线管式差动变压器的结构示意图

图 6-1-11 所示为螺线管式差动变压器的工作原理示意图。它以初级线圈作激励源，次级线圈由两个完全相同的线圈反相串接而成。当初级线圈 L_1 加以激励电压 U_i 时，产生激励电流，由此在线圈中产生磁通，则在两个次级线圈 L_{21} 和 L_{22} 中便会产生感应电动势 E_{21} 和 E_{22}。若变压器的结构完全对称，则当衔铁处于初始平衡位置时，两互感系数 $M_1=M_2$（互感系数由磁路的结构尺寸决定）。根据电磁感应原理，必有 $E_{21}=E_{22}$。由于变压器两次级线圈反向串联，因而 $U_o=E_{21}-E_{22}=0$，即差动变压器输出电压为零。

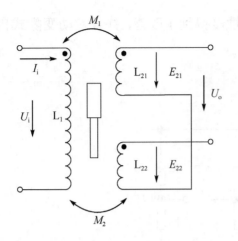

图6-1-11　螺线管式差动变压器的工作原理示意图

当衔铁向上移动时，由于磁阻的影响，L_1 中磁通将大于 L_2 中磁通，便导致 $M_1>M_2$，因而 $E_{21}>E_{22}$；反之，$E_{21}<E_{22}$。所以当 E_{21}、E_{22} 随着衔铁的位移发生变化时，U_o 也将随衔铁的位移变化而变化，这也就是互感式位移传感器的工作原理。

1）测量电路

互感式位移传感器的输出电压是幅值受衔铁位移调制的交流信号，若用交流电压表直接测量，则只能反映衔铁位移的大小，而不能反映移动的方向。因此，在实际测量时，互感式位移传感器常采用专门的测量电路——差动相敏检波电路和差动整流电路，在此不再赘述。

互感式位移传感器与自感式位移传感器相比，灵敏度、精度更高，线性范围更大，工作可靠，抗干扰性强。

2）互感式位移传感器的应用

电感式位移传感器由于自身频率响应低，不适用于高频动态值的测量。它主要用于测量位移和可以转换成位移量的机械量，如张力、压力、压差、加速度、振动、流量、厚度、液位、相对密度、转矩等物理量。

（1）互感式位移传感器测量压力。

图 6-1-12 所示为互感式位移传感器测量压力的原理示意图。

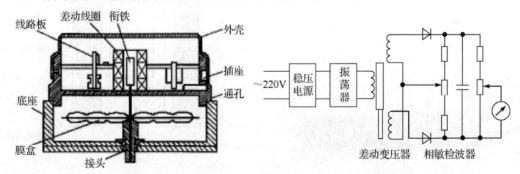

图6-1-12　互感式位移传感器测量压力的原理示意图

当传感器没有检测到压力时，膜盒在初始位置状态，固接在膜盒中心的衔铁位于差动变压器的中间位置，此时，输出电压为零。

当有压力作用于接头时，此压力被接头传入膜盒，使得膜盒受外界压力而膨胀或收缩，固接在膜盒中心的衔铁随膜盒的膨胀或收缩而在差动变压器线圈中移动，使得差动变压器两线圈产生的信号电压发生变化，此变化的电压经电子电路检波、整形和放大后输出并显示，从而实现压力的检测。

（2）互感式位移传感器测量加速度。

图 6-1-13 所示为互感式位移传感器测量加速度的原理示意图。它是由悬臂梁和差动变压器构成的。测量时，将悬臂梁底座与差动变压器的线圈骨架固定，将衔铁的 A 端与被测物体相连，此时传感器作为加速度测量中的惯性元件，它的位移与被测加速度成正比，使加速度的测量转变为位移的测量。当被测物体带动衔铁以 $ax(t)$ 位移时，导致差动变压器的输出电压也按相应规律变化。

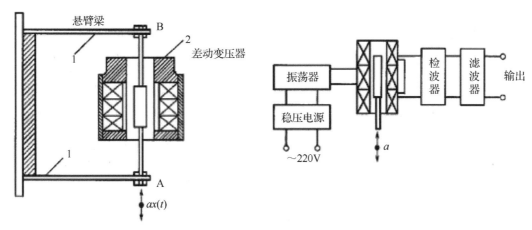

图6-1-13 互感式位移传感器测量加速度的原理示意图

互感式位移传感器具有良好的环境适应性、使用寿命长、灵敏度高和分辨率高等特点。使用时只要把传感器的壳体夹固在参照物上，其测杆顶（或夹固）在被测点上，就可以直接测量物体间的相对变位。

任务实施

一、任务准备

实施本任务教学所使用的设备器材及工具仪表可参考表 6-1-1。

表6-1-1 设备器材及工具仪表

序号	分类	名称	型号规格	数量	单位	备注
1	工具仪表	数字电压表	±20V	1	块	
2		电工常用工具		1	套	
3		示波器	MD-252 或自定	1	台	
4		F/V 数字显示表	0～2V、0～20V 3Hz～2kHz～20kHz	1	组	
5	设备器材	实验仪	CSY-998 型	1	套	
6		电感式位移传感器	≥5mm	1	个	
7		电感式位移传感器转换电路板		1	块	

序号	分类	名称	型号规格	数量	单位	备注
8		差动放大器	放大倍数 1～100 可调	1	个	
9	设备器材	直流稳压电源	±15V 不可调	1	个	
10		直流稳压电源	±2～±10V 可调	1	个	

二、差动螺线管式电感传感器检测位移

1. 认识 CSY-998 型传感器系统实验仪

本任务用差动螺线管式电感传感器检测位移，采用 CSY-998 型传感器系统实验仪，如图 6-1-14 所示。

CSY-998 型传感器系统实验仪主要由各类传感器、测量电路（包括电桥、差动放大器、电容放大器、电压放大器、电荷放大器、涡流变换器、移相器、相敏检波器、低通滤波器等）及其接口插孔组成。该系统试验仪还提供了直流稳压电源、音频振荡器、低频振荡器、F/V 数字显示表、电动机控制等。

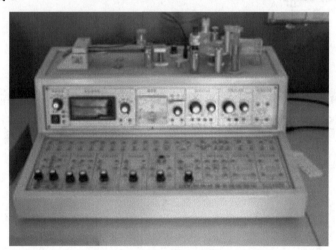

图6-1-14　CSY-998型传感器系统实验仪

2. 实验原理

差动螺线管式电感传感器检测位移的原理示意图如图 6-1-15 所示，它是由差动变压器的两个次级线圈和衔铁组成的，两个次级线圈必须呈差动式连接。衔铁与被测物体相连，衔铁和线圈的相对位置变化会引起螺线管线圈电感量的变化。当衔铁的位移为零，即衔铁处于中间位置时，两线圈电感相等，输出电压为零。当衔铁移动时，将使一个线圈电感量增加，而另一个线圈电感量减小，因而在负载上产生输出电压和电流，根据输出电压或电流的大小和极性就可知道衔铁位移的大小和方向，从而实现被测物体的位移检测。

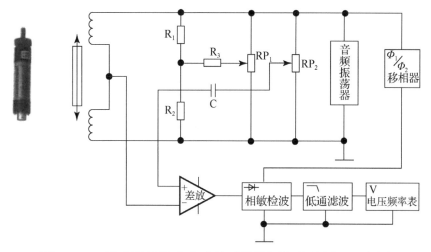

图6-1-15　差动螺线管式电感传感器检测位移的原理示意图

3．电路中各模块、元件的作用

（1）R_1、R_2 与两个线圈构成电桥的 4 个桥臂，电桥的作用是将电感的变化转换成电桥的输出电压。

（2）音频振荡器 LV 作为恒流源供电。

（3）相敏检波电路的作用是通过判断输出电压的相位而鉴别出衔铁的移动方向，另外相敏检波电路还可减小零点残余电压。

（4）低通滤波电路的作用是减小高次谐波分量，消除零点残余电压。

（5）差动放大器（差放）的作用是放大电桥的电压变化量，提高灵敏度。

（6）RP_1、RP_2 是调节平衡电位器。

4．操作步骤

差动螺线管式电感传感器检测位移的操作步骤如下。

（1）操作前将各个旋钮调到初始位置：音频振荡器的频率为 5kHz，幅度调到适当的位置，差动放大器调零且增益适当，主、副电源关闭。

（2）按图 6-1-15 连接各个模块电路，构成一个电桥测量系统。

（3）装上测微头并固紧，然后旋转测微头调整衔铁到中间位置。

（4）利用示波器和电压表，调整各平衡及调零旋钮，使电压表读数为零。调整时应同时调节移相器的移相旋钮、RP_1、RP_2，三者配合调节，使系统输出为零。

（5）转动测微头，使衔铁上、下移动相等的位移，此时电桥失衡，有电压输出，其大小与衔铁位移成比例，相位则与衔铁移动方向有关，衔铁向上移动和向下移动时输出波形相位相差 180°，可通过相敏检波电路判断其电压的极性，进而判断衔铁的移动方向。此时观察输出的波形是否对称，若不对称，则反复调节移相器的移相旋钮、RP_1、RP_2 及衔铁位置，直到上下基本对称为止。

（6）以衔铁居中位置为起点，分别向上、向下移动 5mm，每隔 0.5mm 记录输出电压的值，填入表 6-1-2 中。

表6-1-2　测量数据

位移 X/mm	0	0.5	1.0	1.5	2.0	2.5	3.0	3.5	4	4.5	5
向上位移时输出电压 U/V											
向下位移时输出电压 U/V											

（7）绘制 U–X 关系曲线，并求灵敏度。

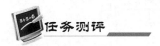

任务测评

对任务实施的完成情况进行检查，并将结果填入表 6-1-3 中。

表6-1-3　任务测评表

序号	主要内容	考核项目	评分标准	配分	扣分	得分
1	差动螺线管式电感传感器检测位移	各模块的认知	1. 能熟悉 CSY-998 型传感器系统实验仪的操作规程； 2. 能熟知各模块的功能及作用； 3. 能正确理解差动螺线管式电感传感器检测位移的工作原理	25 分		
		电路连接	1. 差动螺线管线圈接线正确； 2. 各模块之间的接线正确； 3. 实验步骤正确得当； 4. 测微头安装方法正确	25 分		
		检测与调试	1. 操作前各旋钮初始位置正确； 2. 调整衔铁位置的方法正确，调整准确； 3. 能熟练使用各种仪器、调零旋钮来调整输出电压的幅值； 4. 测量结果准确，方法得当	40 分		
2	安全文明生产	劳动保护用品穿戴整齐；遵守操作规程；操作结束要清理现场	1. 操作中，违反安全文明生产考核要求的任何一项扣 2 分，扣完为止； 2. 当发现学生有重大事故隐患时，要立即予以制止，并每次扣安全文明生产分 5 分	10 分		
			合　计			

任务 2 数字式位移传感器检测位移

 学习目标

◇ 知识目标：

1. 了解光栅式位移传感器的外形、结构及工作原理。

2. 熟悉工业控制系统中光栅式位移传感器常用的位移检测方法。

3. 掌握光栅式位移传感器检测系统的安装工艺、调试步骤和维修方法。

4. 掌握光栅式位移传感器的连接方式及应用场合。

◇ 能力目标：

会进行光栅式位移传感器的安装及调试。

 工作任务

数字式位移传感器将被测位移以数字形式表示，它具有测量精度高、测量范围大、分辨率高、动态范围大、抗干扰能力强、易于实现数字化和自动控制等优点。常用的数字式位移传感器有光栅式位移传感器、磁栅式位移传感器、光电编码器、感应同步器和旋转变压器等。本任务是通过学习，了解光栅式位移传感器的外形、结构及工作原理，并能进行光栅式位移传感器的安装及调试。

相关知识

一、光栅式位移传感器的外形、结构

光栅式位移传感器是基于莫尔条纹的光学原理而制成的测量直线位移和角位移的传感器。图 6-2-1 所示为部分光栅式位移传感器的实物外形。光栅式位移传感器主要由光源、透镜、主光栅（标尺光栅）、指示光栅和光电接收元件组成，其结构如图 6-2-2 所示。

（a）绝对式光栅角位移传感器

（b）增量式光栅角位移传感器

（c）光纤式光栅位移传感器

图6-2-1 部分光栅式位移传感器的实物外形

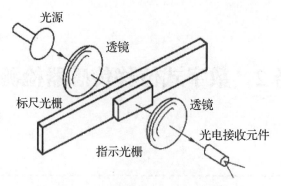

图6-2-2　光栅式位移传感器的结构

所谓光栅，就是由等宽等间距的平行狭缝所组成的光学器件。光栅按光线的走向分，可分为透射式光栅和反射式光栅两大类；按用途来分类，光栅又分为直线光栅和圆光栅两种。

透射式光栅是在光学玻璃基体上均匀地刻画间距、宽度相等的条纹，形成断续的透光区和不透光区。反射式光栅一般用不锈钢作基体，用化学的方法制作出黑白相间的条纹，形成强光反光区和不反光区。直线光栅用于长度的测量，圆光栅用于角度的测量。测量位移的直线光栅的结构如图 6-2-3 所示。

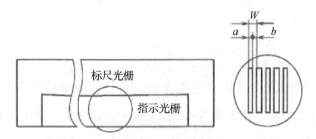

图6-2-3　测量位移的直线光栅的结构

图 6-2-3 中，a 为刻线宽度，b 为缝隙宽度，则 $W=a+b$ 称为光栅的栅距（也称为光栅常数）。通常 $a=b$，或 $a:b=1.1:0.9$。线纹宽度一般为 200 线/mm、100 线/mm、50 线/mm、25 线/mm、10 线/mm，标尺光栅的有效长度即测量范围。指示光栅比标尺光栅短得多，但两者刻有同样的栅距。在测量角位移的圆光栅中，其光栅两条相邻刻线的中心线的夹角为角节距，线纹密度一般为每周（360°）100～12 600 不等的线。对于圆光栅，这些线纹是等栅距角的向心条纹。栅距和栅距角是决定光栅光学性质的基本参数。

二、光栅式位移传感器的工作原理

光栅式位移传感器就是依据莫尔条纹的光学原理来测量直线位移和角位移的。

1．莫尔条纹

如图 6-2-4 所示，把栅距相等的标尺光栅（图 6-2-4 中的 a）和指示光栅（图 6-2-4 中的 b）相互重叠在一起（片间留有很小的间隙），并使两光栅之间保持很小的夹角，于是在垂直于栅线的方向上出现明暗相间的条纹，该条纹被称为莫尔条纹。

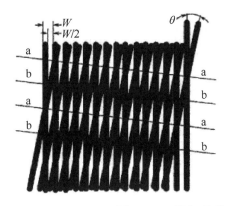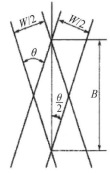

图6-2-4 莫尔条纹

莫尔条纹的间距 B 与两光栅刻线间的夹角 θ 之间的关系为

$$B = W / \theta$$

式中 W——光栅的栅距。

由该式可知,当 W 一定时,θ 越小,B 越大,灵敏度越高。

2.工作原理

由图 6-2-2 可知,光源发出的辐射光线,经过透镜后变成平行光束,照射在标尺光栅上。当有位移带动指示光栅移动时,产生莫尔条纹。若用光敏元件接收莫尔条纹移动时光强的变化,则光信号被转换为电信号(电压或电流信号),测量输出电信号脉冲个数的多少,即可获得位移量。由于光敏元件产生的电压信号一般比较微弱,在长距离传递时很容易被各种干扰信号淹没、覆盖,造成传送失真。为了保证光敏元件输出的电压信号在传送中不失真,应首先将该电压信号进行功率和电压放大,然后进行传送。

光栅式位移传感器主要应用于程控、数控机床和三坐标测量机构,可测量静、动态的直线位移和整圆角位移,在机械振动测量、变形测量等领域也有应用。

光栅式位移传感器的主要缺点是对使用环境要求较高,在现场使用时要求封闭,以防止油污、灰尘、铁屑等的污染。

 任务实施

一、任务准备

实施本任务教学所使用的设备器材及工具仪表可参考表 6-2-1。

表6-2-1 设备器材及工具仪表

序号	分类	名称	型号规格	数量	单位	备注
1	工具仪表	万用表	VC9807A+	1	块	
2		电工常用工具		1	套	

续表

序号	分类	名称	型号规格	数量	单位	备注
3	工具仪表	千分表	543-451B	1	块	
4		兆欧表	A9004222	1	块	
5		毫伏表		1	块	
6		电烙铁	35W	1	把	
7	设备器材	光栅式位移传感器	BG1	1	套	

二、光栅式位移传感器的安装与调试

光栅式位移传感器的工作原理是一对光栅中的主光栅（标尺光栅）和副光栅（指示光栅）进行相对移动时，在光的干涉和衍射作用下产生莫尔条纹，光敏元件将莫尔条纹转换成按正弦规律变化的电信号，再经放大、整形后，得到两路相差为90°的方波，进入辨向（辨别莫尔条纹的移动方向）和细分（提高光栅外辨力）电路处理后得到计数脉冲，送往光栅数显表计数显示。

1. 传感器选型

本任务选用的是 BG1 型光栅式位移传感器。其传感头分为下滑体和读数头两部分。下滑体上固定的 5 个精确定位的微型滚动轴承沿导轨运动，保证运动中指示光栅与标尺光栅之间保持准确夹角和正确的间隙。读数头内装有前置放大和整形电路，读数头与下滑体之间采用刚柔结合的连接方式，既保证了很高的可靠性，又有很好的灵活性。读数头带有两个连接孔，标尺光栅尺体两端带有安装孔，将其分别安装在相对运动的两个部件上，实现对标尺光栅与指示光栅之间的位移的线性测量。

BG1 型光栅式位移传感器的特点是将发光器件、光电转换器件和光栅尺（50 线/mm）封装在紧固的铝合金盒内。发光器件采用红外发光二极管，光电转换器件采用光电三极管。在铝合金材料下部有柔性的密封胶条，可以防止铁屑、切屑和冷却剂等污染物进入尺体中。电气连接线经过缓冲电路进入传感头，再通过能防止干扰的电缆线送进光栅数显表，显示位移的变化，BG1 型光栅式位移传感器的外形如图6-2-5所示。

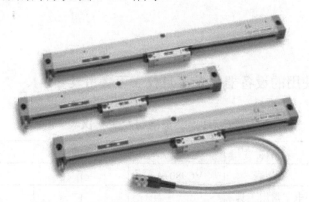

图6-2-5　BG1型光栅式位移传感器的外形

BG1 型光栅式位移传感器是一种高精度测量部件，与光栅数显表或计算机可构成光栅位移测量系统。这种新型的长度检测装置，具有精度高、便于数字化处理、体积小、质量小等特点，适用于机床、仪器等长度测量，以及坐标显示和数控系统的自动测量等。BG1 型光栅式位移传感器在尺身中部设有绝对零位窗口，更加方便使用，其各项技术指标如表 6-2-2 所示。

表6-2-2 BG1型光栅式位移传感器各项技术指标

名称	技术指标
栅距	40μm（0.040mm）、20μm（0.020mm）、10μm（0.010mm）
光栅测量系统	透射式红外光学测量系统，高精度性能的光栅玻璃尺
读数头滚动系统	垂直式五轴承滚动系统，优异的重复定位性，高测量精度
防护尘密封	采用特殊的耐油、耐蚀、高弹性及抗老化塑胶，防水、防尘优良，使用寿命长
分辨率	1μm、2μm
有效行程	50～3000mm，每隔 50mm 一种长度规格（整体光栅不接长）
工作速度	＜20m/min
工作环境	温度 0～50℃，湿度≤90%
工作电压	（5±0.25）V，（12±0.6）V
输出信号	TTL 正弦波

2. 传感器安装

光栅式位移传感器的安装比较灵活，可安装在机床的不同部位。一般将主尺（标尺光栅）安装在机床的工作台（滑板）上，随机床走刀而动；读数头（由光源、透镜、指示光栅、光敏元件等组成）则固定在机床身上，尽可能使读数头安装在主尺的下方。其安装方式的选择必须注意切屑、切削液及油液的溅落方向。如果由于安装位置限制必须采用读数头朝上的方式安装，则必须增加辅助密封装置。另外，一般情况下，读数头应尽量安装在相对机床静止的部件上，此时输出导线不移动，易固定，而尺身则应安装在相对机床运动的部件上。

1）安装基面

安装光栅式位移传感器时，不能直接将传感器安装在粗糙不平的机床身上，更不能安装在打底涂漆的机床身上。主尺及读数头分别安装在机床相对运动的两个部件上。用千分表检查机床工作台的主尺安装面与导轨运动的方向平行度。千分表固定在机床身上，移动工作台，要求达到平行度在 0.1mm/1000mm 以内。如果不能达到这个要求，则需设计加工一件光栅尺基座。

基座要求做到：

（1）该基座与光栅尺尺身长度相等（最好基座长出光栅尺尺身 50mm 左右）；

（2）该基座需通过铣、磨工序加工，保证其平面平行度在 0.1mm/1000mm 以内。另外，还需加工一件与光栅尺基座等高的读数头基座。读数头基座与光栅尺基座总误差不得大于±0.2mm。安装时，调整读数头位置，达到读数头与光栅尺尺身的平行度为 0.1mm 左右，读数头与光栅尺尺身之间的间距为 1～1.5mm。

2）安装主尺

将主尺用 M4 螺钉固定在机床的工作台安装面上，但不要过紧，把千分表固定在机床身上，移动工作台（主尺与工作台同时移动）。用千分表测量主尺平面与机床导轨运动方向的平行度，调整主尺 M4 螺钉位置，使主尺平行度满足 0.1mm/1000mm 内时，把 M2 螺钉彻底上紧。

3）安装读数头

在安装读数头时，首先应保证读数头的基面达到安装要求，然后安装读数头，其安装方法与主尺相似。最后调整读数头，使读数头与主尺平行度保证在 0.1mm 之内，其读数头与主尺的间距控制在 1～1.5mm。

4）安装限位装置

光栅式位移传感器全部安装完毕后，一定要在机床导轨上安装限位装置，以免机床加工产品移动时读数头冲撞到主尺两端，从而损坏光栅尺。另外，在选择光栅式位移传感器型号时，应尽量选用超出机床加工尺寸 100mm 左右的光栅尺，以留有余量。

5）检查传感器

光栅式位移传感器安装完毕后，可接通数显表，移动工作台，观察数显表计数是否正常。在机床上选取一个参考位置，来回移动工作点至该选取的位置。数显表读数应相同（或回零）。另外，也可使用千分表（或百分表），使千分表与数显表同时调至零（或记忆起始数据），往返多次后回到初始位置，观察数显表与千分表的数据是否一致。

三、常见故障及检修方法

1）接电源后数显表无显示

检修方法：

（1）检查电源线是否断线，插头接触是否良好。

（2）检查数显表电源熔断器是否熔断，供电电压是否符合要求。

2）数显表不计数

检修方法：

（1）将传感器插头插至另一台数显表，若传感器能正常工作，则说明原数显表有问题。

（2）检查传感器电缆有无断线、破损。

3）数显表间断计数

检修方法：

（1）检查光栅尺安装是否正确，光栅尺所有固定螺钉是否松动，光栅尺是否被污染。

（2）检查插头与插座是否接触良好。

（3）检查光栅尺移动时是否与其他部件刮碰、摩擦。

（4）检查机床导轨运动副精度是否过低，造成光栅工作间隙变化。

4）数显表显示报警

检修方法：

（1）检查有没有接光栅式位移传感器。

（2）检查光栅式位移传感器是否移动速度过快。

（3）检查光栅尺是否被污染。

5）光栅式位移传感器移动后只有末位显示器闪烁

检修方法：

（1）检查 A 或 B 相有无信号。

（2）检查信号线是否不通。

（3）检查光电三极管是否损坏。

6）移动光栅式位移传感器只有一个方向计数，而另一个方向不计数（单方向计数）

检修方法：

（1）检查光栅式位移传感器 A、B 信号输出是否短路。

（2）检查光栅式位移传感器 A、B 信号移相是否正确。

（3）检查数显表是否有故障。

7）读数头移动发出吱吱声或移动困难

检修方法：

（1）检查密封胶条是否有裂口。

（2）检查指示光栅是否脱落、标尺光栅是否接触摩擦严重。

（3）检查下滑体滚珠是否脱落。

（4）检查上滑体是否严重变形。

8）安装新光栅式位移传感器后，其显示值不准

检修方法：

（1）检查安装基面是否符合要求。

（2）检查光栅尺和读数头安装是否符合要求。

（3）检查光栅副位置是否发生变化。

 任务测评

对任务实施的完成情况进行检查，并将结果填入表6-2-3中。

表6-2-3　任务测评表

序号	主要内容	考核项目	评分标准	配分	扣分	得分
1	光栅式位移传感器的安装与调试	传感器选型	1. 传感器型号选择适当； 2. 传感器的长度适中； 3. 传感器的栅距选择准确	20分		
		传感器安装	1. 基面选择适当； 2. 主尺安装正确，尺寸符合要求； 3. 读数头安装正确，尺寸符合要求； 4. 限位装置安装得当，安装位置符合要求	30分		
		故障检测	1. 按要求安装，调试方法正确； 2. 能初步找出故障所在、原因及解决方法； 3. 能准确判断故障原因并找出解决方法	40分		
2	安全文明生产	劳动保护用品穿戴整齐；遵守操作规程；操作结束要清理现场	1. 操作中，违反安全文明生产考核要求的任何一项扣2分，扣完为止； 2. 当发现学生有重大事故隐患时，要立即予以制止，并每次扣安全文明生产分5分	10分		
	合　计					

项目7

视觉传感器检测系统的搭建

项目目标

◇ 知识目标：

　　1．了解视觉传感器的工作原理及典型应用。

　　2．熟悉工业视觉检测系统的构成及典型应用。

　　3．掌握视觉传感器检测系统的搭建方法。

　　4．掌握视觉传感器检测模型的电气线路的安装方法。

　　5．掌握视觉传感器检测模型的参数设置方法。

　　6．掌握视觉传感器检测模型与 PLC 的组态通信方法。

　　7．掌握视觉传感器检测模型的编程与调试方法。

◇ 能力目标：

　　1．能根据控制要求完成视觉传感器检测系统的搭建。

　　2．会进行视觉传感器检测模型的电气线路的安装。

　　3．会进行视觉传感器检测模型的参数设置。

　　4．会进行视觉传感器检测模型与 PLC 的组态通信。

　　5．能根据控制要求完成视觉传感器检测模型的编程与调试。

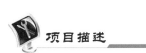项目描述

　　视觉处理系统是人工智能及自动化相关产业必不可少的核心零部件之一。目前，含有视觉处理系统的人工智能及自动化产品广泛应用于国民经济、国防、科技等重要领域。例如，在工业检测领域，视觉处理系统用于包装质量检测、印刷质量检测、半导体集成电路封装检测、制药生产线检测等；在机器人导航和视觉伺服系统领域，视觉处理系统通过图形定位和图像理解，向机器人运动控制系统反馈目标或自身状态与位置信息，用于机械手的抓取和移动工件；在医学领域，视觉处理系统利用数字图像的边缘提取与图像分割技术，自动完成细胞个数的计数或统计。本项目主要包括视觉传感器检测模型的电气连接与操作、视觉传感器检测模型的参数设置、视觉传感器检测模型与 PLC 的组态通信、视觉传感器检测模型的编程与调试 4 个任务，

要求学生通过这 4 个任务的学习，进一步掌握视觉传感器的工作过程及使用方法，加深理解工业视觉检测系统的基本构成，掌握工业视觉检测系统的基本应用，学会搭建简单的视觉传感器检测系统，并能够进行简单的应用。

具体要求如下。

（1）启动检测前完成好视觉传感器接口盒与 PLC 的电气连接，检查视觉传感器检测模型的电气接线是否有误等。

（2）完成准备工作后，将待检测物料放置在待检测工位，按下"启动"按钮，视觉传感器检测系统自动拍摄取样，同时视觉传感器检测系统自动分析并计算，判断待检测物料的型号等信息，将判断结果发送给 PLC，PLC 接收数据后置位对应指示灯，同时将判断结果上传至云平台。

（3）按下"停止"按钮，即可终止检测过程，同时对数据进行清除复位操作。

任务 1　视觉传感器检测模型的电气连接与操作

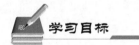
学习目标

◆ 知识目标：

1. 了解工业相机的基本知识。

2. 掌握工业视觉检测系统的应用。

3. 掌握视觉传感器检测模型的组成及各组成部分的功能。

4. 掌握视觉传感器检测模型的电气线路的安装方法。

◆ 能力目标：

1. 能完成视觉控制器与视觉光源控制器电路的连接。

2. 能完成视觉传感器接口盒与 PLC 模块电路的连接。

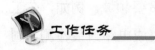
工作任务

视觉传感器检测模型如图 7-1-1 所示。本任务是通过学习，了解工业相机的分类、特性及应用，掌握工业视觉检测系统的基本应用，并能完成视觉传感器检测模型的电气连接与操作。

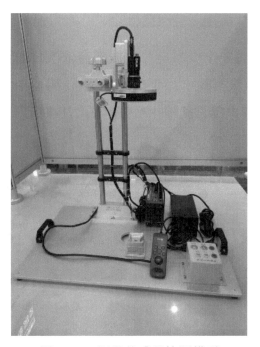

图7-1-1 视觉传感器检测模型

  相关知识

一、工业相机的基本知识

1．工业相机的定义

工业相机又称照相机，是将被测信号转换成电信号的输出装置，是实现图像检测和图像识别的首要环节。工业相机具有高图像稳定性、高传输能力和高抗干扰能力等优良性能，因此它在很多领域得到广泛应用。

2．工业相机的组成

工业相机一般由高度集成的 CCD 或 CMOS 传感器模块和密闭外壳两部分组成，传感器模块集成了敏感元件和转换放大传输线路，由于其高集成特性，工程技术人员无须详细了解内部线路，只根据应用选型即可。图 7-1-2 所示为 CDD 传感器外观。

图7-1-2 CDD传感器外观

3．感光原理

CDD 传感器每一行中的每一个像素电荷数据都会依次传送到下一个像素，由最底端部分输出，再经由传感器边缘的放大器输出；而在 CMOS 传感器中每个像素都会邻接一个放大器及 A/D 转换电路，用类似内存电路方式输出数据。图 7-1-3 所示为 CCD 传感器与 CMOS 传感器数据传输的原理示意图。

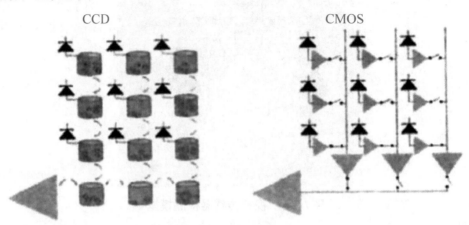

图7-1-3　CCD传感器与CMOS传感器数据传输的原理示意图

4．CDD 传感器与 CMOS 传感器的性能差异

1）灵敏度

由于 CMOS 传感器的每个像素由 4 个晶体管与一个感光二极管构成（含放大器与 A/D 转换电路），每个像素的感光区域远小于像素本身的表面积，因此在像素尺寸相同的情况下，CMOS 传感器的灵敏度要低于 CCD 传感器。

2）成本

由于 CMOS 传感器采用 CMOS 工艺，集成较高，可节省外围芯片成本；又由于控制 CCD 传感器的成品率比 CMOS 传感器困难许多，因此 CCD 传感器的成本会高于 CMOS 传感器。

3）分辨率

CMOS 传感器的每个像素都比 CCD 传感器复杂，其像素尺寸很难达到 CCD 传感器的水平，因此 CCD 传感器的分辨率优于 CMOS 传感器。

4）噪声

由于 CMOS 传感器的每个感光二极管都搭配一个放大器，而放大器属于模拟电路，很难让每个放大器所得到的结果保持一致，因此与只有一个放大器放在芯片边缘的 CDD 传感器相比，CMOS 传感器的噪声就会增大很多，影响图像品质。

5）功耗

CMOS 传感器的图像采集方式为主动式，感光二极管所产生的电荷会直接由晶体管放大输出；CCD 传感器的图像采集方式为被动式，需外加电压让每个像素中的电荷移动，而外加电压通常需要达到 12～18V，因此 CCD 传感器除其电源电路更复杂外，驱动电压高使其功耗也远高于 CMOS 传感器。

综上所述，CCD 传感器在灵敏度、分辨率、噪声等方面都优于 CMOS 传感器，而 CMOS 传感器具有低成本、低功耗和高整合度的特点。不过，随着 CCD 传感器与 CMOS 传感器技术的进步，两者的差异会逐渐缩小。例如，CCD 传感器在降低功耗后，可用于移动通信；CMOS 传感器在改善分辨率和灵敏度后，可用于更高端的图像产品。

5．工业相机的分类

（1）按芯片类型，分为 CCD 相机、CMOS 相机。

（2）按传感器的结构特性，分为线阵相机、面阵相机。

（3）按扫描方式，分为隔行扫描相机、逐行扫描相机。

（4）按分辨率大小，分为普通分辨率相机、高分辨率相机。

（5）按输出信号方式，分为模拟相机、数字相机。

（6）按输出色彩，分为单色（黑白）相机、彩色相机。

（7）按输出信号速度，分为普通速度相机、高速相机。

（8）按响应频率范围，分为可见光（普通）相机、红外相机、紫外相机等。

（9）按输出接口形式，分为 RJ45、USB、IEEE1394、RS422、RS644 等。

6．工业相机的特性

1）像素数

对于一定尺寸的 CCD 芯片，像素数越多，每一像素单元的面积越小，工业相机的分辨率也就越高。

2）分辨率

分辨率是指当工业相机摄取等间隔排列的黑白相间条纹时，在监视器上能够看到的最多线数。

3）最低照度

最低照度是指被摄景物的光亮度低到一定程度，而使工业相机输出的视频信号电平低到某一规定值时的景物的光亮度值。

4）信噪比

信噪比是信号与噪声的比值乘以 20log。CCD 相机的信噪比的典型值为 45～55dB。

5）自动光圈接口

标准 CCD 相机大都带有驱动自动光圈镜头的接口，有些 CCD 相机提供两种驱动方式：视频驱动方式和直流驱动方式。视频驱动方式是工业相机由视频信号驱动电动机转动。直流驱动方式是工业相机内部增加了镜头光圈电动机驱动电路，可直接输出直流控制电压到镜头光圈电动机并使其转动。视频驱动自动光圈接口有 3 个针，即电源正、视频和接地。直流驱动自动光圈接口有 4 个针，即阻尼正、阻尼负、驱动正和驱动负。

6）电子快门

电子快门是相对相机的机械快门功能提出的一个术语，相当于控制 CCD 传感器的感光时间。

7）自动增益控制

工业相机输出的视频信号必须达到电视传输规定的标准电平，即 0.7VPP，为了能在不同的景物照度条件下都能输出 0.7VPP 的标准视频信号，放大器的增益必须能在较大范围内进行调节。这种增益调节通常都是自动完成的，实现此功能的电路称为自动增益控制电路，简称"AGC电路"。

8）背光补偿

背光补偿也称为逆光补偿或逆光补正，可以有效补偿工业相机在逆光环境下拍摄时画面主体黑暗的缺陷。

9）线锁定同步

线锁定同步是利用交流电源来锁定工业相机场同步脉冲的一种同步方式。当图像出现因交流电源的网波干扰时，将开关拨到线锁定同步位置，就可消除交流电源的干扰。

10）白平衡与黑平衡

白平衡直接影响重现图像的彩色效果，当工业相机白平衡设置不当时，重现图像就会出现偏色，特别是会使不带色彩的景物也着上了颜色。黑平衡是指工业相机在拍摄黑色景物或者盖上镜头盖时，输出的 3 个基本电平应相等，使监视器屏幕上重现纯黑色。

11）水平相位

水平相位也称为行相位，它与彩色副载波具有严格的锁定关系。

12）垂直相位

垂直相位也称为场相位，它与水平相位也具有严格的锁定关系，主要用于保证正确的电视扫描规律。

7．工业相机的应用

由于以工业相机为核心的机器视觉系统可以获取大量信息，而且易于自动处理，也易于与设计信息及加工控制信息集成，因此在现代自动化生产过程中，人们将机器视觉系统广泛用于工况监视、成品检验和质量控制等领域。

机器视觉系统的特点是提高生产的柔性和自动化程度。在一些不适合于人工作业的危险工作环境或人工视觉难以满足要求的场合，常用机器视觉来代替人工视觉；同时在大批量工业生产过程中，用人工视觉检查产品质量，效率低且精度不高，用机器视觉检测方法可以大大提高生产效率和生产自动化程度，而且机器视觉易于实现信息集成，是实现计算机集成制造的基础技术。

1）工业检测系统

工业检测系统分为定量检测和定性检测两大类。机器视觉系统应用于在线检测领域，如印制电路板的视觉检查、钢板表面的自动探伤、大型工件平行度和垂直度的测量、容器容积或杂质的检测、机械零件的自动识别分类和几何尺寸的测量等。

2）质量检测系统

机器视觉系统在质量检测中得到了广泛的应用，如采用激光扫描与CCD探测系统的大型工件平行度、垂直度测量仪；在加工或安装大型工件时，可以用该认错器测量面间的平行度及垂直度；以频闪光作为照明光源，利用面阵和线阵CCD作为螺纹钢外形轮廓尺寸探测器，实现热轧螺纹钢几何参数在线测量动态检测系统；实时监控轴承负载和温度变化，消除过载和过热危险；将测量滚珠表面加工质量和安全操作的被动测量变为主动监控；用微波作为信号源，根据微波发生器发出不同频率的方波，测量金属表面裂纹，微波的频率越高，可测得的裂纹越狭小。

3）仪表板总成智能集成测试系统

EQ140-Ⅱ汽车仪表总成是汽车仪表产品，仪表板上有速度里程表、水温表、汽油表、电流表、信号报警灯等，生产批量大，出厂前需要进行一次质量终检。检测项目包括：检测速度表等5个仪表指针的指示误差；检测24个信号报警灯和9个照明灯是否损坏或漏装。采用人工目测方法检查时，误差大，可靠性差。机器视觉系统实现了对仪表板总成智能化、全自动、高精度、快速的质量检测。

4）金属板自动探伤系统

金属板（如大型电力变压器线圈扁平线等）采用人工目测或用百分表加控针的检测方法不仅易受主观因素的影响，而且可能会使被测表面带来新的划伤。金属板自动探伤系统利用机器视觉技术，对金属表面缺陷进行自动检查，在生产过程中高速、准确地进行检测，同时由于采用非接触式测量，避免了新划伤。

5）汽车车身检测系统

英国ROVER汽车公司800系列汽车车身轮廓尺寸精度的100%在线检测系统是机器视觉系统用于工业检测的典型例子，该系统由62个测量单元组成，每个测量单元包括1台激光器和1台CCD摄像机，用于检测车身外壳上288个测量点。汽车车身置于测量框架下，通过软件校准车身的精确位置。每个测量单元均经过校准，同时还有1个校准装置，可对摄像机进行在线校准。系统以每40s检测1个车身的速度，检测3种类型的车身。系统将检测结果与合格尺寸比较，测量精度为±0.1mm，用来判别关键部分尺寸一致性，如车身整体外形、门、玻璃窗口等。

6）纸币印刷质量检测系统

该系统利用图像处理技术，通过对纸币生产流水线上的纸币20多项特征（号码、盲文、颜色、图案等）进行比较分析，检测纸币的质量，替代了传统的人眼辨别的方法。

7）智能交通管理系统

在交通要道放置摄像头，当有违章车辆（如闯红灯）时，摄像头将车辆的牌照拍摄下来，传输给中央管理系统，系统利用图像处理技术，对拍摄的图片进行分析，提取出车牌号，存储在数据库中，可以供管理人员进行检索。

8）金相图像分析系统

金相图像分析系统能对金属或其他材料的基本组织、杂质含量、组织成分等进行精确、客观地分析，为产品质量提供可靠的依据。

9）医疗图像分析系统

医疗图像分析系统可以完成血液细胞自动分类计数、染色体分析、癌症细胞识别等。

10）瓶装啤酒生产流水线检测系统

瓶装啤酒生产流水线检测系统可以检测啤酒是否达到标准的容量、啤酒标签是否完整等。

二、工业视觉检测系统

1．系统构成

典型的工业视觉检测系统一般由图像采集、图像分析处理和输入输出三大部分构成：图像采集部分包括光源、光学系统（镜头或镜头组）、工业相机、图像采集单元（或称为图像采集卡）；图像分析处理部分包括集成各种图像处理算法的图像分析处理软件；输入输出部分包括监视器、通信/输入输出单元等。图7-1-4所示为典型的工业视觉检测系统构成。

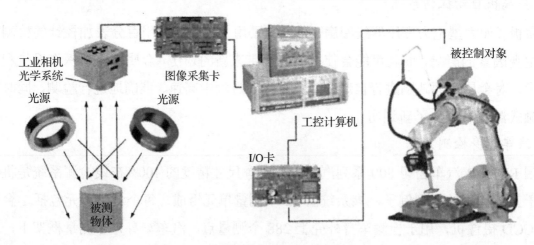

图7-1-4　典型的工业视觉检测系统构成

2．图像采集

图像的获取是将被测物体的图像和特征转换成能被计算机处理的数据的过程。一般利用光源、光学系统、工业相机和图像采集卡获取被测物体的图像。

1）光源

光源是影响机器视觉系统输入的重要因素。由于机器视觉系统没有照明设备，所以针对每个特定的应用实例，要选择相应的照明装置，以达到最佳效果。许多机器视觉系统用可见光作为光源，这主要是因为可见光易得、价格低，且便于操作，常用可见光光源有白炽灯、日光灯、钠光灯等。但是，这些光源的最大缺点是光能不稳定。以日光灯为例，在使用的第一个 100h 内，光能将下降 15%，随着时间的增加，光能将不断下降。此外，环境光将改变光源照射到物体上的总光能，使输出的图像数据存在噪声，一般采用加防护屏的方法，减少环境光的影响。由于存在上述问题，在工业应用中，对于要求高的检测任务，常采用 X 射线、超声波等不可见光作为光源，图 7-1-5 所示为常用的环形单色和多色光源。

图7-1-5 常用的环形单色和多色光源

由光源构成的照明系统可分为背向照明、前向照明、结构光照明和频闪光照明等。其中，背向照明指被测物体放在光源和相机之间，它的优点是能获得高对比度的图像；前向照明指光源和相机位于被测物体的同侧，这种方式便于安装；结构光照明指将光栅或线光源等投射到被测物体上；频闪光照明指将高频率的光脉冲照射在被测物体上。

2）光学系统

对于机器视觉系统来说，图像是唯一的信息来源，而图像的质量是由光学系统决定的。通常，图像质量差引起的误差不能用软件纠正。机器视觉系统把光学部件和成像电子结合在一起，并通过计算机控制系统来分辨、测量、分类和探测被处理的产品。机器视觉系统能达到 100%探测产品而不会降低生产线的速度。制造商需要"6-sigma"（小于 3%的有效单位）结果，以使产品更有竞争力。另外，这些系统能够与满意过程控制（SPC）非常理想的配合。图 7-1-6 所示为工业相机的镜头。

图7-1-6 工业相机的镜头

3）图像采集卡

图像采集卡主要完成对模拟视频信号的数字化处理。视频信号首先经低通滤波器滤波，转换为在时间上连续的模拟信号；按照应用系统对图像分辨率的要求，使用采样/保持电路对连续的视频信号在时间上进行间隔采样，把视频信号转换为离散的模拟信号；然后由 A/D 转换器转变为数字信号。而图像采集卡在具有 A/D 转换功能的同时，还具有对视频图像分析和处理功能，并同时可对相机进行有效的控制。很多情况下，需要处理的数据量不大时，可以不采用图像采集卡，直接使用 USB 口，将相机和计算机连接，直接进行数据采集即可。

在机器视觉系统中，相机将光敏元件接收到的光信号转换为电压信号。若要得到被计算机识别和处理的数字信号，还要对视频信号进行量化处理，就要使用图像采集卡。图 7-1-7 所示为图像采集卡。

图7-1-7 图像采集卡

3．图像分析处理

机器视觉系统中，视觉信息的处理主要依赖于图像处理，包括图像增强、数据编码和传输、平滑、边缘锐化、分割、特征抽取、图像识别与理解等内容。经过这些处理后，输出图像的质量得到相当程度的改善，既改善了图像的视觉效果，又便于计算机对图像进行分析、处理和识别。

三、视觉传感器检测模型

视觉传感器检测模型主要由视觉传感器检测模型组件、视觉控制器、视觉光源控制器、视觉相机、视觉镜头、视觉检测模型物料等组成，如图 7-1-8 所示。

1．视觉传感器检测模型组件

视觉传感器检测模型组件由视觉模型底板、视觉模型支架、视觉支架底座、视觉治具座、视觉物流座、通用传感器接口盒等组成。

2．视觉控制器

视觉控制器相当于整个机器视觉系统的大脑，是一个拥有独立计算、处理数据信息的CPU。本模型采用的视觉控制器为DMV1000-80GXC，其外形如图 7-1-9 所示。

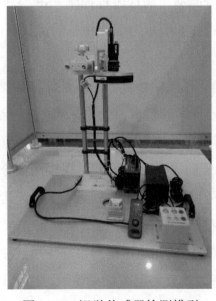

图7-1-8 视觉传感器检测模型

图7-1-9 视觉控制器

1）视觉控制器外形

视觉控制器型号为 DMV1000-80GXC，外观尺寸为 143.2mm×63mm×98.5mm，如图 7-1-10 所示。遥控手柄外观尺寸为 129.4mm×44.7mm×33.7mm，如图 7-1-11 所示。

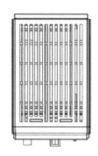

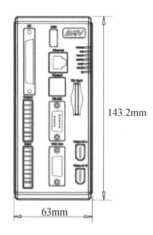

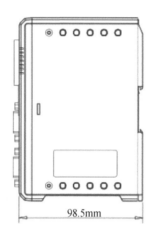

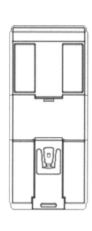

图7-1-10 视觉控制器外观尺寸

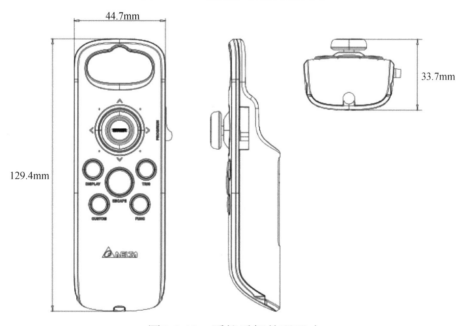

图7-1-11 遥控手柄外观尺寸

2）视觉控制器功能

机器视觉系统支持以太网、RS232/485、I/O 作为通信方式，同时支持 SVGA 显示器界面输出，配置有 SD 卡槽，可自由读取数据、程序等。视觉控制器的组成如图 7-1-12 所示，其各

智能传感器检测与应用技术

部分组成名称及功能如表 7-1-1 所示。遥控手柄面板如图 7-1-13 所示，遥控手柄面板上各按键名称及功能如表 7-1-2 所示。

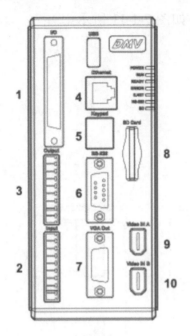

图7-1-12　视觉控制器的组成

图7-1-13　遥控手柄面板

表7-1-1　视觉控制器各部分组成名称及功能

编号	名称	功能说明
1	并列 I/O 接头	输入/输出端子
2	输入 I/O 端子头	输入端子
3	输出 I/O 端子头	输出端子
4	以太网接口	提供 10/100BASE-T 通信
5	操作器连接头	连接至操作器
6	RS232/485 串口	支持 Master、Slave 串行通信
7	VGA 影像输出口	连接至外部 VGA 影像监视器
8	SD 记忆卡	提供专案设定及影像备份储存
9	摄影机 1 接口	分辨率为 1024 像素×768 像素及 640 像素×480 像素的摄影机
10	摄影机 2 接口	分辨率为 1024 像素×768 像素及 640 像素×480 像素的摄影机

表7-1-2　遥控手柄面板上各按键名称及功能

编号	名称	功能说明
1	移动及输入键	提供八方向移动及输入确认设定
2	PROG/RUN	编辑模式/运转模式切换键
3	TRIG	检测触发键
4	FUNC	运转模式下，显示模式选择键
5	DISPLAY	摄影机 1/2 画面显示切换键
6	CUSTOM	前处理影像切换
7	ESCAPE	离开跳出键

3）视觉控制器电路

视觉控制器需外接 DC24V、0V 电源进行供电，连接时应按要求连接视觉控制器电路线缆。图 7-1-14 所示为视觉控制器电路连接输入端子，输入端子的 7 号位接 DC24V 电源，8 号位接 0V 电源，9 号位接地。视觉控制器电路连接输入端子功能说明如表 7-1-3 所示。图 7-1-15 所示为视觉控制器电路连接输出端子，输出端子的 6 号位接视觉光源控制器 TR1，8 号位接 DC24V 电源，9 号位接 0V 电源及视觉光源控制器 TR2。视觉控制器电路连接输出端子功能说明如表 7-1-4 所示。

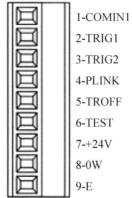

1-COMIN1
2-TRIG1
3-TRIG2
4-PLINK
5-TROFF
6-TEST
7-+24V
8-0W
9-E

图7-1-14 视觉控制器电路连接输入端子

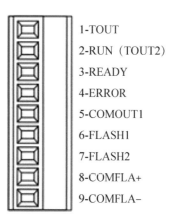

1-TOUT
2-RUN（TOUT2）
3-READY
4-ERROR
5-COMOUT1
6-FLASH1
7-FLASH2
8-COMFLA+
9-COMFLA–

图7-1-15 视觉控制器电路连接输出端子

表7-1-3 视觉控制器电路连接输入端子功能说明

编号	名称	功能说明
1	COMIN1	9-pin 输入共同接点
2	TRIG1	摄影机 1 取像触发
3	TRIG2	摄影机 2 取像触发
4	PLINK	PLC 资料连接通信启动旗标
5	TROFF	取像触发禁止
6	TEST	测试状态（所有检测结果不输出）
7	+24V	电源正端输入
8	0V	电源负端输入
9	E	接地

表7-1-4 视觉控制器电路连接输出端子功能说明

编号	名称	功能说明
1	TOUT	综合判断结果输出
2	RUN（TOUT2）	运转状态指示（综合判断结果输出 2）
3	READY	视觉控制器准备好等待取像检测输出指示
4	ERROR	错误状态指示
5	COMOUT1	9-pin 输出共同接点
6	FLASH1	摄影机 1 光源闪频输出
7	FLASH2	摄影机 2 光源闪频输出

编号	名称	功能说明
8	COMFLA＋	光源闪频输出正端共同接点
9	COMFLA－	光源闪频输出负端共同接点

4）视觉控制器电路接线示意图

视觉控制器与视觉光源控制器之间的电路连接图如图 7-1-16 所示。

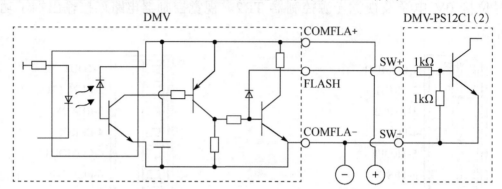

图7-1-16　视觉控制器与视觉光源控制器之间的电路连接图

 任务实施

一、任务准备

实施本任务教学所使用的设备器材及工具仪表可参考表 7-1-5。

表7-1-5　设备器材及工具仪表

序号	分类	名称	型号规格	数量	单位	备注
1	工具仪表	万用表		1	块	
2		常用电工工具		1	套	
3		卷尺	1m 以上	1	卷	
4	设备器材	网线		1	根	
5		快插线		若干	根	
6		PLC	S7-1200	1	台	
7		视觉传感器主机	DMV-1000	1	台	
8		视觉传感器光源	DMV-DR6736W	1	套	
9		视觉传感器光源电源	DMV-PS12C1	1	个	
10		视觉传感器镜头	DMV-LN08N	1	组	
11		视觉传感器相机	DMV-CDA80GS	1	台	
12		视觉传感器摇杆	DMV 1000-KEY	1	个	
13		视觉传感器显示器		1	台	
14		视觉传感器支架组件		1	套	
15		编程计算机	自定	1	台	

二、视觉传感器检测模型的电气线路安装

按照图 7-1-17 所示的视觉传感器检测模型的电气原理图和如图 7-1-18 所示的视觉传感器接口盒的电气原理图，进行视觉传感器检测模型的电气线路安装，具体的电气线路安装方法如表 7-1-6 所示。

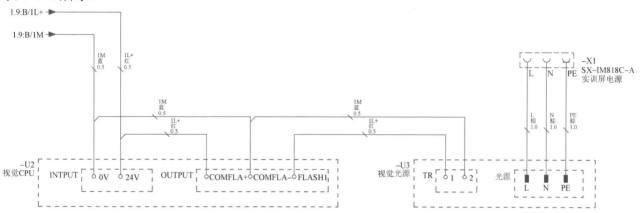

图7-1-17　视觉传感器检测模型的电气原理图

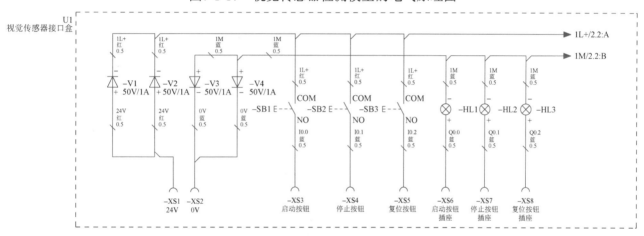

图7-1-18　视觉传感器接口盒的电气原理图

表7-1-6　视觉传感器检测模型的电气线路安装方法

序号	元器件名称	图示	安装说明
1	视觉控制器输入端子		视觉控制器输入端子需要接 +24V、0V、E

序号	元器件名称	图示	安装说明
2	视觉控制器输出端子		视觉控制器输入端子接线要求： COMFLA+接 DC24V 电源； COMFLA-接 0V 电源及视觉光源控制器 TR2； FLASH1 接视觉光源控制器 TR1
3	遥控手柄	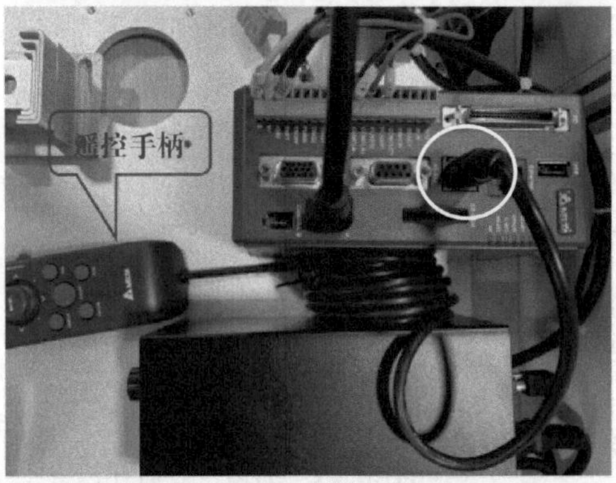	遥控手柄插头连接至视觉控制器"keypad"接口
4	相机信号线	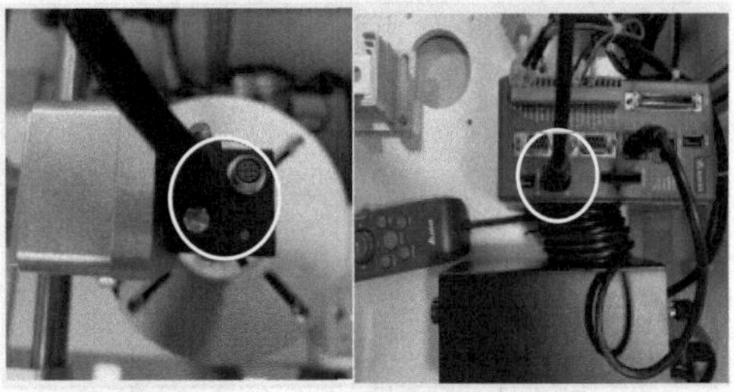	相机信号线连接至视觉控制器"CAMERA A"接口
5	视觉控制器的VGA 线		VGA 线一端连接在计算机显示器上，另一端连接在视觉控制器"VGA Out"接口
6	视觉控制器网络通信线		视觉控制器网络通信线连接在工业交换机上

续表

序号	元器件名称	图示	安装说明
7	视觉光源控制器电源线	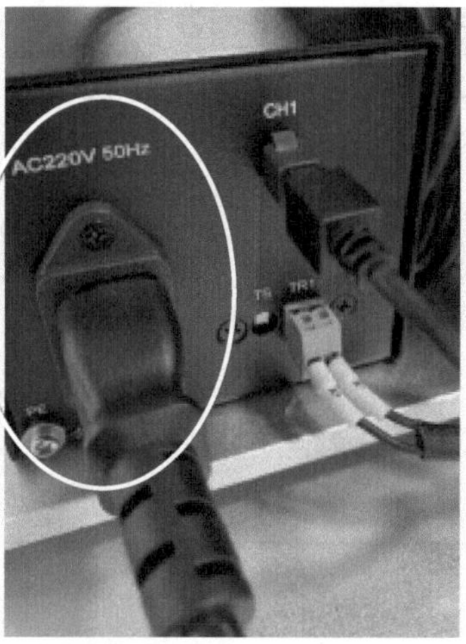	视觉光源控制器电源线需外接AC220V电源
8	光源信号线	 	光源信号线连接至视觉光源控制器"CH1"接口
9	视觉光源控制器 TR	 	TR1（左）连接至视觉控制器输出端子"FLASH1"； TR2（右）连接至视觉控制器输出端子"COMFLA-"
10	视觉传感器接口盒	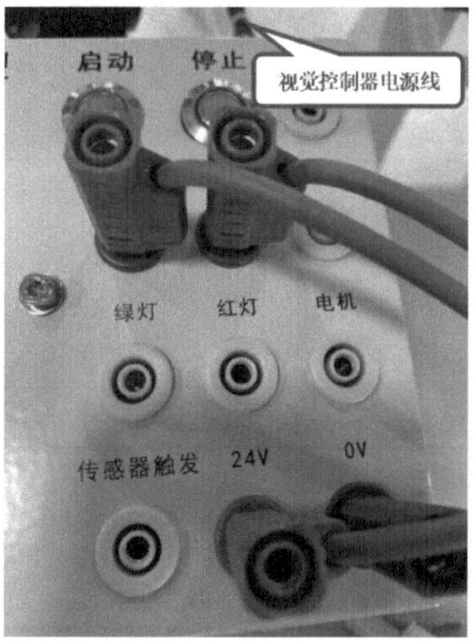	选插线一端连接至视觉传感器接口盒，另一端连接至PLC模块

续表

序号	元器件名称	图示	安装说明
11	PLC 模块	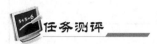	选插线一端连接至 PLC 模块，另一端连接至视觉传感器接口盒

任务测评

对任务实施的完成情况进行检查，并将结果填入表 7-1-7 中。

表7-1-7　任务测评表

序号	主要内容	考核项目	评分标准	配分	扣分	得分
1	视觉传感器检测模型的电气线路安装	视觉控制器线路的连接	1. 视觉控制器输入端子的接线正确； 2. 视觉控制器输出端子的接线正确； 3. 遥控手柄与视觉控制器连接正确； 4. 相机信号线与视觉控制器连接正确； 5. 计算机显示器与视觉控制器的 VGA 线连接正确； 6. 视觉控制器网络通信线与工业交换机连接正确	40分		
		视觉光源控制器线路的连接	1. 视觉光源控制器电源线连接正确； 2. 光源信号线与视觉光源控制器连接正确； 3. 光源闪频输出端子与视觉控制器输出端子连接正确	30分		
		视觉传感器接口盒的连接	1. 视觉传感器接口盒的连接正确； 2. 视觉传感器接口盒与 PLC 模块之间的连接正确	20分		
2	安全文明生产	劳动保护用品穿戴整齐；遵守操作规程；操作结束要清理现场	1. 操作中，违反安全文明生产考核要求的任何一项扣 2 分，扣完为止； 2. 当发现学生有重大事故隐患时，要立即予以制止，并每次扣安全文明生产分 5 分	10分		
			合　计			

任务 2 视觉传感器检测模型的参数设置

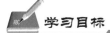

◇ 知识目标：

　　1．掌握视觉传感器检测模型参数的设置方法。

　　2．掌握视觉传感器检测模型选型功能的设置方法。

　　3．熟悉视觉传感器检测模型的逻辑运算。

◇ 能力目标：

　　会进行视觉传感器检测模型参数的设置。

　　本任务是通过学习，了解视觉传感器检测模型参数设置的内容，掌握视觉控制器功能参数的设置方法，并能完成视觉传感器检测模型参数的设置。

一、视觉传感器检测模型参数

视觉传感器检测模型参数主要包括系统、项目列表和程序三个部分。

1．系统

系统可对视觉系统的通信方式、通信协议、视觉系统全局等进行设置。

2．项目列表

项目列表中的内容可以新建视觉系统程序，每个程序都是独立的，可以由外部进行控制启动。

3．程序

程序作为项目列表的具体化展示，可以设置程序内部的摄像机参数、相机曝光度、测量区域、检测功能选择、逻辑计算等。

二、视觉传感器检测模型检测的物料

待检测物料为 4 款步进电机,按照其型号分别定义为 42A、42B、35A、35B,如图 7-2-1 所示。检测或参数设置时需要将其放置在待检测工位上,正确放置方式如图 7-2-2 所示。

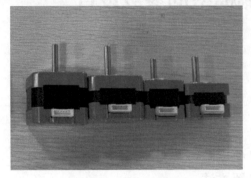

图7-2-1　待检测物料

图7-2-2　待检测工位上的步进电机

任务实施

一、任务准备

实施本任务教学所使用的设备器材及工具仪表可参考表 7-1-5。

二、视觉传感器检测模型参数的设置

视觉传感器检测模型参数的设置如表 7-2-1 所示。

表7-2-1　视觉传感器检测模型参数的设置

序号	步骤	图示	备注
1	进入"主菜单"页面		如果正常上电后,没有出现此画面,则操作遥控手柄 2 号键或按下遥控手柄"返回"键
2	进入"项目列表"页面,新建程序		在"主菜单"页面中单击"项目列表"选项卡进入如左图所示的页面,在本页面中单击"新建"按钮,即可创建一个新的程序

续表

序号	步骤	图示	备注
3	进入"程序菜单"页面	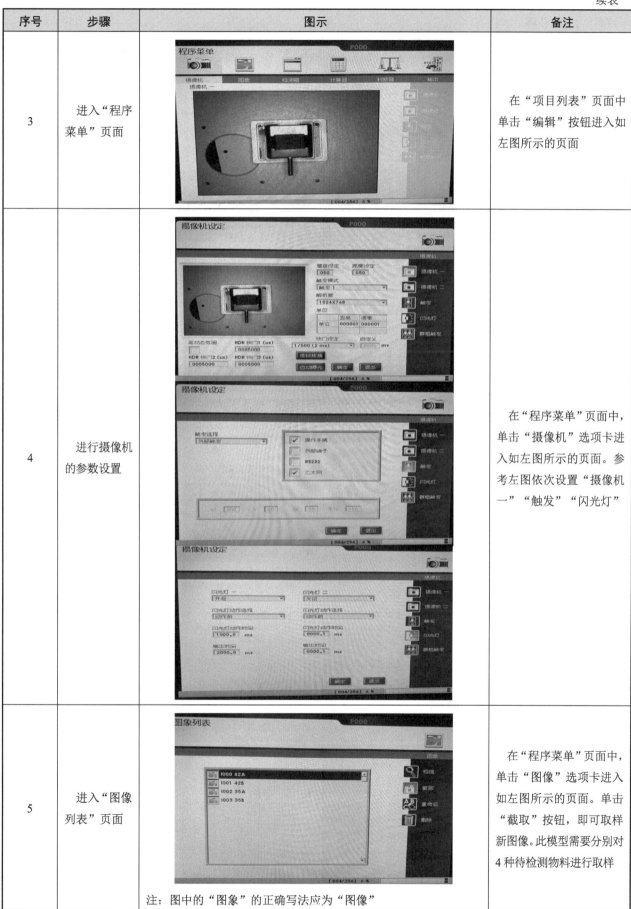	在"项目列表"页面中单击"编辑"按钮进入如左图所示的页面
4	进行摄像机的参数设置		在"程序菜单"页面中，单击"摄像机"选项卡进入如左图所示的页面。参考左图依次设置"摄像机一""触发""闪光灯"
5	进入"图像列表"页面		在"程序菜单"页面中，单击"图像"选项卡进入如左图所示的页面。单击"截取"按钮，即可取样新图像。此模型需要分别对4种待检测物料进行取样

注：图中的"图象"的正确写法应为"图像"

序号	步骤	图示	备注
5	进入"图像列表"页面	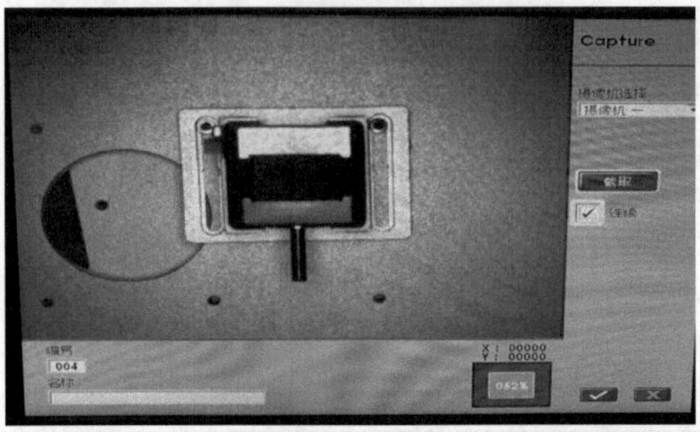	
6	进入"检测窗"页面，创建检测程序	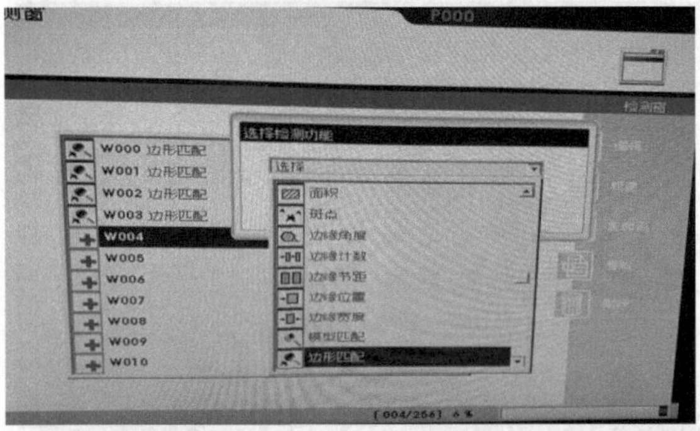	在"图像列表"页面中完成4种图像取样后，回到"程序菜单"页面，单击"检测窗"选项卡进入如左图所示的"检测窗"页面，单击"新建"按钮，创建4组名为"边形匹配"的检测程序
7	进行"来源"设置	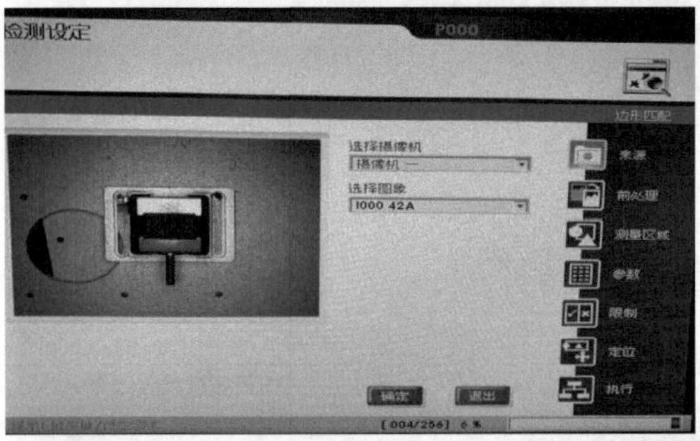	完成4组"边形匹配"程序创建后，先选择其中一组"边形匹配"程序，选中并单击"编辑"按钮，进入如左图所示的页面，参考本表序号9~10的设置步骤，为4种电机设置检测参数
8	进行"测量区域"设置	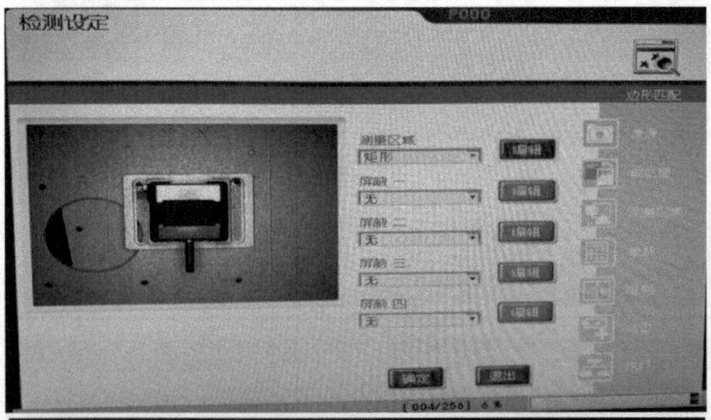 	完成"来源"设置后，单击"测量区域"按钮，进入如左图所示的页面，单击"编辑"按钮进行"测量区域"设置。测量区域应比待检测物料面积稍大，视觉系统自动在测量区域内识别物料

序号	步骤	图示	备注
9	进行"参数"设置	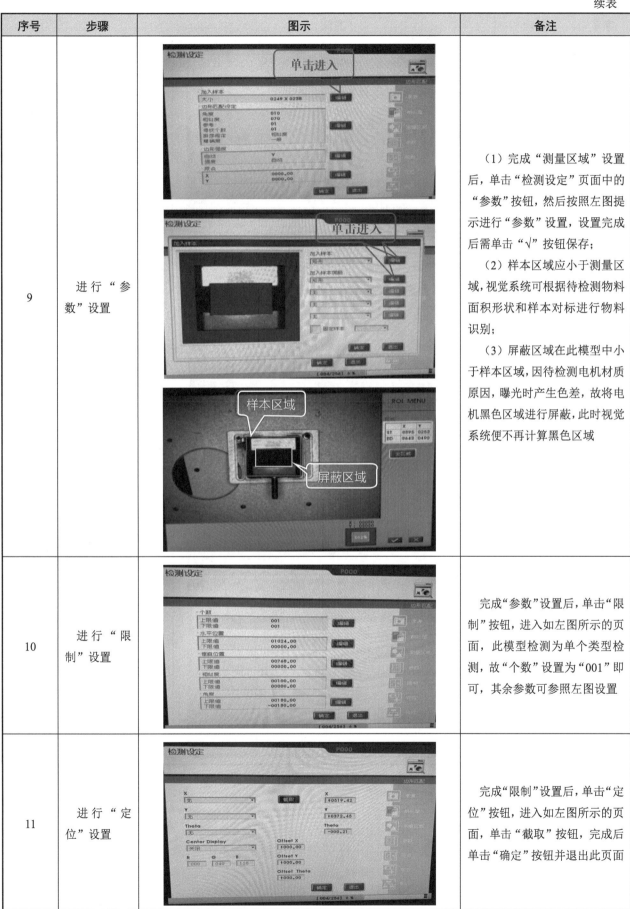	（1）完成"测量区域"设置后，单击"检测设定"页面中的"参数"按钮，然后按照左图提示进行"参数"设置，设置完成后需单击"√"按钮保存； （2）样本区域应小于测量区域，视觉系统可根据待检测物料面积形状和样本对标进行物料识别； （3）屏蔽区域在此模型中小于样本区域，因待检测电机材质原因，曝光时产生色差，故将电机黑色区域进行屏蔽，此时视觉系统便不再计算黑色区域
10	进行"限制"设置		完成"参数"设置后，单击"限制"按钮，进入如左图所示的页面，此模型检测为单个类型检测，故"个数"设置为"001"即可，其余参数可参照左图设置
11	进行"定位"设置		完成"限制"设置后，单击"定位"按钮，进入如左图所示的页面，单击"截取"按钮，完成后单击"确定"按钮并退出此页面

续表

序号	步骤	图示	备注
12	进行"执行"设置	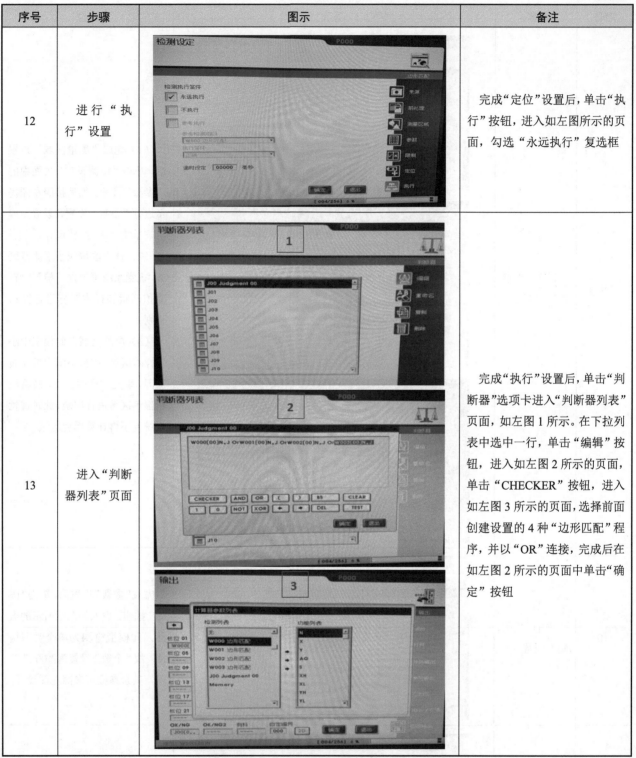	完成"定位"设置后,单击"执行"按钮,进入如左图所示的页面,勾选"永远执行"复选框
13	进入"判断器列表"页面		完成"执行"设置后,单击"判断器"选项卡进入"判断器列表"页面,如左图1所示。在下拉列表中选中一行,单击"编辑"按钮,进入如左图2所示的页面,单击"CHECKER"按钮,进入如左图3所示的页面,选择前面创建设置的4种"边形匹配"程序,并以"OR"连接,完成后在如左图2所示的页面中单击"确定"按钮

对任务实施的完成情况进行检查,并将结果填入表7-2-2中。

表7-2-2 任务测评表

序号	主要内容	考核项目	评分标准	配分	扣分	得分
1	视觉传感器检测模型的参数设置	视觉控制器功能参数的设置	1. 视觉控制器功能参数的设置方法及步骤正确; 2. 会操作遥控手柄进入参数设置主菜单; 3. 会在项目列表中创建和编辑新程序; 4. 会进行摄像机的参数设置; 5. 会进行待检测物料的图像取样; 6. 会创建 4 组待检测物料边形匹配检测程序; 7. 会进行测量区域的编辑; 8. 会进行检测窗的各种参数设置	90 分		
2	安全文明生产	劳动保护用品穿戴整齐;遵守操作规程;操作结束要清理现场	1. 操作中,违反安全文明生产考核要求的任何一项扣 2 分,扣完为止; 2. 当发现学生有重大事故隐患时,要立即予以制止,并每次扣安全文明生产分 5 分	10 分		
合　计						

任务 3   视觉传感器检测模型与 PLC 的组态通信

学习目标

♦ 知识目标:

1. 了解视觉控制器与 PLC 的系统架构。

2. 掌握视觉控制器与 PLC 的 IP 地址及端口号定义。

3. 熟悉视觉控制器触发指令的功能与应用。

4. 掌握博途 V13-SP1 软件的安装与使用方法。

5. 掌握 PLC 组态指令的功能与应用。

♦ 能力目标:

1. 会安装和使用博途 V13-SP1 软件。

2. 能根据项目控制要求,运用 PLC 组态指令,完成视觉控制器与 PLC 的组态。

3. 会使用视觉传感器测试软件,完成视觉控制器与 PLC 的组态与测试。

工作任务

本任务是通过学习,了解视觉控制器与 PLC 的系统架构,掌握博途 V13-SP1 软件的安装与使用方法,同时掌握 PLC 组态指令的功能与应用,并能根据要求,完成视觉控制器与 PLC

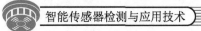
的组态与测试。

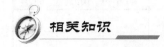
一、视觉控制器与 PLC 的系统架构

视觉控制器与 PLC 的系统架构如图 7-3-1 所示，视觉控制器作为 TCP Server 端来接收上位机的指令，此时视觉控制器只会进行简单的回传来让上位机确定已收到命令。上位机需要额外建立一个 TCP Server 来接收视觉控制器的数据反馈。所以上位机需要开 2 个连接来进行。

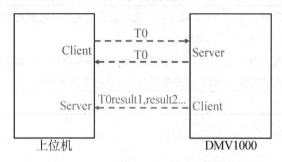

图7-3-1　视觉控制器与PLC的系统架构

二、视觉控制器与 PLC 的 IP 地址及端口号定义

视觉传感器检测模型与 PLC 之间采用网络通信，为此需要定义双方的 IP 地址与端口号，同时 IP 地址与端口号的定义必须避免与现场其他设备重复。本任务中，为避免与其他设备的 IP 地址及端口号重复，暂设 PLC 的 IP 地址为 192.168.13.22，端口号为 6000；视觉控制器的 IP 地址为 192.168.13.25，视觉控制器的默认端口号为 502。视觉控制器与 PLC 的 IP 地址及端口号定义如表 7-3-1 所示。

表7-3-1　视觉控制器与PLC的IP地址及端口号定义

序号	元器件名称	IP 地址	端口号
1	视觉控制器	192.168.13.25	502（默认）
2	PLC	192.168.13.22	6000
3	子网掩码	255.255.255.0	
4	网关	192.168.13.0	

三、视觉控制器触发类型

1. 视觉控制器触发指令

在进行视觉控制器与 PLC 的组态前，需要了解视觉控制器触发指令，本模型中只需用到"触发拍照"指令，即"T1"。视觉控制器指令如表 7-3-2 所示。

表7-3-2 视觉控制器指令

序号	功能	输入子串	回应子串	运行操作 运转	运行操作 编辑
1	触发器1动作及输出	T1 CR	T1 CR T0＋输出资料 CR	○	
2	触发器2动作及输出	T2 CR	T2 CR T0＋输出资料 CR	○	
3	切换至运转模式	RN CR	RN CR		○
4	切换至编辑模式	PG CR	PG CR	○	
5	再次输出资料	DQ CR	DQ＋输出资料 CR	○	
6	切换程序号（存储卡）	PCINnn CR	PC CR	○	○
7	切换程序号（存储卡）	PCSDnnnn CR		○	○
8	读取程序编号	PR CR	PRINnn CR / PRSDnnnn CR	○	
9	切换视窗号	WCnnnn CR	WC CR	○	
10	读取视窗号	WR CR	WRnnnn CR	○	
11	截取影像	CP CR	CP CR	○	○

2. 视觉控制器触发指令的转换

查表得知视觉传感器触发指令后，还不能立即将指令应用到软件组态中，需要将指令转换成 ASCII 码，通过转换后的 ASCII 码来触发视觉传感器自动完成拍摄等工作。经转换"T1"转换为 ASCII 码"54310D"。ASCII 码转换表如表 7-3-3 所示。

表7-3-3 ASCII码转换表

ASCII码 十进制	ASCII码 十六进制	字符	ASCII码 十进制	ASCII码 十六进制	字符	ASCII码 十进制	ASCII码 十六进制	字符
032	20		049	31	1	066	42	B
033	21	!	050	32	2	067	43	C
034	22	"	051	33	3	068	44	D
035	23	#	052	34	4	069	45	E
036	24	$	053	35	5	070	46	F
037	25	%	054	36	6	071	47	G
038	26	&	055	37	7	072	48	H
039	27	'	056	38	8	073	49	I
040	28	(	057	39	9	074	4A	J
041	29	)	058	3A	:	075	4B	K
042	2A	*	059	3B	;	076	4C	L
043	2B	＋	060	3C	<	077	4D	M
044	2C	,	061	3D	=	078	4E	N
045	2D	—	062	3E	>	079	4F	O
046	2E	.	063	3F	?	080	50	P
047	2F	/	064	40	@	081	51	Q
048	30	0	065	41	A	082	52	R

续表

ASCII 码		字符	ASCII 码		字符	ASCII 码		字符
十进制	十六进制		十进制	十六进制		十进制	十六进制	
083	53	S	098	62	b	113	71	q
084	54	T	099	63	c	114	72	r
085	55	U	100	64	d	115	73	s
086	56	V	101	65	e	116	74	t
087	57	W	102	66	f	117	75	u
088	58	X	103	67	g	118	76	v
089	59	Y	104	68	h	119	77	w
090	5A	Z	105	69	i	120	78	x
091	5B	[	106	6A	j	121	79	y
092	5C	\	107	6B	k	122	7A	z
093	5D	]	108	6C	l	123	7B	{
094	5E	⌃	109	6D	m	124	7C	|
095	5F	＿	110	6E	n	125	7D	}
096	60	`	111	6F	o	126	7E	～
097	61	a	112	70	p	127	7F	⌂

四、博途 V13-SP1 软件

1．博途 V13-SP1 软件的安装

博途 V13-SP1 软件安装的操作方法和步骤如下。

（1）在计算机中打开博途 V13-SP1 软件安装向导压缩包 1STEP7 Professional V13 SP1 文件，在安装过程中会弹出如图 7-3-2 所示的对话框，然后单击对话框中的"否"按钮，可在不重启计算机的情况下进行安装。

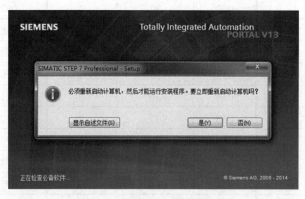

图7-3-2　软件安装对话框

（2）在不重启计算机的情况下安装博途 V13-SP1 软件。

在不重启计算机的情况下安装博途 V13-SP1 软件需要修改计算机的注册表，按"WIN+R"组合键，弹出"运行"对话框，如图 7-3-3 所示。

（3）在文本框中输入"regedit"，单击"确定"按钮，进入注册表编辑器，依次打开相应

的文件夹"HKEY_LOCAL_MACHINE""SYSTEM""CurrentControlSet""Control""Session Manager"，删除"Session Manager"文件夹中的"PendingFileRenameOperations"文件，如图 7-3-4 所示。

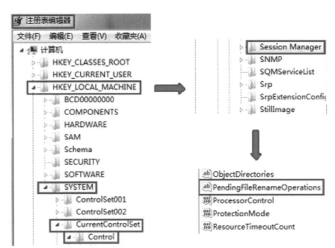

图7-3-3　"运行"对话框　　　　　　　图7-3-4　选择注册编辑器的步骤

【操作提示】

　　删除"PendingFileRenameOperations"文件便可以单击安装向导图标 SIMATIC_STEP_7_Profess，就可不用再重启计算机，另外在安装过程中应关闭杀毒软件以防止杀毒软件误删博途 V13-SP1 软件的安装文件导致安装失败。

（4）选择安装语言。

在如图 7-3-5 所示的"安装语言"界面中的单击"安装语言：中文"单选按钮，然后单击"下一步"按钮，弹出如图 7-3-6 所示的"产品语言"界面，在界面中勾选"中文"复选框后，单击"下一步"按钮，即可完成选择语言的安装。

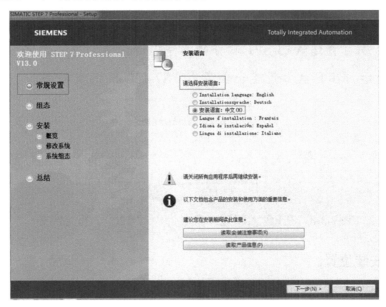

图7-3-5　"安装语言"界面

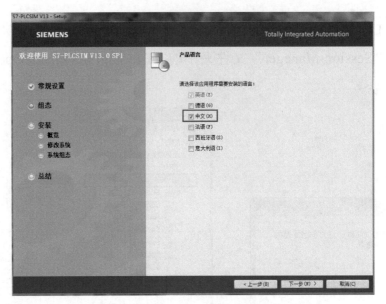

图7-3-6　"产品语言"界面

（5）选择软件文件安装位置。

软件文件安装过程中一般都会默认安装到"本地磁盘"，在此可以安装到其他计算机磁盘以缓解计算机压力。还有一种状况，就是没有装到"本地磁盘"，却直接安装到其他一个磁盘的根目录中而没有安装到特定的文件夹中，就会弹出如图7-3-7所示的界面。

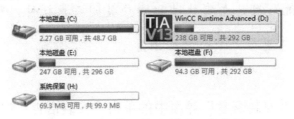

图7-3-7　软件文件安装在D盘位置

【操作提示】

这种情况下很容易误删博途 V13-SP1 软件的文件，所以在安装的磁盘上新建一个文件夹并重命名一个关于博途 V13-SP1 软件的名字以避免误删博途 V13-SP1 软件的重要文件，如图 7-3-8 所示，在 E 盘上新建一个名为"S7-1200"的文件夹。

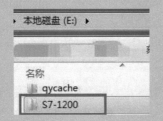

图7-3-8　在E盘上新建一个名为"S7-1200"的文件夹

（6）选择软件安装位置。

① 单击如图 7-3-9 所示的界面中的"浏览"按钮，弹出如图 7-3-10 所示的"查找目录"对话框，选择要安装软件的文件夹，单击"确定"按钮，弹出如图 7-3-11 所示的目标目录路径界面。

② 单击图 7-3-11 中的"下一步"按钮，弹出如图 7-3-12 所示的许可证条款界面，勾选"本人接受所列出的许可协议中所有条款"复选框，然后单击"下一步"按钮，弹出如图 7-3-13 所示的安全和权限设置界面，勾选"我接受此计算机上的安全和权限设置"复选框，以便安装。

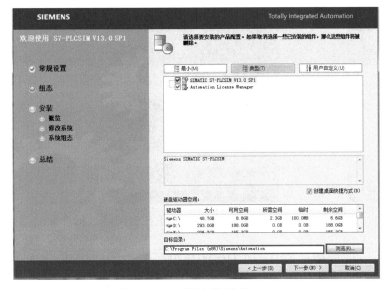

图7-3-9　选择安装路径

图7-3-10　"查找目录"对话框

图7-3-11　目标目录路径界面

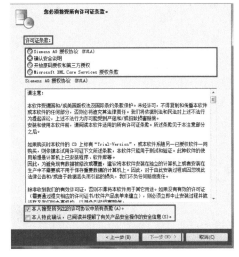

图7-3-12　许可证条款界面

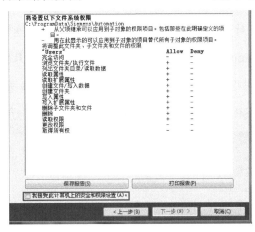

图7-3-13　安全和权限设置界面

③ 单击如图 7-3-13 所示的界面中的"下一步"按钮，弹出如图 7-3-14 所示的产品配置界面，接受所有配置，查看产品配置，最后单击"安装"按钮，弹出如图 7-3-15 所示的软件正在安装的过程界面。

图7-3-14　产品配置界面

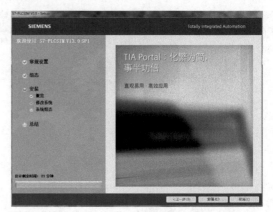

图7-3-15　软件正在安装的过程界面

④ 软件安装完成后，单击跳过许可证传送，弹出如图 7-3-16 所示的界面，单击"否，稍后重启计算机"单选按钮，并关闭该界面，博途 V13-SP1 软件就安装完成了。

图7-3-16　软件安装完成界面

2. 博途 V13-SP1 Upd9 软件升级包的安装

博途 V13-SP1 Upd9 软件升级包是在博途 V13-SP1 软件的基础上进行升级安装的升级包，安装时，首先打开"Totally Integrated Automation Portal V13 V13.0 SP1 Upd9"文件，如图 7-3-17 所示。其安装过程与博途 V13-SP1 软件的安装过程一样，可参考博途 V13-SP1 软件的安装过程，在此不再赘述。博途 V13-SP1 软件完全安装完后，桌面将会出现软件图标，如图 7-3-18 所示。

图7-3-17　"Totally Integrated Automation Portal V13 V13.0 SP1 Upd9"文件　　　图7-3-18　软件图标

3．博途 V13-SP1 软件的使用

（1）软件安装完成后，双击 Windows 桌面上的"TIA Portal V13"图标，打开软件，界面如图 7-3-19 所示；然后进入 Step7 V13 的启动界面，如图 7-3-20 所示。

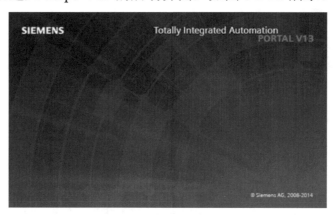

图7-3-19　打开软件界面

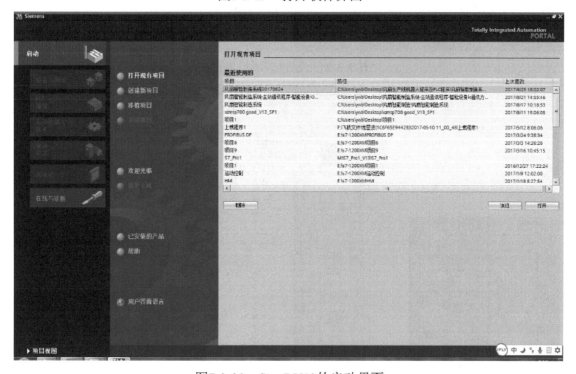

图7-3-20　Step7 V13的启动界面

（2）创建新项目。

单击如图 7-3-20 所示的界面中的"创建新项目"按钮，弹出如图 7-3-21 所示的创建新项目界面，修改"项目名称"和"路径"，然后单击"创建"按钮，即可完成新项目的创建。

（3）选择"PLC 编程"。

① 单击如图 7-3-22 所示的界面中的"PLC 编程"按钮，然后单击"添加新设备"按钮，弹出"添加新设备"对话框，添加项目所需的 CPU。例如，在"添加新设备"对话框中选择 CPU，这里以"SIMATIC S7-1200"的型号"CPU 1214C DC/DC/DC"，订货号"6ES7 214-1AG40-0XB0"为例，选择好型号，然后单击"确定"按钮，如图 7-3-23 所示。

智能传感器检测与应用技术

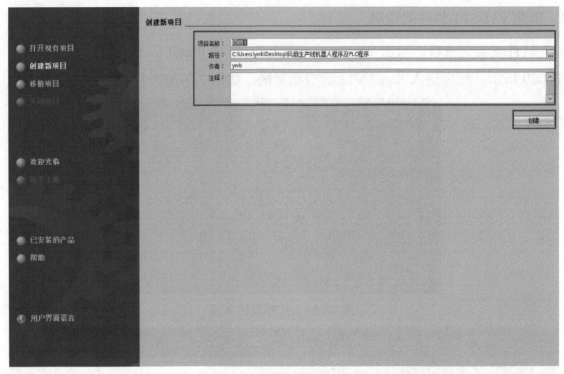

图7-3-21 创建新项目界面

图7-3-22 "PLC编程"按钮

图7-3-23 "添加新设备"对话框

② 添加好 CPU 的型号后，会弹出如图 7-3-24 所示的显示所有对象界面。

（4）PLC 程序编写及组态。

① 单击如图 7-3-24 所示的界面中的"组织块"图标 或单击界面左下方的"项目视图"按钮，弹出程序编辑界面，如图 7-3-25 所示。

180

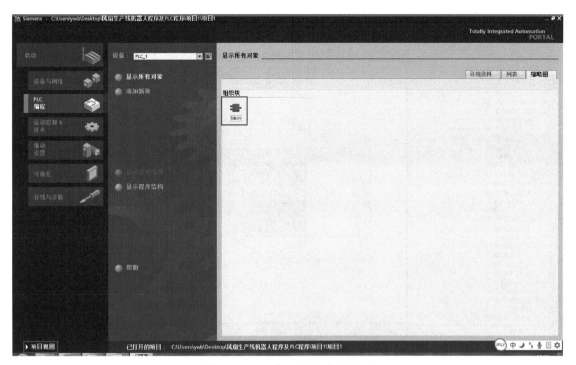

图7-3-24　显示所有对象界面

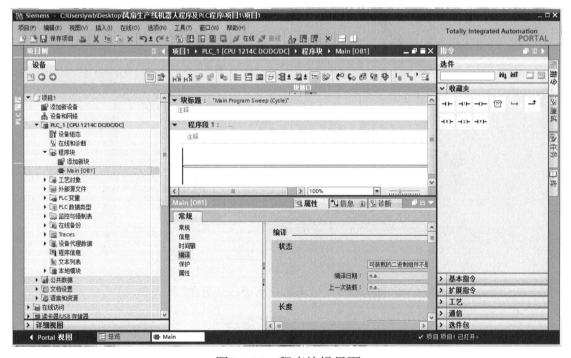

图7-3-25　程序编辑界面

② 单击左侧"设备组态"选项，然后单击 PLC 左右两侧的组态框（根据实物组合情况，选择左侧组态框或右侧组态框），添加 PLC 所需的特殊模块，如图 7-3-26 所示。在右侧硬件目录栏中，可以选择所需添加的模块和型号（特殊模块的型号一般在其外壳上可以找到）。

③ 组态添加完成后的界面如图 7-3-27 所示。

④ 取出如图 7-3-28 所示的网络跳线，连接计算机以太网接口与 PLC 1200 接口，如图 7-3-29 所示。

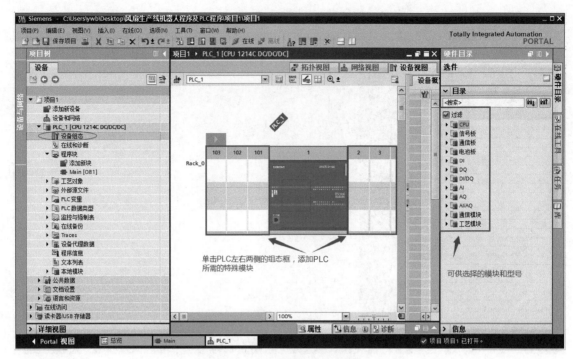

图7-3-26　设备组态界面

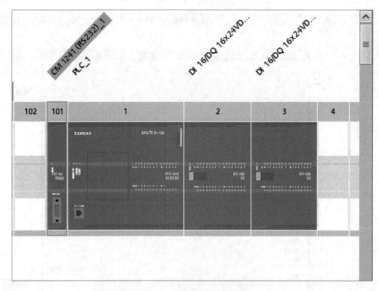

图7-3-27　组态添加完成后的界面

图7-3-28　网络跳线

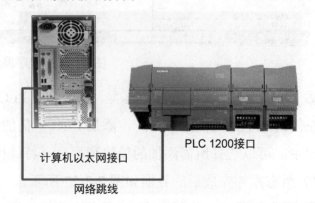

图7-3-29　计算机以太网接口与PLC 1200接口的连接

⑤ 单击 PLC 的"PROFINET 接口"图标，弹出"PROFINET 接口"的设置界面，如

图 7-3-30 所示。

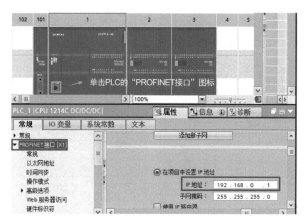

图7-3-30 "PROFINET接口"的设置界面

⑥ 双击左侧项目树下"程序块"中的"Main[OB1]"选项，即可进入如图 7-3-31 所示的程序编写界面，双击或单击并拖放 PLC 指令，可以把指令应用到程序段。

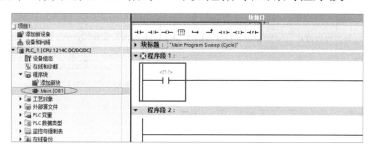

图7-3-31 程序编写界面

⑦ 编程结束后，先单击"编译"按钮，然后单击"下载"按钮，即可对 PLC 进行程序的下载，编程结束界面如图 7-3-32 所示。程序的下载过程如图 7-3-33 所示。

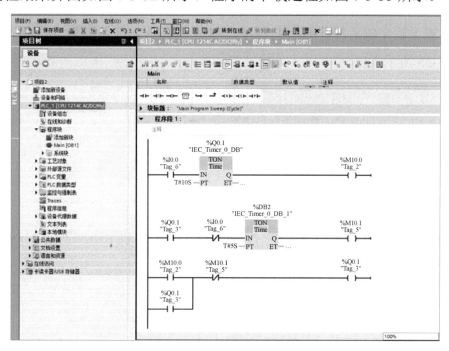

图7-3-32 编程结束界面

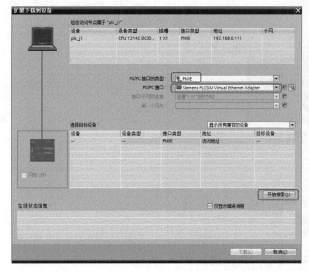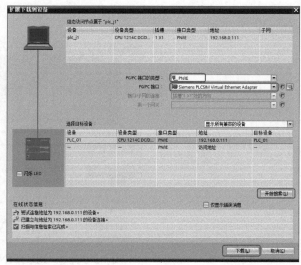

图7-3-33　程序的下载过程

⑧ 在弹出的"下载预览"对话框中，选择 PLC 的"动作"为"全部停止"，单击下方的"装载"按钮，稍等片刻，单击"完成"按钮，即可完成组态设置的下载，如图 7-3-34 所示。

图7-3-34　组态设置的下载界面

⑨ 组态设置下载完成后打开相应的程序，单击 图标，即可转为在线模式，对程序进行监视，如图 7-3-35 所示。

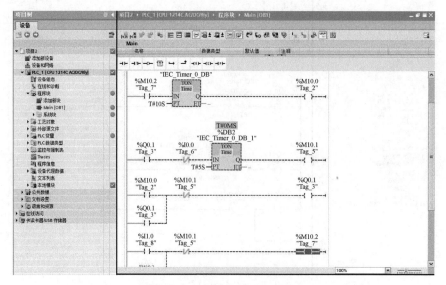

图7-3-35　在线程序监视界面

五、PLC 组态指令应用

在本实训模型中，西门子 PLC 与视觉传感器采用 TCP/IP 协议进行通信，利用西门子 PLC 集成的开放式用户通信指令建立通信伙伴，进行开放式数据交互，其中"TSEND_C"是数据发送指令，"TRCV_C"是数据接收指令，"TSEND_C"和"TRCV_C"指令在博途 V13-SP1 软件通信组态项进行组态调用，如图 7-3-36 所示。

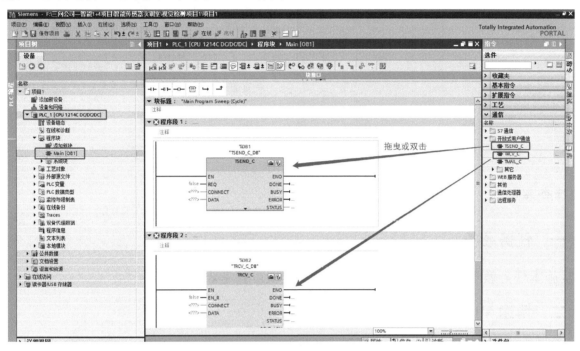

图7-3-36 "TSEND_C"和"TRCV_C"指令在博途V13-SP1软件中的位置

六、视觉传感器测试软件的使用

（1）在上位机上先创建一个 TCP Client 并连接到 DMV1000，设置对方 IP 地址和端口分别为 192.168.1.2 和 502，如图 7-3-37 所示。

图7-3-37 数据收发窗口

（2）再创建一个 TCP Server，设置监听端口为 6000，如图 7-3-38 所示。

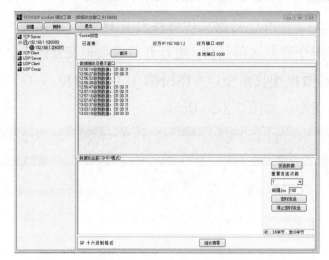

图7-3-38　设置监听端口

一、任务准备

实施本任务教学所使用的设备器材及工具仪表可参考表 7-1-5。

二、博途 V13-SP1 软件的安装

根据本任务前述内容在计算机上完成博途 V13-SP1 软件的安装。

三、视觉控制器与 PLC 的组态

视觉控制器与 PLC 的组态的操作方法及步骤如表 7-3-4 所示。

表7-3-4　视觉控制器与PLC的组态的操作方法及步骤

序号	步骤	图示	操作说明
1	在视觉系统中设置视觉控制器的 IP 地址	注：图中的"乙太网"应为"以太网"，"通讯"应为"通信"。	在"主菜单"页面，单击"系统"按钮，进入左图 1 页面后，单击"通信"按钮，即可进入左图 2 页面，单击"以太网"按钮，按照定义的视觉控制器的 IP 地址进行设置

续表

序号	步骤	图示	操作说明
2	在视觉系统中设置视觉控制器的自由码格式	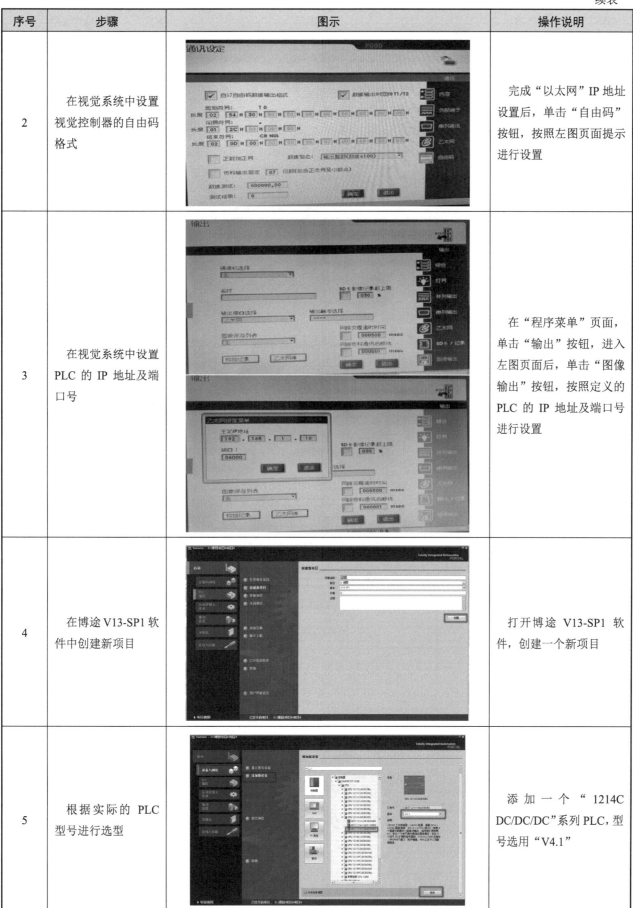	完成"以太网"IP地址设置后,单击"自由码"按钮,按照左图页面提示进行设置
3	在视觉系统中设置PLC的IP地址及端口号		在"程序菜单"页面,单击"输出"按钮,进入左图页面后,单击"图像输出"按钮,按照定义的PLC的IP地址及端口号进行设置
4	在博途V13-SP1软件中创建新项目		打开博途V13-SP1软件,创建一个新项目
5	根据实际的PLC型号进行选型		添加一个"1214C DC/DC/DC"系列PLC,型号选用"V4.1"

续表

序号	步骤	图示	操作说明
6	选中"TSEND_C"和"TRCV_C"指令	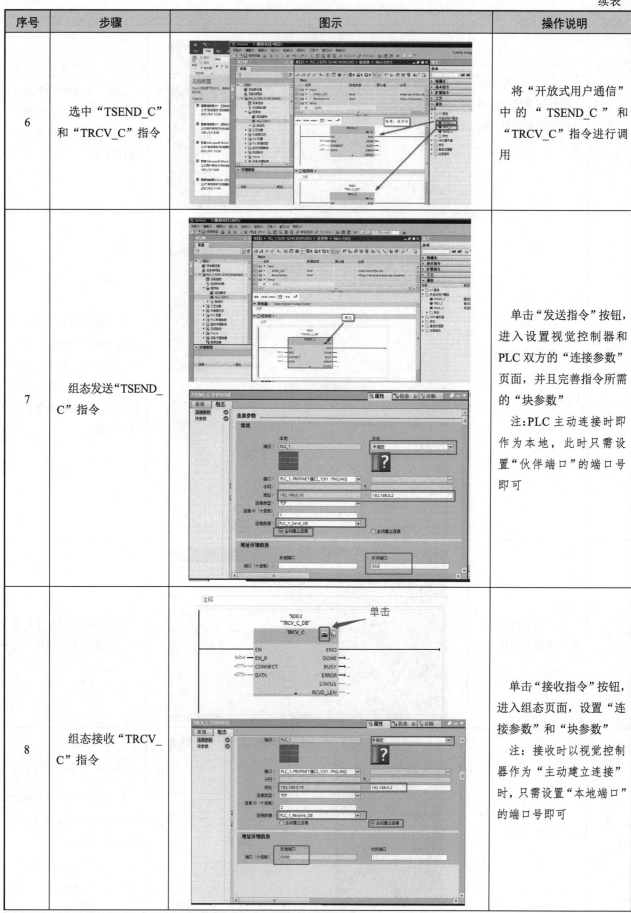	将"开放式用户通信"中的"TSEND_C"和"TRCV_C"指令进行调用
7	组态发送"TSEND_C"指令		单击"发送指令"按钮,进入设置视觉控制器和PLC双方的"连接参数"页面,并且完善指令所需的"块参数" 注:PLC主动连接时即作为本地,此时只需设置"伙伴端口"的端口号即可
8	组态接收"TRCV_C"指令		单击"接收指令"按钮,进入组态页面,设置"连接参数"和"块参数" 注:接收时以视觉控制器作为"主动建立连接"时,只需设置"本地端口"的端口号即可

续表

序号	步骤	图示	操作说明
9	调试软件测试组态是否成功	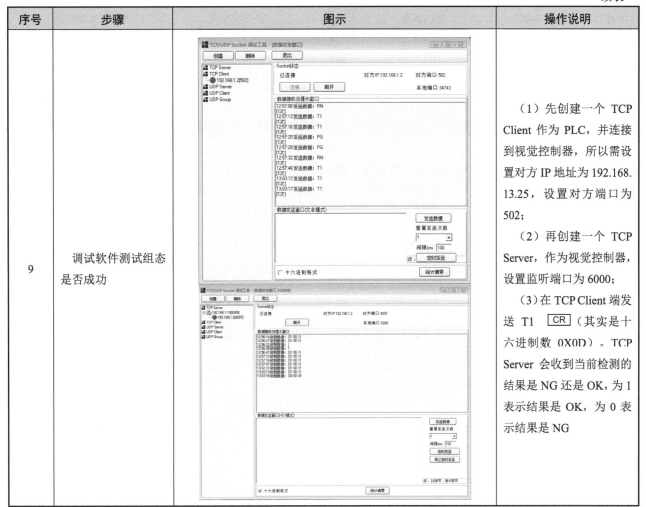	（1）先创建一个 TCP Client 作为 PLC，并连接到视觉控制器，所以需设置对方 IP 地址为 192.168.13.25，设置对方端口为 502； （2）再创建一个 TCP Server，作为视觉控制器，设置监听端口为 6000； （3）在 TCP Client 端发送 T1 [CR]（其实是十六进制数 0X0D），TCP Server 会收到当前检测的结果是 NG 还是 OK，为 1 表示结果是 OK，为 0 表示结果是 NG

任务测评

对任务实施的完成情况进行检查，并将结果填入表 7-3-5 中。

表7-3-5 任务测评表

序号	主要内容	考核项目	评分标准	配分	扣分	得分
1	视觉传感器检测模型与 PLC 的组态通信	博途 V13-SP1 软件的安装	1. 软件安装的操作方法和步骤正确； 2. 会使用博途 V13-SP1 软件	20 分		
		视觉控制器与 PLC 的组态	1. 视觉控制器与 PLC 的组态的操作方法及步骤正确； 2. 会在视觉系统中设置视觉控制器的 IP 地址； 3. 会在视觉系统中设置视觉控制器的自由码格式； 4. 会在视觉系统中设置 PLC 的 IP 地址及端口号； 5. 会根据要求进行 PLC 的选型；	70 分		

续表

序号	主要内容	考核项目	评分标准	配分	扣分	得分
1			6. 会调用"TSEND_C"和"TRCV_C"指令； 7. 会运用视觉传感器测试软件进行组态的测试； 8. 视觉控制器与PLC的组态一次成功			
2	安全文明生产	劳动保护用品穿戴整齐；遵守操作规程；操作结束要清理现场	1. 操作中，违反安全文明生产考核要求的任何一项扣2分，扣完为止； 2. 当发现学生有重大事故隐患时，要立即予以制止，并每次扣安全文明生产分5分	10分		
合 计						

任务4　视觉传感器检测模型的编程与调试

学习目标

◇ 知识目标：

1. 了解视觉传感器检测模型的工艺流程。

2. 掌握视觉传感器检测模型的PLC地址分配。

3. 掌握视觉传感器检测模型的编程与调试方法。

◇ 能力目标：

1. 能根据工艺流程完成视觉传感器检测模型的编程与调试。

2. 能根据故障现象完成视觉传感器检测模型常见故障的排除。

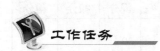

工作任务

本任务是通过学习，了解视觉传感器检测模型的工艺流程，掌握视觉传感器检测模型的编程与调试方法，并能根据要求，完成视觉传感器检测模型的编程与调试及常见故障的排除。

相关知识

一、视觉传感器检测模型的工艺流程

设备的标准运行方式和工作流程，统称为"工艺流程"。工艺流程的设定是人们根据实际生产要求及情况而制定的，要求能够明确生产任务，完善生产计划，为 PLC 提供逻辑控制原理及思路。

PLC 与视觉传感器检测模型正常接通适配电源后，将物料放置在待检测工位，按下"启动"按钮，视觉系统自动进行拍摄取样一次，然后系统分析并计算，最后将判断结果发送给 PLC，PLC 接收数据后，置位相应指示灯，同时将检测结果上传至云平台。

视觉传感器检测模型的工艺流程如图 7-4-1 所示。

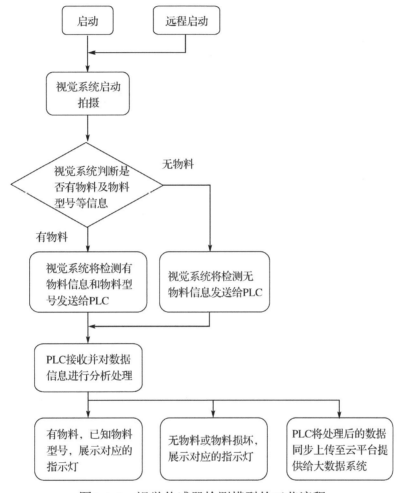

图7-4-1　视觉传感器检测模型的工艺流程

二、PLC 的 I/O 地址分配表

I/O 地址分配表是 PLC 与外部设备通信的依据，通过 I/O 地址分配表，可以定义设备上的电气元件所对应的 PLC 信号，既方便了设备的调试，又为 PLC 程序的编程提供了依据。PLC 的 I/O 地址分配表如表 7-4-1 所示。

表7-4-1　PLC的I/O地址分配表

序号	名称	地址	说明
1	启动	I0.0	视觉传感器接口盒启停按钮
2	停止	I0.1	

续表

序号	名称	地址	说明
3	远程启动	I100.0	云平台远程监控
4	远程停止	I100.1	
5	启动模式	Q0.0	PLC 模块输出指示灯
6	停止模式	Q0.1	
7	电机检测合格	Q0.7	
8	电机检测不合格	Q1.0	
9	启动状态	Q100.0	云平台远程监控
10	停止状态	Q100.1	
11	电机检测 OK	Q111.0	
12	电机检测 NG	Q111.1	

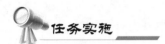

一、任务准备

实施本任务教学所使用的设备器材及工具仪表可参考表 7-1-5。

二、视觉传感器检测模型的编程

视觉传感器检测模型的编程的操作方法及步骤如下。

1. 创建新项目

打开博途 V13-SP1 软件，创建一个新项目，如图 7-4-2 所示。

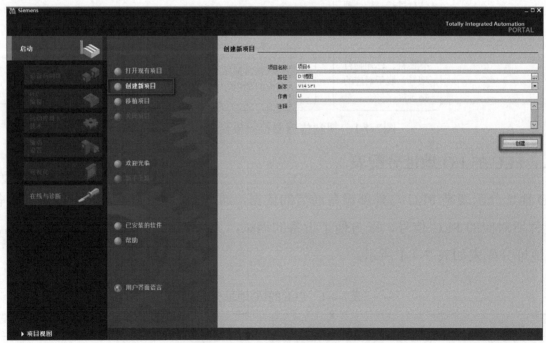

图7-4-2　创建新项目

2．添加 PLC

按照图 7-4-3 所示的步骤添加一个"1214C DC/DC/DC"系列 PLC，型号选用"V4.1"。

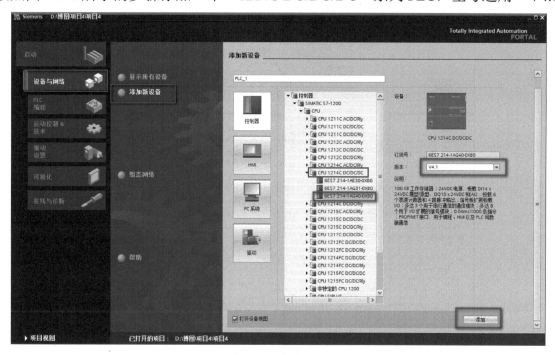

图7-4-3　添加PLC

3．添加 PLC 与视觉控制器通信指令

按照图 7-4-4 所示的提示，将"开放式用户通信"中的"TSEND_C"和"TRCV_C"指令进行调用。

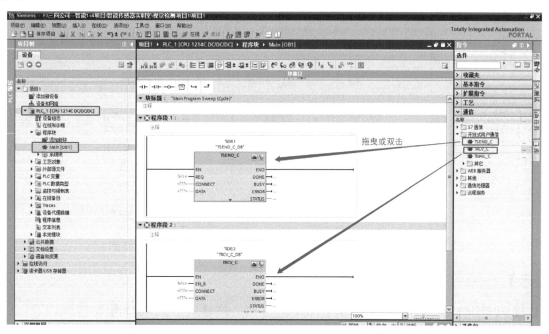

图7-4-4　"TSEND_C"和"TRCV_C"指令的调用

4．进行"TSEND_C"指令组态

单击如图 7-4-5 所示的界面中的"发送指令"按钮，进入设置视觉控制器和 PLC 双方的

"连接参数"设置界面，如图7-4-6所示，按照定义好的PLC与视觉控制器的IP 地址和端口号进行设置。

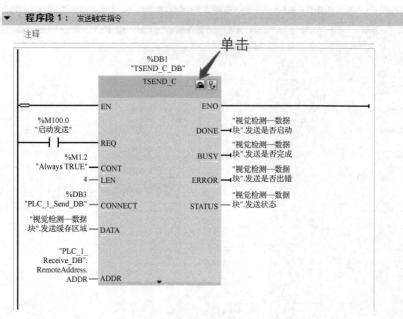

图7-4-5　发送触发指令界面

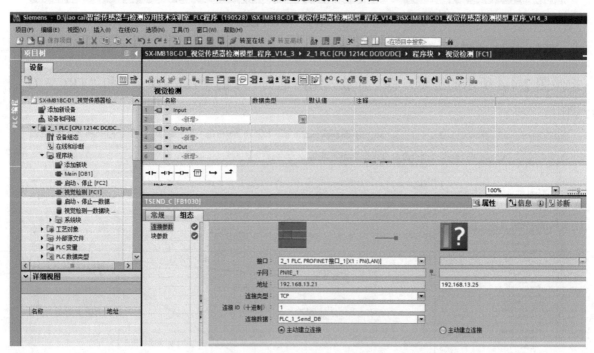

图7-4-6　视觉控制器和PLC双方的"连接参数"设置界面1

【操作提示】

　　PLC 主动连接时即作为本地，此时只需设置"伙伴端口"的端口号即可。

5．进行"TRCV_C"指令组态

单击如图 7-4-7 所示的界面中的"接收指令"按钮，进入设置视觉控制器和 PLC 双方的"连接参数"设置界面，如图 7-4-8 所示，按照定义好的 PLC 与视觉控制器的 IP 地址和端口号

进行设置。

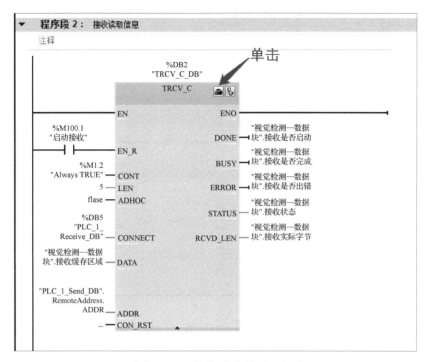

图7-4-7　接收读取信息界面

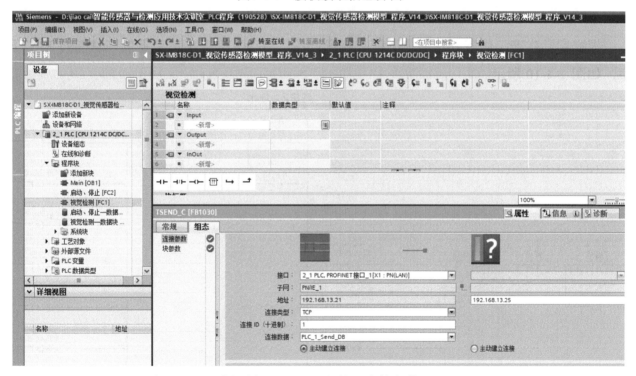

图7-4-8　视觉控制器和PLC双方的"连接参数"设置界面2

【操作提示】

PLC 主动连接时即作为本地，此时只需设置"伙伴端口"的端口号即可。

6．编辑"Main"主程序

直接拖曳子程序即可进入主程序框，如图 7-4-9 所示。

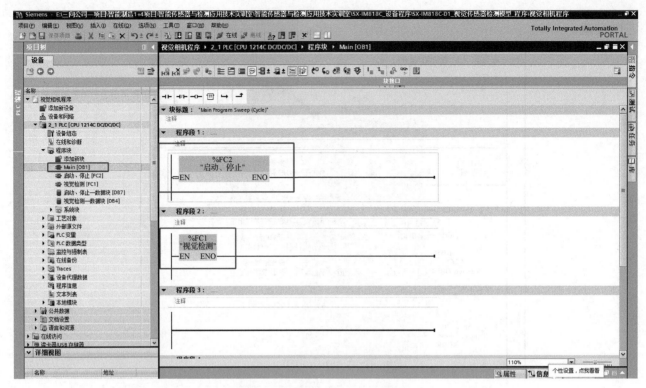

图7-4-9 编辑"Main"主程序

7. 编辑"启动""停止""复位"程序

根据实际生产工作需要及工艺流程，编辑设备"启动""停止""复位"功能的 PLC 程序，如图 7-4-10 所示。

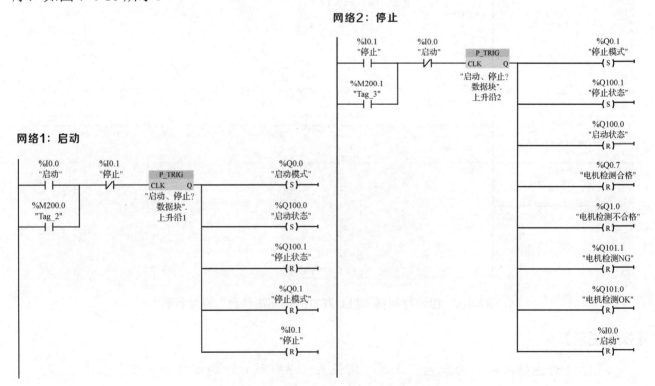

图7-4-10 "启动""停止""复位"程序

网络3：复位

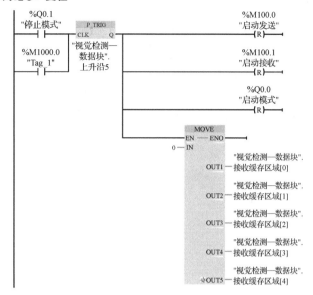

图7-4-10　"启动""停止""复位"程序（续）

8. 编辑视觉传感器物料检测程序

根据实际生产工作需要及工艺流程，编辑视觉传感器物料检测程序。视觉传感器物料检测程序如图 7-4-11 所示。

网络3：启动视觉

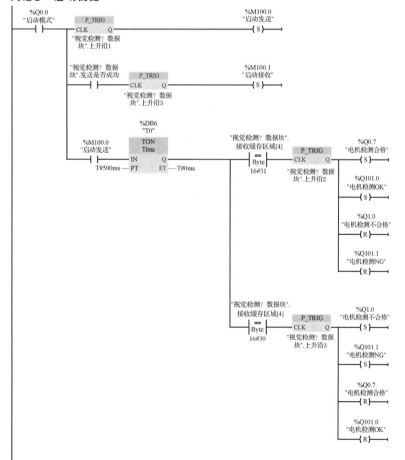

图7-4-11　视觉传感器物料检测程序

9．编辑触发指令等参数

在视觉传感器"数据块"中设置发送触发指令为54310D，如图7-4-12所示。

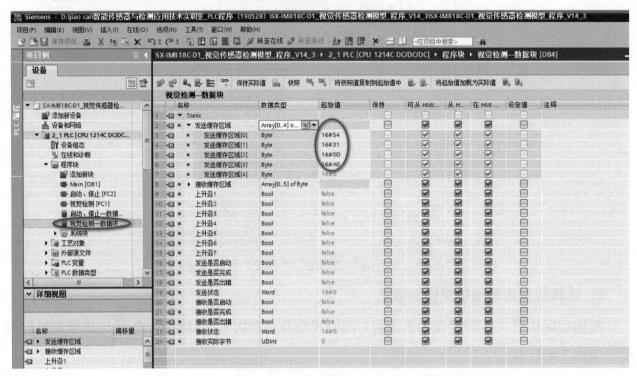

图7-4-12　编辑触发指令等参数

10．启动检测

将42A电机物料放置在待检测工位后，按下"启动"按钮，若界面如图7-4-13所示，则表示检测成功。

图7-4-13　物料检测成功界面

三、视觉传感器检测模型的调试

1．上电前的准备

视觉传感器检测模型调试上电前的准备工作如表7-4-2所示。

表7-4-2　视觉传感器检测模型调试上电前的准备工作

序号	步骤	图示	说明
1	准备好待检测物料		
2	准备好待检测工位底模，并在待检测工位固定好螺丝	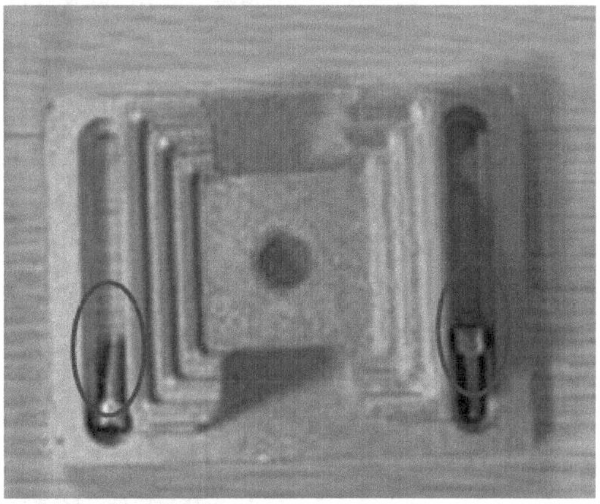	
3	在断电的情况下检查 PLC 模块与视觉传感器接口盒选插线连接是否有误，如果有误插，应及时更正	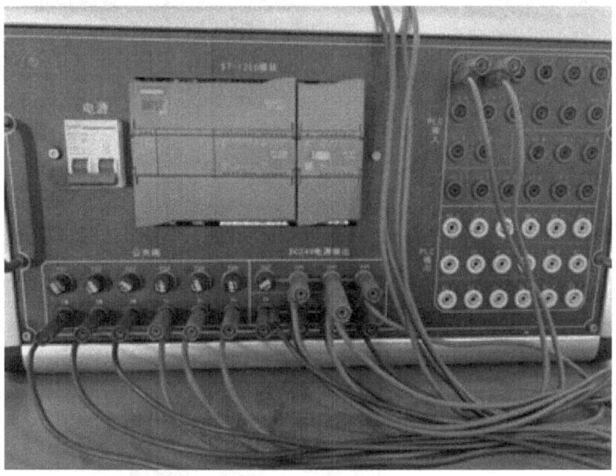 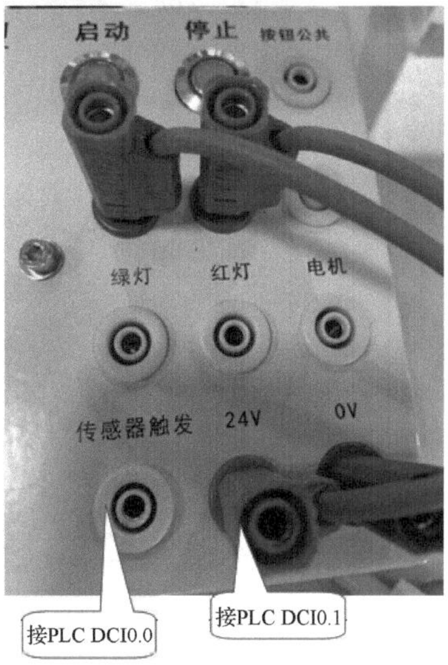	

序号	步骤	图示	说明
4	在断电的情况下检查PLC 模块中熔断器是否有损坏，如果有损坏，应及时更换	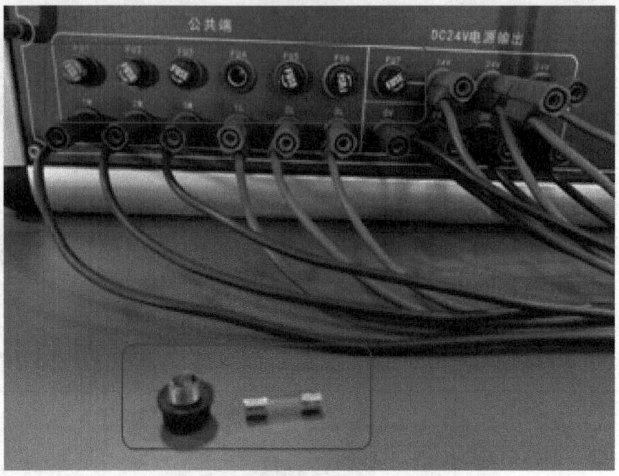	
5	在断电的情况下检查视觉控制器、视觉光源控制器电源连接是否有误，如果有误接，应及时更正	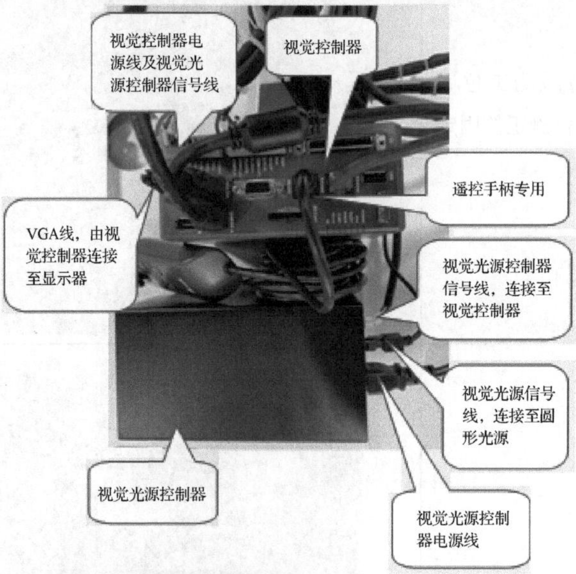 视觉控制器电源线及视觉光源控制器信号线 视觉控制器 遥控手柄专用 VGA线，由视觉控制器连接至显示器 视觉光源控制器信号线，连接至视觉控制器 视觉光源信号线，连接至圆形光源 视觉光源控制器 视觉光源控制器电源线	
6	在断电的情况下检查视觉控制器、PLC、计算机、交换机的网络通信线是否连接可靠	  视觉控制器网络通信线，连接至交换机 PLC网络通信线	

续表

序号	步骤	图示	说明
6		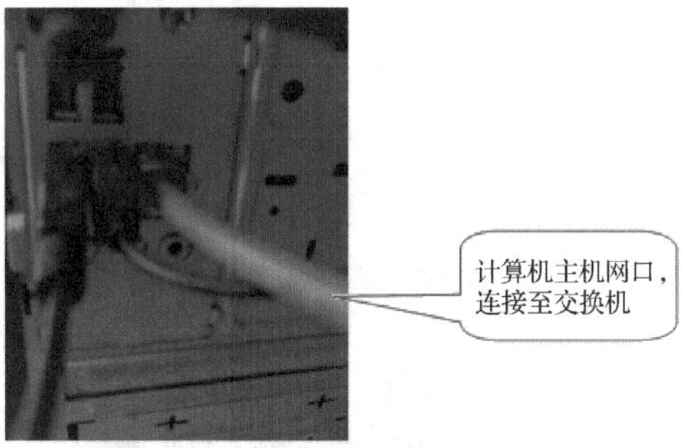 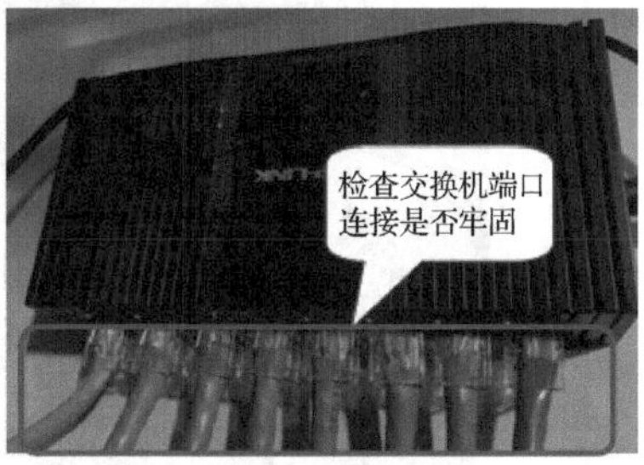 计算机主机网口，连接至交换机 检查交换机端口连接是否牢固	
7	在断电的情况下检查相机及镜头是否接线正常，同时镜头盖是否开启	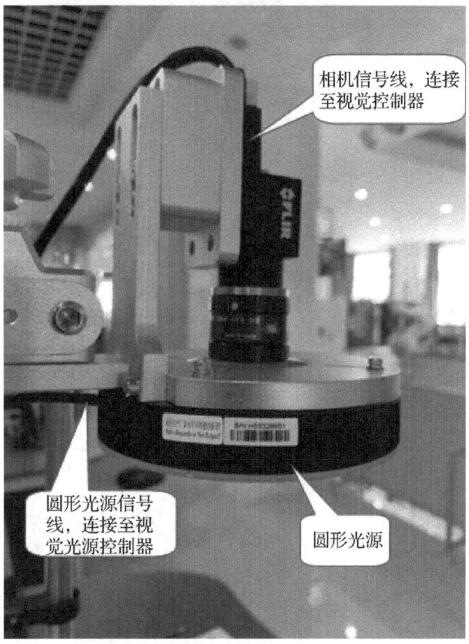 相机信号线，连接至视觉控制器 圆形光源信号线，连接至视觉光源控制器 圆形光源	
8	在断电的情况下检查接口盒中二极管是否有损坏，如果有损坏，应及时更换	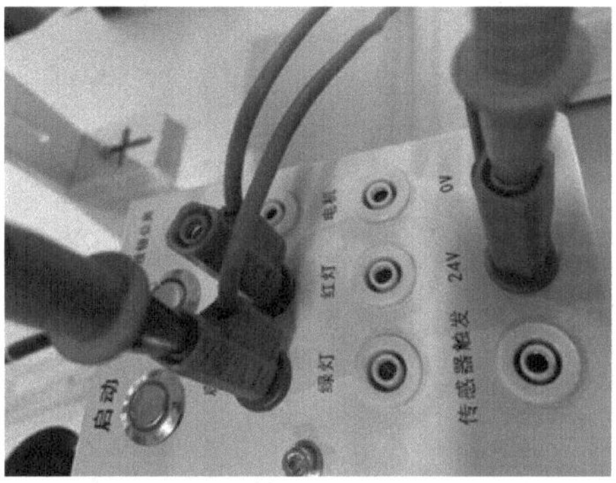	

2. 设备上电操作

视觉传感器检测模型调试上电操作的方法及步骤如表 7-4-3 所示。

表7-4-3　视觉传感器检测模型调试上电操作的方法及步骤

序号	步骤	图示	说明
1	闭合实训屏电源开关，使工业排插和交换机正常上电		
2	闭合 PLC 模块电源开关，使 PLC、视觉系统正常上电		
3	先将程序导入 PLC 中，再按下"启动"按钮，视觉系统自动拍摄图片并进行分析计算		

序号	步骤	图示	说明
4	视觉系统完成拍摄后，PLC 程序或显示器上展示检测结果，"OK"为检测成功，"NG"为检测失败		

3．设备断电操作

视觉传感器检测模型调试完毕后设备断电操作的方法及步骤如表 7-4-4 所示。

表7-4-4 视觉传感器检测模型调试完毕后设备断电操作的方法及步骤

序号	步骤	图示	说明
1	调试完毕，需要对相关设备进行断电操作，先断开 PLC 模块电源，此时视觉系统电源随之断开		
2	完成 PLC 模块断电操作和视觉系统断电操作后，即可将实训岛电源全部断开，以确保实训岛在结束学习后处于失电状态		

四、视觉传感器检测模型常见故障排除

视觉传感器检测模型调试故障查询表如表 7-4-5 所示。

表7-4-5　视觉传感器检测模型调试故障查询表

代码	故障现象	故障原因	解决办法
Er001	计算机显示器黑屏，指示灯不亮	无电源输入	检查电源进线
Er002	闭合 PLC 模块电源开关后，PLC 未启动	PLC 无电源输入	检查 PLC 是否连接 DC24V 电源
Er003	计算机正常启动后，无网络连接	交换机处于失电状态	检查交换机是否得电
		网络通信线故障	检查网络通信线是否中断
Er003	按下"启动"按钮后，视觉系统无拍摄行为	PLC 触发指令错误	检查 PLC 触发视觉拍摄指令是否正确
		PLC 组态程序	检查 PLC 与视觉系统的组态程序、IP 地址、端口号是否正确
		视觉控制器与 PLC 网络通信中断	检查视觉控制器与 PLC 之间的网络通信线是否正常连接
Er004	按下"启动"按钮后，视觉系统已拍摄，但无数据回传给 PLC	PLC 接收数据错误	检查 PLC 接收数据指令是否正常

 任务测评

对任务实施的完成情况进行检查，并将结果填入表 7-4-6 中。

表7-4-6　任务测评表

序号	主要内容	考核项目	评分标准	配分	扣分	得分
1	视觉传感器检测模型的编程与调试	视觉传感器检测模型的编程	1. 视觉传感器检测模型的编程的操作方法及步骤正确； 2. 设备"启动""停止""复位"功能的 PLC 程序设计正确； 3. 视觉传感器物料检测程序设计正确	40分		
		视觉传感器检测模型的调试	1. 视觉传感器检测模型的调试方法及步骤正确； 2. 视觉传感器检测模型调试上电前的准备和检查正确完善； 3. 视觉传感器检测模型调试上电操作的方法及步骤正确； 4. 视觉传感器检测模型调试断电操作的方法及步骤正确； 5. 视觉传感器检测模型的功能正确	30分		
		故障检测	1. 故障分析方法和思路正确； 2. 故障检测方法及步骤正确； 3. 仪表及工具的使用方法正确； 4. 能排除调试过程中出现的故障	20分		

续表

序号	主要内容	考核项目	评分标准	配分	扣分	得分
2	安全文明生产	劳动保护用品穿戴整齐；遵守操作规程；操作结束要清理现场	1. 操作中，违反安全文明生产考核要求的任何一项扣2分，扣完为止； 2. 当发现学生有重大事故隐患时，要立即予以制止，并每次扣安全文明生产分5分	10分		
合　计						

项目8

激光传感器检测系统的搭建

项目目标

✧ 知识目标：

1. 掌握激光传感器的工作过程及使用方法。

2. 了解激光传感器的基本组成。

3. 熟悉激光传感器的基本应用。

4. 掌握简单的激光传感器检测系统的搭建方法。

✧ 能力目标：

1. 能根据控制要求，完成激光传感器检测模型的电气连接与操作。

2. 会设置激光传感器检测模型的参数。

3. 能根据控制要求，完成激光传感器检测系统的搭建。

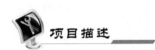

项目描述

激光传感器主要通过激光的光学特性，利用激光检测和扫描待检测物料，通过系统对检测的数据信息进行计算和分析，从而判断待检测物料的产品型号、外观尺寸、外观光洁度等。本项目主要包括激光传感器检测模型的电气连接与参数设置、激光传感器检测模型的测量计算、激光传感器检测模型的编程与调试3个任务，要求学生通过3个任务的学习，进一步掌握激光传感器的工作过程及使用方法，加深理解激光传感器的基本组成，掌握激光传感器的基本应用，学会搭建简单的激光传感器检测系统，并能够进行简单的应用。

激光传感器检测模型如图 8-0-1 所示，现要求搭建一个激光传感器检测系统，具体要求如下。

（1）启动检测前，完成激光传感器接口盒与 PLC 的电气连接，检查激光传感器检测模型的电气连接是否有误等。

（2）完成电气连接后，将待检测物料和底模放置在皮带上，按下"启动"按钮，待检测物料随皮带运行，激光传感器检测到物料时，电机停止，皮带停止运行。

（3）激光传感器将检测到的数据发送给 PLC，PLC 分析计算并判断待检测物料的型号等信息，并且置位对应指示灯，同时将判断结果上传至云平台。

（4）按下"停止"按钮，即可终止检测过程，同时对数据进行清除复位操作。

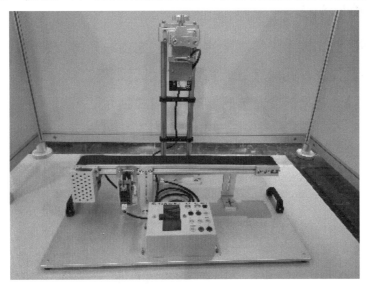

图8-0-1　激光传感器检测模型

任务 1　激光传感器检测模型的电气连接与参数设置

学习目标

　◇ 知识目标：

　　1. 了解激光传感器的定义及分类。

　　2. 了解常见激光传感器的特点。

　　3. 掌握常见激光传感器的主要原理及应用。

　　4. 掌握激光传感器的电路连接及参数设置方法。

　◇ 能力目标：

　　1. 能根据电气原理图，完成激光传感器检测模型的电路连接。

　　2. 能根据控制要求，完成激光传感器检测模型检测数值的设置。

工作任务

　　本任务是通过学习，了解激光传感器的分类、特点及应用，掌握激光传感器检测系统的组成和功能参数的设置方法，并能完成激光传感器模型的电气连接与操作及检测数值的设置。

相关知识

一、激光传感器的概念

激光传感器是利用激光技术进行测量的传感器。它由激光器、激光检测器和测量电路组成。激光传感器是新型测量仪表，其优点是能实现无接触远距离测量、速度快、精度高、量程大、抗光、电干扰能力强等。常见的激光传感器如图 8-1-1 所示。

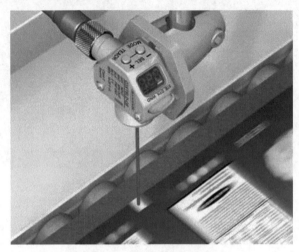

图8-1-1　常见的激光传感器

激光与普通光不同，需要用激光器产生。激光器的工作物质，在正常状态下，多数原子处于稳定的低能级 E_1，在适当频率的外界光的作用下，处于低能级的原子吸收光子能量激发而跃迁到高能级 E_2。光子能量 $E=E_2-E_1=h\nu$，式中，h 为普朗克常数，ν 为光子频率。反之，在频率为 ν 的光的诱发下，处于高能级 E_2 的原子会跃迁到低能级释放能量而发光，这个过程称为受激辐射。激光器首先使工作物质的多数原子处于高能级（粒子数反转分布），就能使受激辐射过程占优势，从而使频率为 ν 的诱发光得到增强，并可通过平行的反射镜形成雪崩式的放大作用而产生大的受激辐射光，简称"激光"。激光具有以卜 3 个特点。

（1）高方向性（高定向性，光速发散角小），激光束在几千米外的扩展范围不过几厘米。

（2）高单色性，激光的频率宽度比普通光小 1/10。

（3）高亮度性，利用激光束会聚，最高可产生达几百万度的温度。

激光器按工作物质可分为固体激光器、气体激光器、液体激光器和半导体激光器。

1. 固体激光器

固体激光器的工作物质是固体。常用的固体激光器有红宝石激光器、掺钕的钇铝石榴石激光器（YAG 激光器）和钕玻璃激光器等。它们的结构大致相同，特点是小而坚固、功率高，钕玻璃激光器是目前脉冲输出功率最高的器件，已达到数十兆瓦。一般说来，固体激光器的尺寸比气体激光器小，工作寿命比气体激光器长。固体激光器如图 8-1-2 所示。

图8-1-2　固体激光器

2．气体激光器

气体激光器的工作物质为气体，现已有各种气体原子、离子、金属蒸气、气体分子激光器。常用的气体激光器有二氧化碳激光器、氦氖激光器和一氧化碳激光器，其形状如普通放电管，特点是输出稳定，单色性好，寿命长，但功率较小，转换效率较低。气体激光器一般用气体放电激励，在直流的激光管中，必须有一个放电的阴极和阳极。谐振腔一般采用稳定的共心腔，一端为全反射镜，另一端为输出端（部分反射镜）。气体激光器如图 8-1-3 所示。

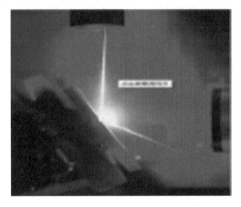

图8-1-3　气体激光器

3．液体激光器

液体激光器又可分为螯合物激光器、无机液体激光器和有机染料激光器，其中最重要的是有机染料激光器，如图 8-1-4 所示，它的最大特点是波长连续可调。

图8-1-4　有机染料激光器

目前应用比较广泛的是有机染料激光器。它以染料作为激光工作物质，染料盒中使用的染料，大多溶于乙醇、苯、水及其他溶剂。激发手段主要包括采用巨脉冲的激光器或采用特种电源装置的闪光灯。

有机染料激光器具有独特的输出特性：①输出激光谱线宽；②光束发散角小；③激光输出波长可移动（可调谐）；④某两种染料混合可以产生输出新波长的染料；⑤激活离子密度大，增益系数高，可得到较高输出功率。另外，有机染料激光器还具有价格便宜、能量转换效率高、光学均匀性好、冷却方便的特性。

4．半导体激光器

图8-1-5　砷化镓激光器

半导体激光器是用半导体材料作为工作物质的激光器。常见的半导体激光器有砷化镓激光器，如图 8-1-5 所示。半导体产生激光的方法有 P-N 结注入、电子束激发、光激发及雪崩式击穿等。

二、激光传感器的主要原理及应用

激光传感器常用于长度、距离、振动、速度、方位等物理量的测量，还可用于探伤和大气污染物的监测等。总之，激光传感器的应用领域越来越广泛，下面介绍两种激光传感器的主要原理及应用。

1．激光位移传感器

激光位移传感器能够利用激光的高方向性、高单色性和高亮度等特点实现无接触远距离测量。激光位移传感器（磁致伸缩位移传感器）就是利用激光的这些特点制成的新型测量仪表，它的出现，使位移测量的精度、可靠性得到极大的提高，也为非接触位移测量提供了有效的测量方法。

1）激光三角法测量原理

图 8-1-6 所示为激光三角法测量原理图。激光三角法的测量原理如下。

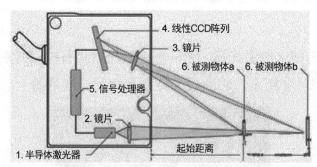

图8-1-6　激光三角法测量原理图

半导体激光器（1）产生的激光被镜片（2）聚焦到被测物体（6）。反射光被镜片（3）收集，投射到线性 CCD 阵列（4）上；信号处理器（5）通过三角函数计算线性 CCD 阵列（4）上的光点位置得到半导体激光器与被测物体的距离。

激光发射器通过镜头将可见红色激光射向物体表面，经物体反射的激光通过接收器镜头，被内部的 CCD 线性相机接收，根据不同的距离，CCD 线性相机可以在不同的角度下"看见"

这个光点。根据这个角度可知激光和相机之间的距离，信号处理器就能计算出传感器和被测物体之间的距离。

同时，光束在接收元件的位置通过模拟和数字电路处理，并通过微处理器分析，计算出相应的输出值，在用户设定的模拟量窗口内，按比例输出标准数据信号。如果使用开关量输出，则在设定的窗口内导通，窗口之外截止。另外，模拟量与开关量输出可设置独立检测窗口。

2）激光回波分析法测量原理

激光位移传感器采用回波分析原理测量距离，可以达到一定程度的精度。传感器内部是由处理器单元、回波处理单元、激光发射器、激光接收器等组成。激光位移传感器通过激光发射器每秒发射一百万个脉冲到被测物体并返回激光接收器，处理器单元计算激光脉冲遇到被测物体并返回激光接收器所需的时间，以此计算出距离值，该值是上千次的测量结果的平均输出值。激光回波分析法测量原理如图8-1-7所示。

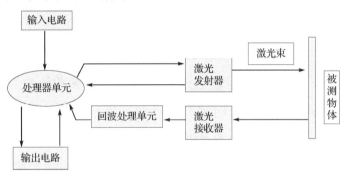

图8-1-7 激光回波分析法测量原理

3）激光位移传感器的应用

激光位移传感器的应用主要有以下几个方面。

（1）尺寸测定。微小零件的位置识别；传送带上有无零件的检测；材料重叠和覆盖的探测；机械手位置（工具中心位置）的控制；器件状态检测；器件位置的探测（通过小孔）；液位的检测；厚度的测量；振动分析；碰撞试验测量；汽车相关试验等。

（2）金属薄片（薄板）的厚度测量。用激光传感器测量金属薄片（薄板）的厚度，厚度的变化检出有助于发现皱纹、小洞或者重叠，以避免机器发生故障。

（3）气缸筒的测量。测量角度、长度、内外直径偏心度、圆锥度、同心度及表面轮廓。

（4）长度的测量。将测量的组件放在指定位置的传送带上，激光传感器检测到该组件并与触发的激光扫描仪同时进行测量，最后得到组件的长度。

（5）均匀度的检查。在要测量的工件运动的倾斜方向一行放几个激光位移传感器，直接通过一个传感器进行度量值的输出，另外也可以用一个软件计算出度量值，并根据信号或数据读出结果。

（6）电子元件的检查。用两个激光扫描仪，将被测元件摆放在两者之间，最后通过传感器读出数据，从而检测出该元件尺寸的精确度及完整性。

（7）生产线上灌装级别的检查。激光位移传感器集成到灌装产品的生产制造中，当灌装产品经过传感器时，就可以检测到产品是否填充满。传感器用激光束反射表面的扩展程序就能精确地识别灌装产品填充是否合格及产品的数量。

2．激光测距传感器

激光测距传感器的原理与无线雷达相同，将激光对准目标发射出去后，测量它的往返时间，再乘以光速即可得到往返距离。由于激光具有高方向性、高单色性和高功率等优点，这些对于测远距离、判定目标方位、提高接收系统的信噪比、保证测量精度等都是很关键的，因此激光测距传感器日益受到重视。

1）激光测距传感器的原理

激光测距实际上是一种主动光学探测方法。主动光学探测的探测机制：由探测系统向目标发射波束（在光学探测中，一般是红外线或者可见光），波束被目标表面反射产生回波信号。回波信号直接或间接地包含待测信息。接收与信号处理系统通过接收和分析回波信号，获得被测量。图 8-1-8 是脉冲激光测距系统简图，该系统的工作原理如下：人机操作发出测距指令，触发激光器发出激光脉冲，一小部分能量透过分光镜，作为参考脉冲直接送到脉冲采集系统，作为计时的起始点，启动数字式测距计时器开始计时；另一部分能量由折射棱镜反射，射向目标。一般发射前端有望远光学系统，为的是减少发射光束的发散角，以提高光能面密度，增大工作距离，还可以减少背景和周围非目标物的干扰。到达目标的激光束有一部分被表面漫反射回测距仪；经接收物镜和光学滤波器，到达光探测器 APD，窄带光学滤波器的主要作用是充分利用激光优良的单色性，提高系统的信噪比；光探测器 APD 将光学信号转换为电信号，然后将电信号进行信号放大、滤波整形。整形后的回波信号关闭时间间隔处理模块，使其停止计时。这样，根据时间间隔处理的结果 t 即可计算出待测目标的距离 L：

$$L = ct/2 \tag{8-1-1}$$

式中，c 为光速。图 8-1-8 中，滤光片和光圈可以减少背景及杂散光的影响，降低光探测器输出信号中的背景噪声。根据式（8-1-1），脉冲测距精度 ΔL 可以表示为

$$\Delta L = c\Delta t/2 \tag{8-1-2}$$

由式（8-1-2）可知，系统处理的时间间隔精度 Δt 直接决定了脉冲激光测距系统的脉冲测距精度 ΔL。

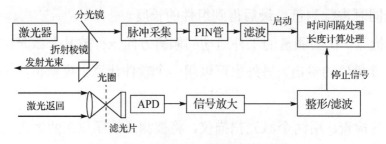

图8-1-8　脉冲激光测距系统简图

2）激光测距传感器的应用

（1）汽车防碰撞系统。

一般来说，大多数现有汽车防碰撞系统的激光测距传感器使用激光光束以不接触方式用于识别汽车在前或者在后行驶的目标汽车之间的距离，当汽车间距小于预定安全距离时，汽车防碰撞系统对汽车进行紧急刹车，或者发出警报，或者综合目标汽车速度、车距、汽车制动距离、响应时间等对汽车行驶进行即时的判断和响应，可以大量地减少行车事故。在高速公路上使用，其优点更加明显。

（2）车流量监控。

车流量监控示意图如图8-1-9所示，车流量监控装置一般固定到高速或者重要路口的龙门架上，激光发射器和接收器垂直地面向下，对准一条车道的中间位置，当有车辆通行时，激光测距传感器能实时输出所测得的距离值的相对改变值，进而描绘出所测车辆的轮廓。这种测量方式的测距范围一般小于 30m，且要求激光测距速率比较高，一般要求能达到 100Hz 就可以了。这对于在重要路段监控可以达到很好的效果，能够区分各种车型，对车身高度扫描的采样率可以达到 10cm/点（在 40km/h 时，采样率为 11cm/点）。激光测距传感器对车辆限高、限长、分型等都能实时分辨，并能快速输出结果。

图8-1-9　车流量监控示意图

三、激光传感器检测模型

本任务的激光传感器检测模型主要包含激光传感器、激光传感器接口盒、激光传感器检测模型组件。

1. 激光传感器

激光传感器需外接 DC24V 电源进行供电，检测距离为 100～1000mm，自带显示屏双行 8 字段显示，可见 2 级激光，输出方式为 0～10V 模拟量、开关量，开关量可设定为 NPN 或者 PNP，适用于循环控制、卷径测量、厚度测量、定位等。图 8-1-10 所示为激光传感器设定界面。

图8-1-10　激光传感器设定界面

2. 激光传感器电路连接

激光传感器一共 5 根线：棕色线、白色线、蓝色线、黑色线、灰色线。其中，棕色线连接 DC24V 电源，蓝色线连接 DC0V 电源，黑色线为开关量输出线（此模型未采用），白色线为模拟量输出线（连接 PLC 模拟量输入端），灰色线为远程示教线（此模型未采用）。图 8-1-11 所示为激光传感器电路连接图。

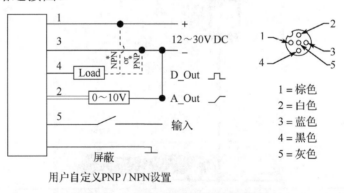

图8-1-11　激光传感器电路连接图

三、激光传感器功能设定

1. 激光传感器面板按键

激光传感器面板按键示意图如图 8-1-12 所示。使用面板上的上下键、确认键和返回键，即可进行参数设置：通过上下键，可进入快速设置模式；通过确认键，可进入主菜单设置模式。

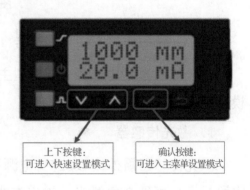

图8-1-12　激光传感器面板按键示意图

2. 激光传感器快速设置模式

激光传感器快速设置模式如图 8-1-13 所示。

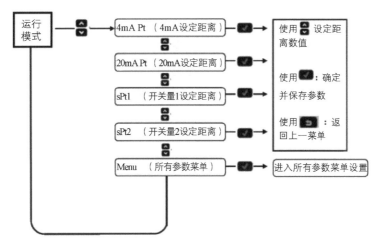

图8-1-13　激光传感器快速设置模式

3．激光传感器主菜单设置模式

激光传感器主菜单设置模式如图 8-1-14 所示。

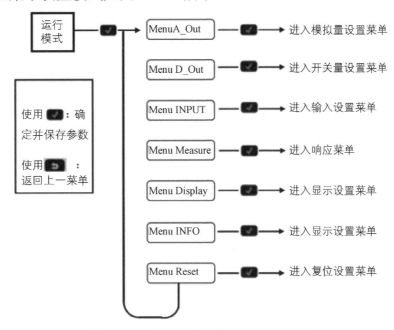

图8-1-14　激光传感器主菜单设置模式

一、任务准备

实施本任务教学所使用的设备器材及工具仪表可参考表 8-1-1。

表8-1-1　设备器材及工具仪表

序号	分类	名称	型号规格	数量	单位	备注
1		万用表		1	块	
2	工具仪表	常用电工工具		1	套	
3		卷尺	1m 以上	1	卷	

续表

序号	分类	名称	型号规格	数量	单位	备注
4	设备器材	激光传感器	LE550U（输出 0～10V）	1	个	
5		快插线		若干	根	
6		PLC	S7-1200	1	台	
7		直流减速电机	Z2D10-24GN-2GN-50K	1	台	
8		激光传感器接口盒		1	个	
9		铝制拉手	铝孔距 90mm	2	个	
10		锥形橡胶脚垫	25mm×20mm×13mm 黑色	4	个	
11		激光传感器模型组件		1	套	

二、激光传感器检测模型的电气线路安装

按照图 8-1-15 所示的激光传感器接口盒电气原理图和如图 8-1-16 所示的激光传感器电气原理图，进行激光传感器检测模型的电气线路安装，具体的电气线路安装方法如表 8-1-2 所示。

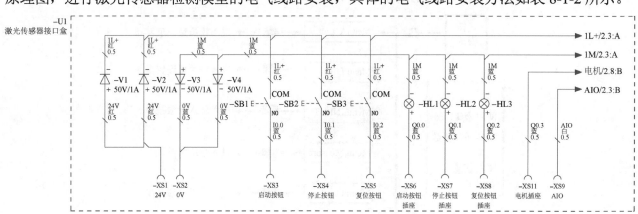

图8-1-15　激光传感器接口盒电气原理图

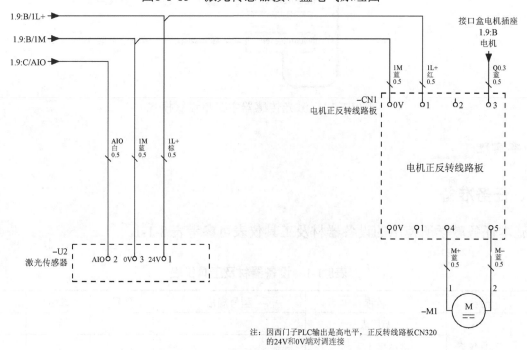

注：因西门子PLC输出是高电平，正反转线路板CN320的24V和0V端对调连接

图8-1-16　激光传感器电气原理图

表8-1-2　激光传感器检测模型的电气线路安装方法

序号	元器件名称	图示	安装说明
1	激光传感器接口盒		（1）激光传感器电源线连接至接口盒； （2）选插线一端连接至激光传感器接口盒，另一端连接至 PLC 模块
2	PLC 模块		选插线一端连接至 PLC 模块，另一端连接至激光传感器接口盒

三、激光传感器检测模型检测数值设置

激光传感器检测模型检测数值设置方法及步骤如表 8-1-3 所示。

表8-1-3　激光传感器检测模型检测数值设置方法及步骤

序号	项目内容	图示	操作说明
1	设置 0V 参数		按下向下按键一次，即可快速设置 0V 对应的测量距离

续表

序号	项目内容	图示	操作说明
2	设置 10V 参数		快速按下向下按键两次，即可快速设置 10V 对应的测量距离

任务测评

对任务实施的完成情况进行检查，并将结果填入表 8-1-4 中。

表8-1-4 任务测评表

序号	主要内容	考核项目	评分标准	配分	扣分	得分
1	激光传感器检测模型的电气连接与参数设置	电气线路安装	1. 激光传感器检测模型的电气线路安装方法及步骤正确； 2. 激光传感器接口盒的接线正确； 3. 激光传感器电源线接线正确； 4. 激光传感器检测模型的 PLC 模块接线正确	45 分		
		检测数值设置	1. 激光传感器检测模型检测数值设置方法及步骤正确； 2. 设置 0V 参数的操作方法及结果正确； 3. 设置 10V 参数的操作方法及结果正确	45 分		
2	安全文明生产	劳动保护用品穿戴整齐；遵守操作规程；操作结束要清理现场	1. 操作中，违反安全文明生产考核要求的任何一项扣 2 分，扣完为止； 2. 当发现学生有重大事故隐患时，要立即予以制止，并每次扣安全文明生产分 5 分	10 分		
合　计						

任务 2　激光传感器检测模型的测量计算

◇ 知识目标：

1．了解激光传感器测距的应用。

2．了解西门子 S7-1200 PLC 的模拟量及模拟量转换原理。

3．掌握"SCALE_X"和"NORM_X"两条模拟量指令的功能与使用。

4．掌握激光传感器检测模型模拟量组态设置方法。

◇ 能力目标：

能根据控制要求完成激光传感器检测模型模拟量组态设置。

激光传感器检测模型通过模拟量输出，实时采集测距数值，将数据同步发送给 PLC，PLC 接收数据进行分析计算并判断待检测物料的型号信息等。本任务是通过学习，了解激光传感器测距的应用，掌握 PLC 的模拟量及模拟量转换原理，并能通过"SCALE_X"和"NORM_X"两条模拟量指令，完成激光传感器检测模型模拟量组态设置。

一、激光传感器测距的应用

1．模拟量

本模型配套 PLC 为西门子 S7-1200 PLC，其内部集成了 2 路模拟量信号输入通道，"A1""A2"能够同时处理 2 路模拟量信号，对应软件地址为"IW64""IW66"。

2．模拟量转换原理

PLC 模拟量输入有效值在 0～27 648 范围内，温度传感器测得的数值转换为 0～10V 连续电压信号输入 PLC，其中 0V 表示温度传感器测量值的 0℃，10V 表示温度传感器测量值的 100℃。模拟量经 PLC 内部的 A/D 转换后变成一个范围为 0～27 648 的数字量储存在特定的寄存器。模拟量转换原理如图 8-2-1 所示。

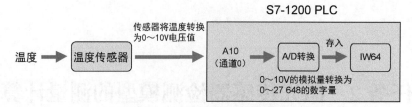

图8-2-1　模拟量转换原理

二、激光传感器的模拟量指令

模拟量信号转换就是将现场的模拟量信号转换成工程值，如将 0～20mA、0～10V 等现场变送器的电流或者电压信号转换为 0～10MPa、0～100℃ 等工程值。完成这种转换需要用到 S7-1200 PLC 中的"SCALE_X"和"NORM_X"两条帮助转换的模拟量指令。

1. 标准化指令（SCALE_X）

标准化指令的功能是通过将输入 VALUE 中变量的值映射到线性标尺来对其进行标准化，可以使用参数"MIN""MAX"定义范围的限值，输出 OUT 中的结果经过计算并储存为浮点数，这取决于要标准化的值在该值范围中的位置，如果要标准化的值等于 MIN，则输出 OUT 将返回值 0.0；如果要标准化的值等于 MAX，则输出 OUT 将返回值 1.0；如果用于模拟量转换，则 MIN 和 MAX 表示模拟量输入信号对应的数字范围，而输入 VALUE 表示模拟量的采用值，如图 8-2-2 所示。

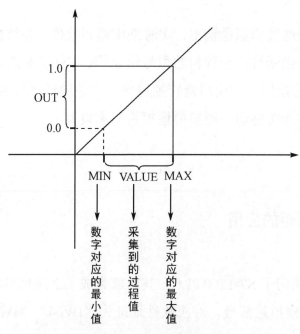

图8-2-2　模拟量的转换

2. 缩放指令（NORM_X）

缩放指令的功能是通过将输入 VALUE 的值映射到指定的值范围来对其进行缩放。当执行缩放指令时，输入 VALUE 的浮点值会缩放到由参数 MIN 和 MAX 定义的值范围，缩放结果为整数，储存在输出 OUT 中，如图 8-2-3 所示。

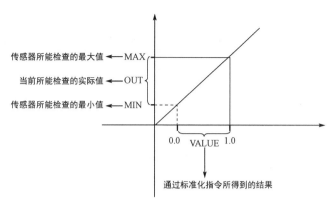

图8-2-3　缩放指令

任务实施

一、任务准备

实施本任务教学所使用的设备器材及工具仪表可参考表 8-1-1。

二、激光传感器检测模型模拟量组态设置

1．创建新项目

打开博途 V13-SP1 软件，创建一个新项目，如图 7-4-2 所示。

2．添加 PLC

按照图 7-4-3 所示的步骤添加一个"1214C DC/DC/DC"系列 PLC，型号选用"V4.1"。

3．查看模拟量通道地址

右击如图 8-2-4 所示的项目树"设备"窗口中的"4_1 PLC[CPU 1214C DC/DC/DC]"选项，弹出如图 8-2-5 所示的对话框，在"常规"选项卡中可查看模拟量通道地址等信息。

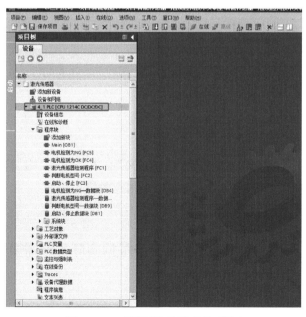

图8-2-4　项目树"设备"窗口

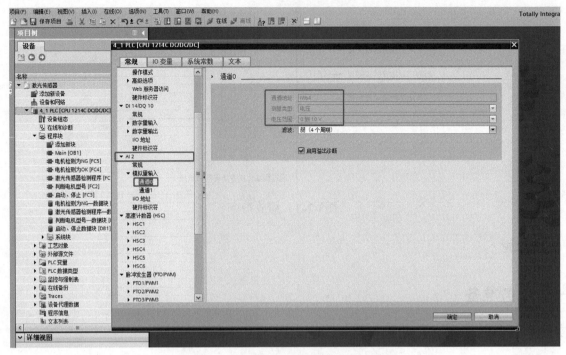

图8-2-5　查看模拟量通道地址等信息

4．添加模拟量指令

按照图 8-2-6 所示的界面中的顺序将模拟量指令添加至新建程序中。

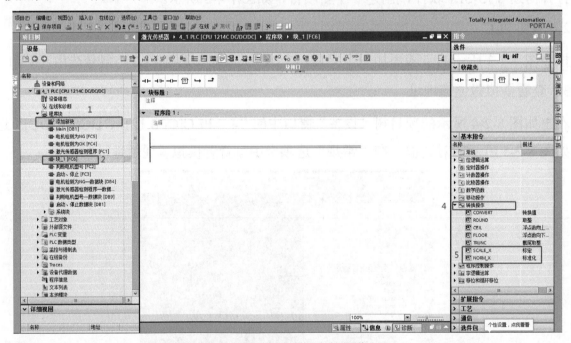

图8-2-6　添加模拟量指令的操作界面

5．组态模拟量指令

按照图 8-2-7 所示的界面，将两条模拟量指令根据实际生产需要进行设置。

图8-2-7　组态模拟量指令界面

对任务实施的完成情况进行检查，并将结果填入表 8-2-1 中。

表8-2-1　任务测评表

序号	主要内容	考核项目	评分标准	配分	扣分	得分
1	激光传感器检测模型的测量计算	激光传感器检测模型模拟量组态设置	1．激光传感器检测模型模拟量组态设置方法及步骤正确； 2．会通过博途 V13-SP1 软件添加 PLC； 3．会通过博途 V13-SP1 软件查看模拟量通道地址； 4．会通过博途 V13-SP1 软件添加模拟量指令； 5．会通过模拟量指令进行组态设置； 6．激光传感器检测模型模拟量组态设置正确	90 分		
2	安全文明生产	劳动保护用品穿戴整齐；遵守操作规程；操作结束要清理现场	1．操作中，违反安全文明生产考核要求的任何一项扣 2 分，扣完为止； 2．当发现学生有重大事故隐患时，要立即予以制止，并每次扣安全文明生产分 5 分	10 分		
合　计						

任务 3　激光传感器检测模型的编程与调试

◇ 知识目标：

1．了解激光传感器检测模型的工艺流程。

2．掌握激光传感器检测模型的 PLC 编程设计方法。

3．掌握激光传感器检测模型的调试方法。

◇ 能力目标：

1．能根据工艺流程，完成激光传感器检测模型的 PLC 编程设计。

2．能根据控制要求，完成激光传感器检测模型的调试。

3．能针对故障现象，完成激光传感器检测模型的调试过程中的故障排除。

本任务是通过学习，了解激光传感器检测模型的工艺流程，掌握激光传感器检测模型的编程与调试方法，并能根据工艺流程，完成激光传感器检测模型的编程与调试。

一、激光传感器检测模型的工艺流程

PLC 与激光传感器检测模型正常接通适配电源后，将待检测物料同底模放置在皮带上，按下"启动"按钮，电机带动皮带运行。激光传感器检测到物料后，电机停止运行，激光传感器将检测到的数据发送给 PLC，PLC 接收数据并进行分析和计算，最后判断电机型号，置位相应指示灯，同时将检测结果上传至云平台。

激光传感器检测模型的工艺流程如图 8-3-1 所示。

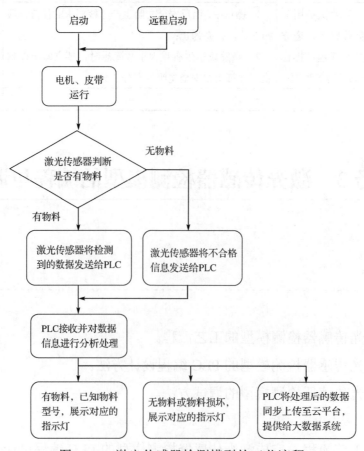

图8-3-1　激光传感器检测模型的工艺流程

二、PLC 的 I/O 地址分配表

PLC 的 I/O 地址分配表如表 8-3-1 所示。

表8-3-1　PLC的I/O地址分配表

序号	名称	地址	说明
1	启动	I0.0	激光传感器接口盒启停按钮
2	停止	I0.1	
3	远程启动	I100.0	云平台远程监控
4	远程停止	I100.1	
5	启动模式	Q0.0	PLC 启动指示灯
6	停止模式	Q0.1	PLC 停止指示灯
7	电机运转	Q0.2	电机运转指示灯
8	检测失败	Q0.3	检测失败指示灯
9	42A	Q0.4	42A 型电机检测成功
10	42B	Q0.5	42B 型电机检测成功
11	35A	Q0.6	35A 型电机检测成功
12	35B	Q0.7	35B 型电机检测成功
13	启动状态	Q100.0	云平台远程监控
14	停止状态	Q100.1	
15	PLC 通信状态	Q100.7	
16	42A 检测 OK	Q101.0	
17	42B 检测 OK	Q101.1	
18	35A 检测 OK	Q101.2	
19	35B 检测 OK	Q101.3	
20	电机检测 NG	Q101.4	
21	激光检测结果	MD1000	激光传感器检测结果

任务实施

一、任务准备

实施本任务教学所使用的设备器材及工具仪表可参考表 8-1-1。

二、激光传感器检测模型的 PLC 编程

激光传感器检测模型的 PLC 编程方法及步骤如表 8-3-2 所示。

表8-3-2　激光传感器检测模型的PLC编程方法及步骤

序号	步骤	图示	说明
1	新建项目	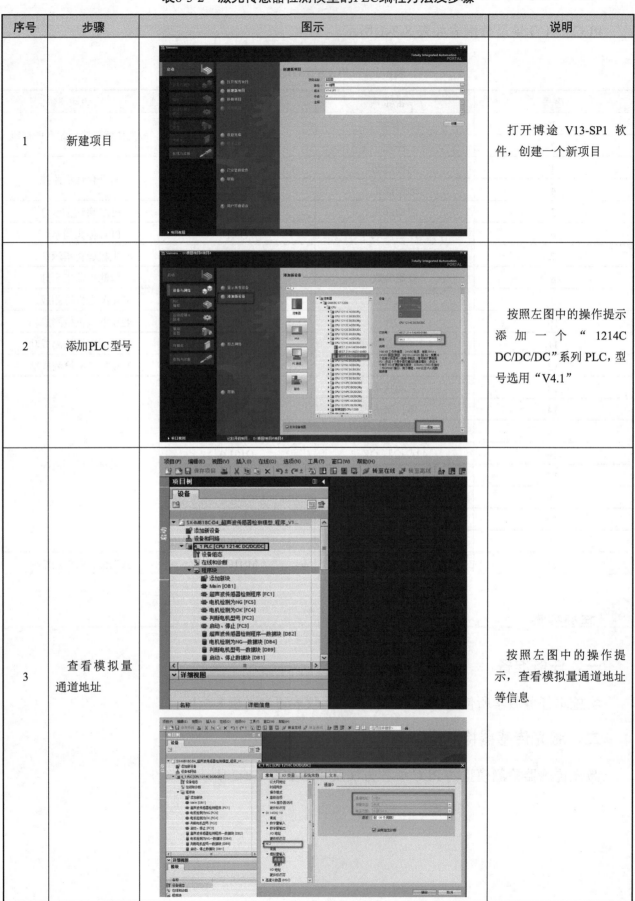	打开博途 V13-SP1 软件，创建一个新项目
2	添加PLC型号		按照左图中的操作提示添加一个 " 1214C DC/DC/DC"系列 PLC，型号选用"V4.1"
3	查看模拟量通道地址		按照左图中的操作提示，查看模拟量通道地址等信息

续表

序号	步骤	图示	说明
4	添加模拟量指令	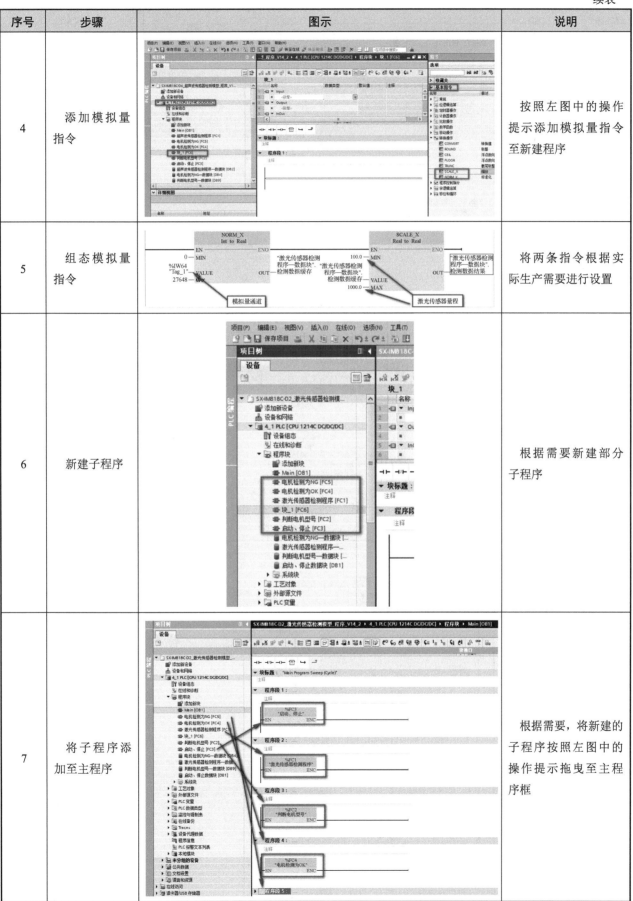	按照左图中的操作提示添加模拟量指令至新建程序
5	组态模拟量指令		将两条指令根据实际生产需要进行设置
6	新建子程序		根据需要新建部分子程序
7	将子程序添加至主程序		根据需要,将新建的子程序按照左图中的操作提示拖曳至主程序框

序号	步骤	图示	说明
8	编制启动程序	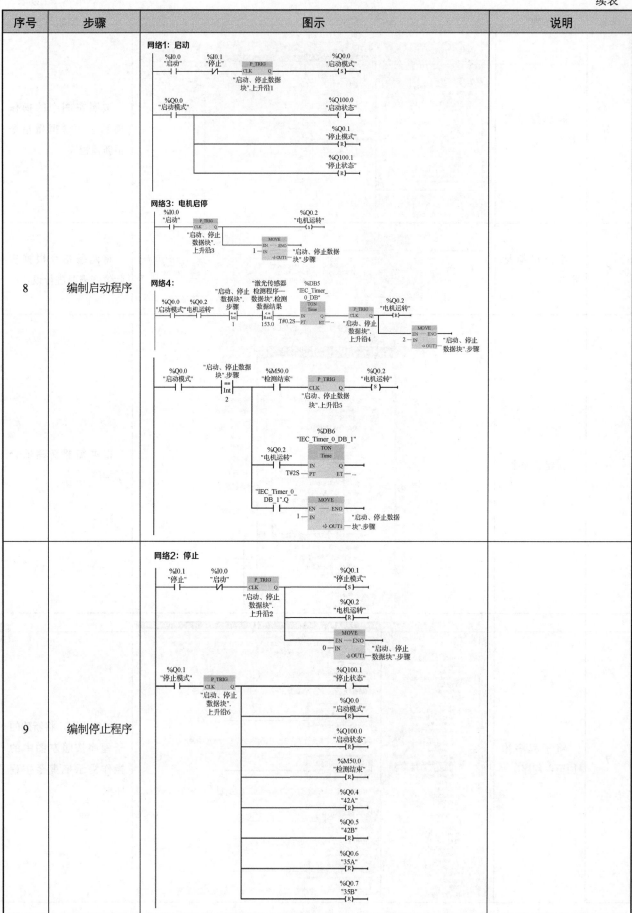	
9	编制停止程序		

序号	步骤	图示	说明
10	编制判断 42A 型号电机程序	**网络 1：42A** 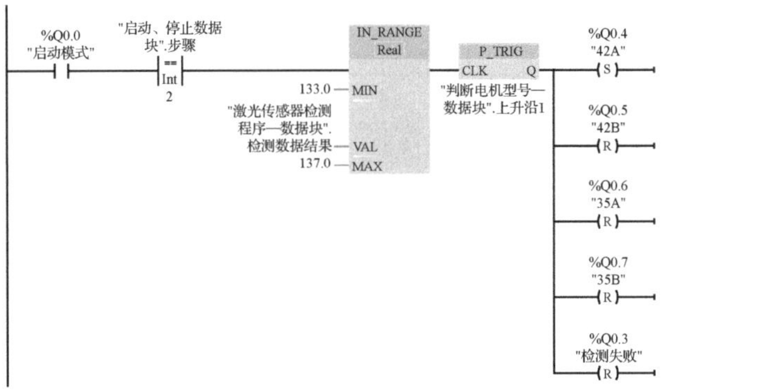	PLC 接收激光传感器检测数据，判断物料型号
11	编制判断 42B 型号电机程序	**网络 2：42B** 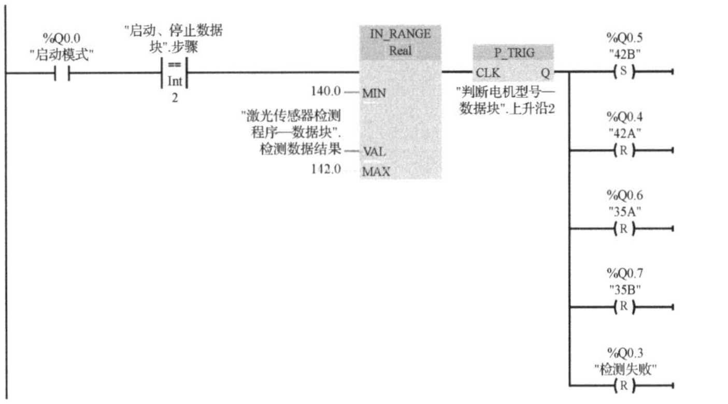	PLC 接收激光传感器检测数据，判断物料型号
12	编制判断 35A 型号电机程序	**网络 3：35A** 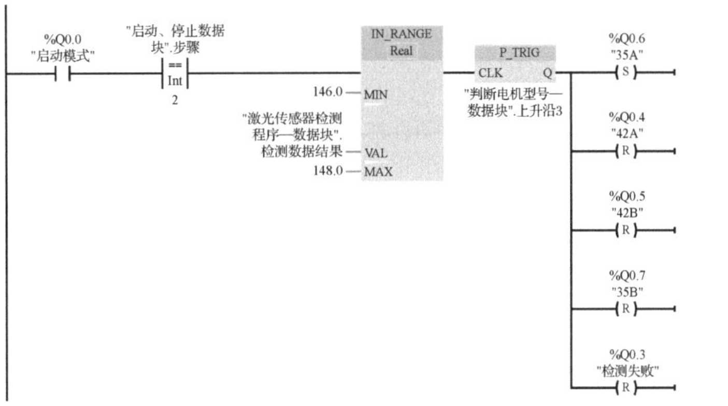	PLC 接收激光传感器检测数据，判断物料型号
13	编制判断 35B 型号电机程序	**网络 4：35B** 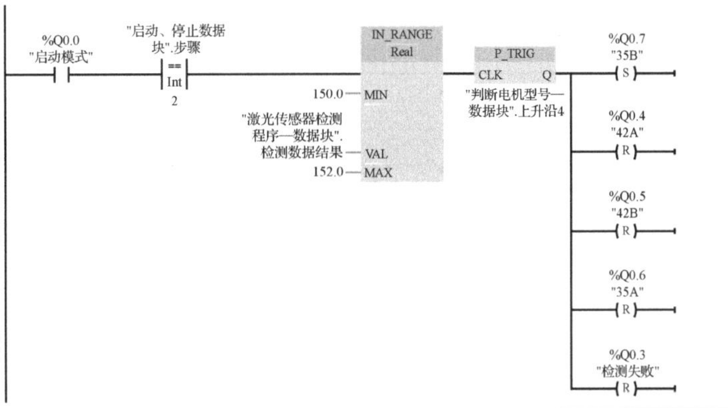	PLC 接收激光传感器检测数据，判断物料型号

序号	步骤	图示	说明
14	编制判断电机型号—不合格物料检测程序	**网络5：无电机、错误操作** 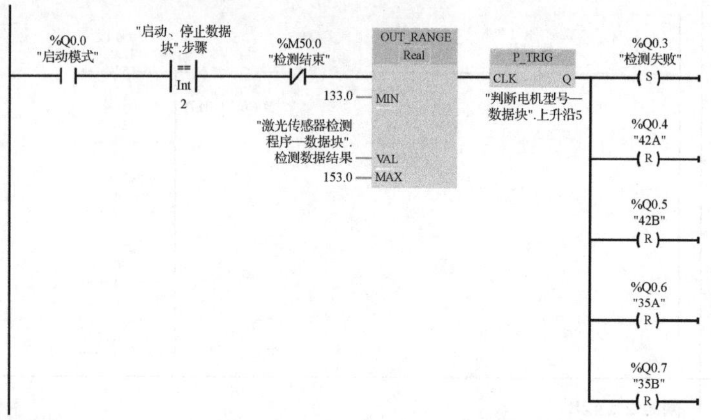	
15	编制激光传感器检测程序	**网络1：** 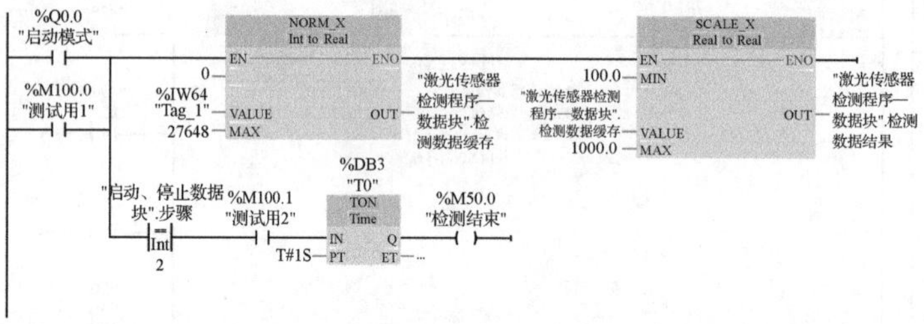	模拟量转换计算
16	编制电机检测为OK程序	**网络1：42A** 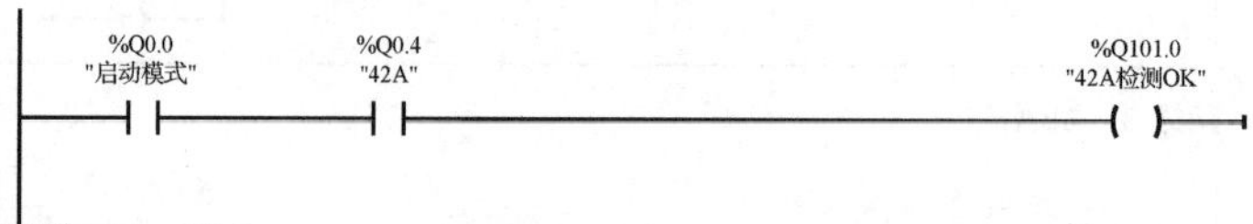 **网络2：42B** 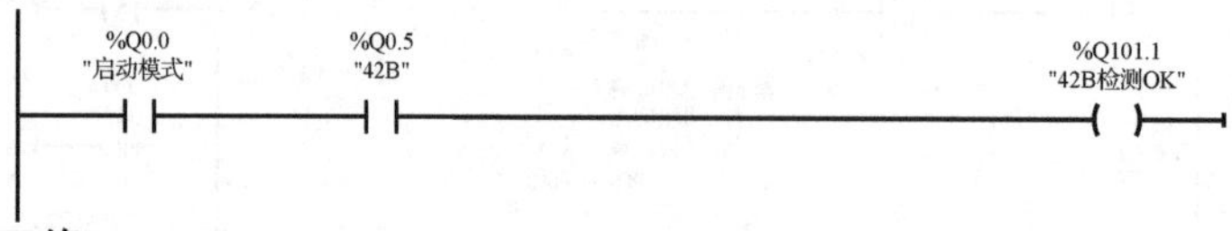 **网络3：35A** 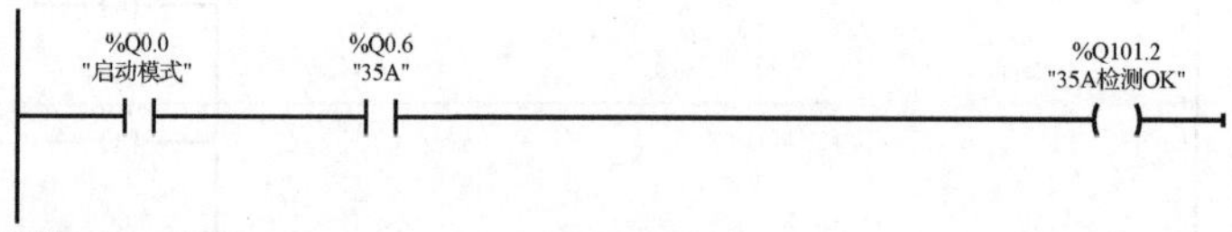 **网络4：35B** 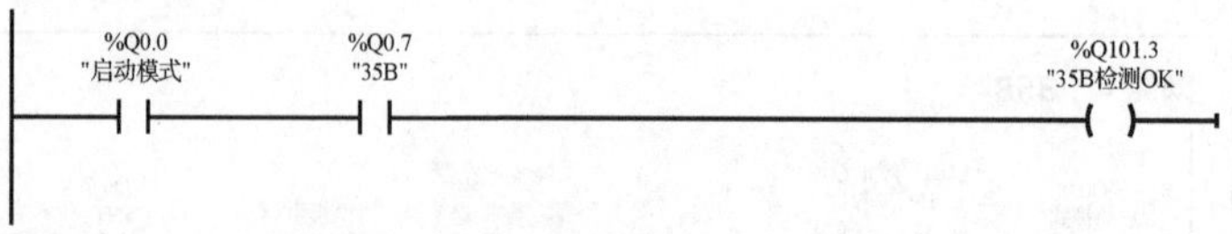	将检测得到的数据上传至云平台
17	编制电机检测为NG程序	**网络1：** 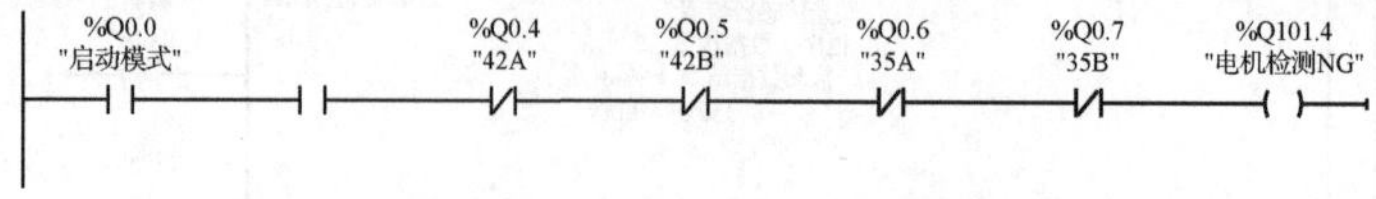	将检测得到的数据上传至云平台

续表

序号	步骤	图示	说明
18	程序下载	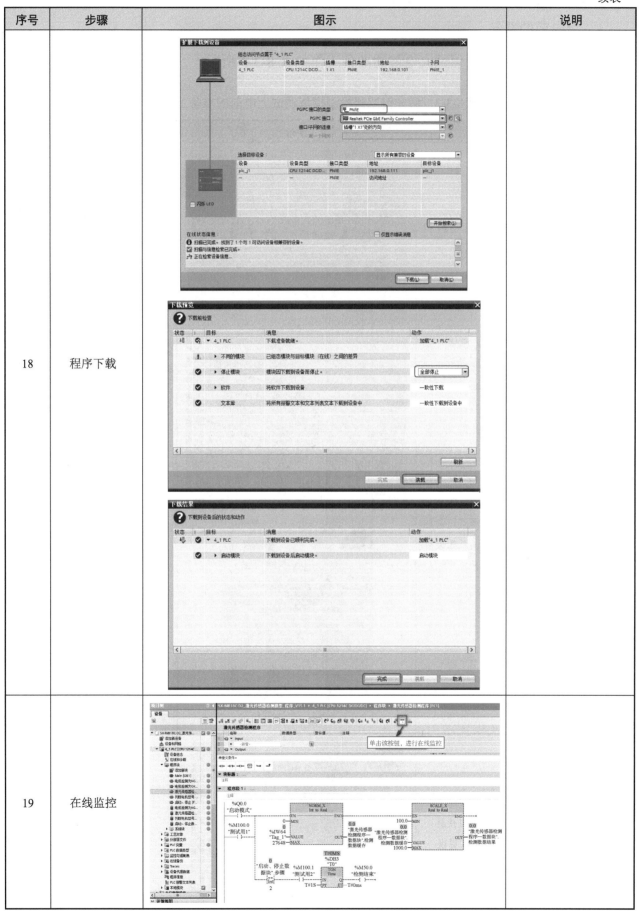	
19	在线监控		

三、激光传感器检测模型的调试

1．上电前的准备

激光传感器检测模型调试上电前的准备工作如表 8-3-3 所示。

表8-3-3　激光传感器检测模型调试上电前的准备工作

序号	步骤	图示	说明
1	提前准备待检测物料和底模		
2	在断电的情况下检查 PLC 模块与激光传感器接口盒选插线连接是否有误，如果有误插，应及时更正		
3	在断电的情况下检查 PLC 模块中熔断器是否有损坏，如果有损坏，应及时更换		

序号	步骤	图示	说明
4	在断电的情况下检查激光传感器接口盒中二极管是否有损坏,如果有损坏,应及时更换	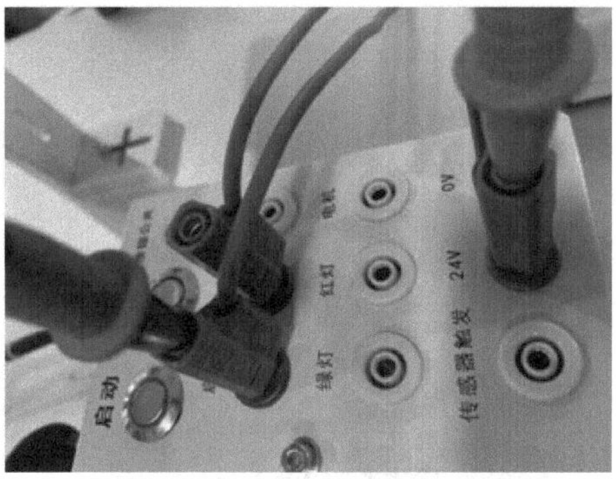	
5	在断电的情况下检查激光传感器、PLC、计算机、交换机的网络通信线是否连接可靠	  	

2. 设备上电操作

激光传感器检测模型调试上电操作的方法及步骤如表 8-3-4 所示。

表8-3-4　激光传感器检测模型调试上电操作的方法及步骤

序号	步骤	图示	说明
1	提前准备待检测物料和底模,闭合实训屏电源开关,使工业排插和工业交换机正常上电	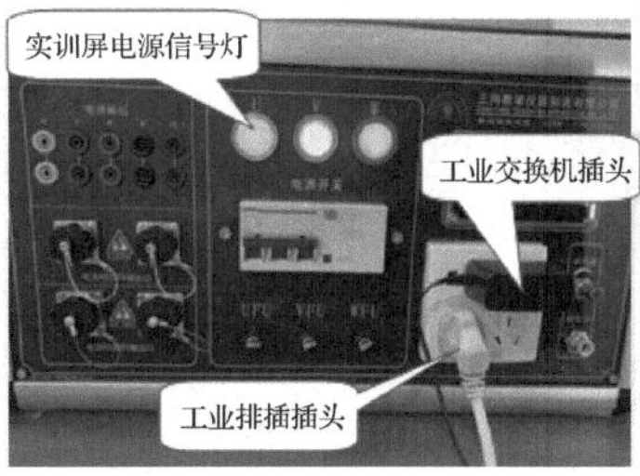 	

序号	步骤	图示	说明
2	闭合 PLC 模块电源开关，使 PLC、激光传感器正常上电	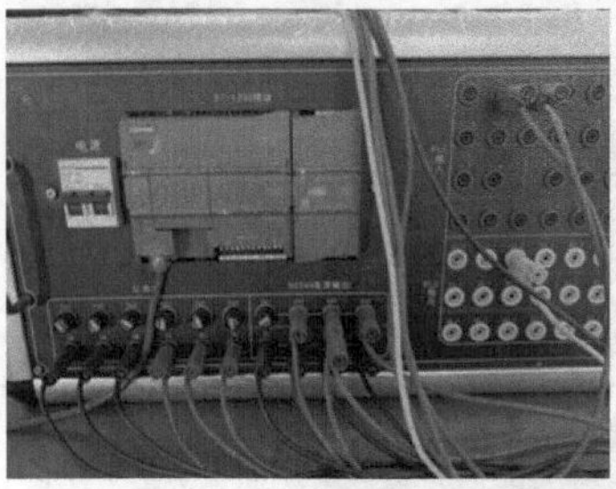 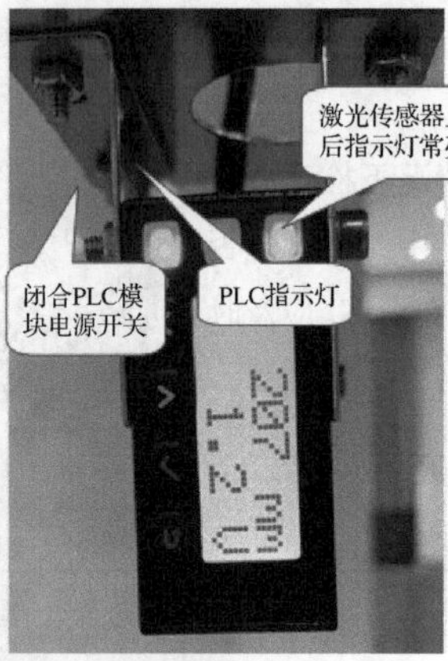 激光传感器上电后指示灯常亮　闭合PLC模块电源开关　PLC指示灯	
3	将待检测物料放置在皮带上，按下"启动"按钮，激光传感器开始检测		
4	激光传感器检测到物料，PLC 程序或显示器即可进行展示	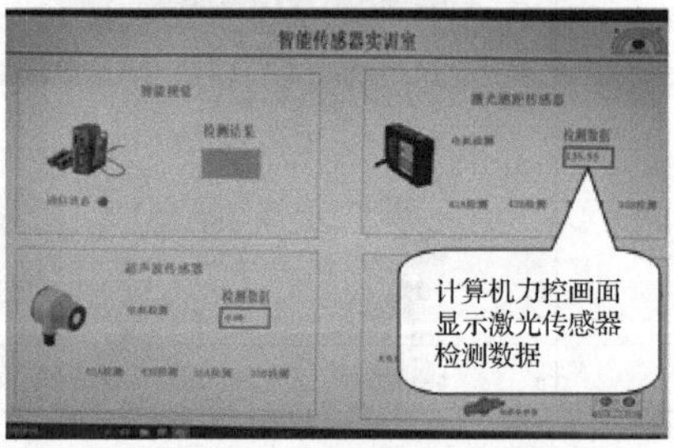 计算机力控画面显示激光传感器检测数据	

3．设备断电操作

激光传感器检测模型调试完毕后设备断电操作的方法及步骤如表 8-3-5 所示。

表8-3-5　激光传感器检测模型调试完毕后设备断电操作的方法及步骤

序号	步骤	图示	说明
1	调试完毕后，需要对相关设备进行断电操作，先断开 PLC 模块电源，此时激光传感器检测模型电源随之断开	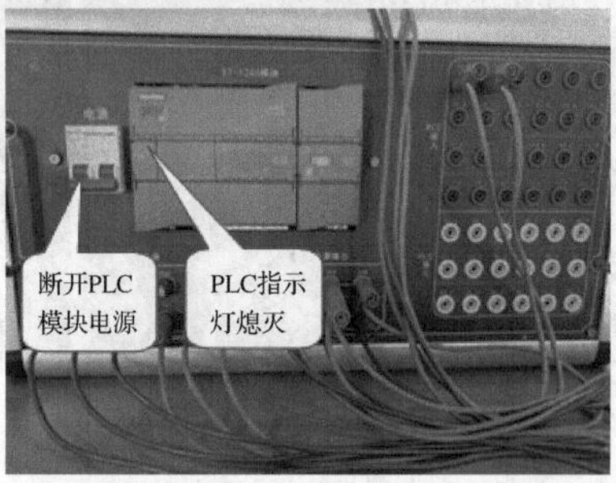 断开PLC模块电源　PLC指示灯熄灭	

续表

序号	步骤	图示	说明
2	完成 PLC 模块断电操作和激光传感器检测模型断电操作后，即可将实训岛电源全部断开，以确保实训岛在结束学习后处于失电状态	电源关闭后，指示灯熄灭　关闭实训屏电源	

4. 故障排除

激光传感器检测模型调试故障查询表如表 8-3-6 所示。

表8-3-6　激光传感器检测模型调试故障查询表

代码	故障现象	故障原因	解决办法
Er010	上电运行时，PLC 无法读取激光传感器检测的数据	模拟量指令和模拟量数据位故障	更改模拟量数据位（IW64）或检查模拟量指令
Er011	模型运行时，计算机力控画面无结果显示	计算机和 PLC 的 IP 地址设置错误	检查计算机的 IP 地址
		计算机力控软件中的组态 IP 地址设置错误	检查力控软件中组态的 IP 地址是否错误
		计算机力控软件中数据位地址使用错误	检查力控软件中使用的数据位地址是否同 PLC 程序中的数据位地址一致
		PLC 组态中将"允许从远程伙伴使用 PUT/GET 通信访问"功能关闭	进入 PLC 组态页面，选择电机 PLC 模块，右键单击属性，在常规栏中单击"保护"选项，在连接机制下，勾选"允许从远程伙伴使用 PUT/GET 通信访问"复选框
Er012	按下"启动"按钮后，电机不运转	电机电源线路故障	检查电机 DC24V 线路和 0V 线路，查看是否有断点
		电机迭插线连接 PLC 输出地址错误	对照标准 I/O 地址分配表，或修改程序 I/O 地址，使迭插线地址与 PLC 输出地址一致
Er013	计算机 PLC 程序无法上传/下载程序	计算机与 PLC 通信故障	检查计算机与 PLC 网络通信线是否正常连接
		计算机的 IP 地址设置错误	检查计算机的 IP 地址与 PLC 的 IP 地址是否在同一个网段

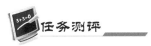 任务测评

对任务实施的完成情况进行检查，并将结果填入表 8-3-7 中。

表8-3-7　任务测评表

序号	主要内容	考核项目	评分标准	配分	扣分	得分
1	激光传感器检测模型的编程与调试	激光传感器检测模型的PLC编程	1. 激光传感器检测模型的 PLC 编程设计方法正确； 2. 组态搭建正确； 3. 启动程序设计正确； 4. 4种电机检测程序设计正确； 5. 程序下载方法正确； 6. 在线监控方法正确	50分		
		激光传感器检测模型的调试	1. 激光传感器检测模型的调试方法及步骤正确； 2. 模型调试上电前的准备和检查工作方法及步骤正确； 3. 模型调试上电操作方法及步骤正确； 4. 设备断电操作方法及步骤正确	25分		
		故障排除	1. 模型调试中的故障排除操作方法正确； 2. 能初步找出故障所在、原因及解决方法； 3. 能准确判断故障原因并找出解决方法	15分		
2	安全文明生产	劳动保护用品穿戴整齐；遵守操作规程；操作结束要清理现场	1. 操作中，违反安全文明生产考核要求的任何一项扣2分，扣完为止； 2. 当发现学生有重大事故隐患时，要立即予以制止，并每次扣安全文明生产分5分	10分		
合　计						

项目9

智能传感器检测系统的搭建

 项目目标

◇ 知识目标：

1. 了解智能传感器检测系统的工作过程及使用方法。

2. 掌握智能传感器检测系统的基本构成。

3. 掌握智能传感器检测系统的搭建方法。

4. 掌握智能传感器检测模型的电气连接与操作方法。

5. 掌握智能传感器检测模型的组态设置方法。

6. 掌握智能传感器检测模型的编程与调试方法。

◇ 能力目标：

1. 能根据原理图，完成智能传感器检测模型的电气连接与操作。

2. 能根据控制要求，完成智能传感器检测模型的组态设置。

3. 能根据工艺流程，完成智能传感器检测模型的编程与调试。

 项目描述

  智能传感器检测模型主要由电感传感器、电容传感器、光电传感器、光纤传感器、霍尔传感器、智能网关、数字量扩展模块、直流减速电机、智能传感器检测模型组件等组成。各传感器连接数字量扩展模块通过智能网关和 PLC 进行以太网协议通信，同时支持以总线形式直接连接 PLC 输入端。智能传感器检测模型把工业常用类型传感器通过以太网网关将其组态，运用 Profinet 与 PLC 进行通信，数据传输稳定，信号反馈及时，并且已成为工业传感器发展的趋势，也是智能传感器实训中心不可或缺的一部分。本项目主要包括智能传感器检测模型的电气连接与操作、智能传感器检测模型的组态设置、智能传感器检测模型的编程与调试 3 个任务，要求学生通过 3 个任务的学习，进一步掌握智能传感器检测系统的工作过程及使用方法，加深理解智能传感器检测系统的基本构成，掌握智能传感器检测系统的基本应用，学会搭建简单的智能传感器检测系统，并能够进行简单的应用。

智能传感器检测模型如图 9-0-1 所示,现要求搭建一个智能传感器检测系统,具体要求如下。

(1)启动检测前,完成智能传感器接口盒与 PLC 的电气连接,检查智能传感器检测模型的电气接线是否有误等。

(2)完成电气连接后,按下"启动"按钮,工业转盘电机运转,固定在电机上的待检测物料也随之运转。

(3)当任一传感器检测到物料时,电机停止,物料对应指示灯亮,5s 后电机重新启动,周而复始。

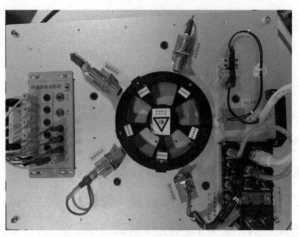

图9-0-1　智能传感器检测模型

任务 1　智能传感器检测模型的电气连接与操作

 学习目标

◇ 知识目标:

1. 了解智能传感器检测模型的组成。

2. 掌握智能网关的功能及电气连接方法。

3. 掌握数字量扩展模块与电感传感器、电容传感器、光电传感器、光纤传感器和霍尔传感器的连接方法。

◇ 能力目标:

1. 会进行智能网关与交换机的连接。

2. 会进行智能网关与数字量扩展模块的连接。

3. 会进行传感器与数字量扩展模块的连接。

4. 会进行智能传感器接口盒与 PLC 模块的电路连接。

本任务是通过学习，了解智能传感器检测模型的组成，并能完成智能传感器检测模型的电气连接与操作。

一、智能传感器检测模型的组成

智能传感器检测模型主要由智能网关、数字量扩展模块、电感传感器（分布式 I/O）、电容传感器（分布式 I/O）、光电传感器（分布式 I/O）、光纤传感器（分布式 I/O）、霍尔传感器（分布式 I/O）等组成，如图 9-1-1 所示。

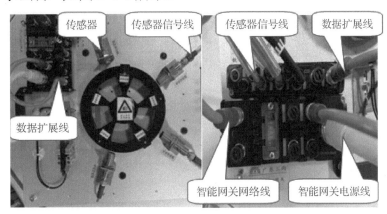

图9-1-1　智能传感器检测模型的组成

1. 智能网关

智能网关是一种全新的可扩展分布式 I/O 系统，支持多种主流的标准总线协议，如 Profibus-DP、Profinet、EtherCAT、CC-Link 等，可以轻松地接入各类 PLC 系统。每个智能网关占用一个从站地址，最多可以扩展 4 个 I/O 模块，每个 I/O 模块最多可以连接 6 个 I/O 变量，极限扩展距离为 100m。模块排序按照所连接扩展口的顺序（P0—P1—P2—P3）和距离网关由近到远分配为 1~24 号。作为 Profinet 从站，智能网关可以通过组态工具指定设备名称和相应的 IP 地址，也可根据网络拓扑结构由 PLC 自动分配 IP 地址，以此来实现基于工业以太网结构的 Profinet 网络的通信要求，并在编程软件 Step7 中进行组态分配。图 9-1-2 所示为智能网关示意图。

2. 数字量扩展模块

数字量扩展模块搭载并收集智能传感器信号，并由智能网关的扩展接口通过专用扩展电缆先连接到第一个模块的 In 口，再由第一个模块的 Out 口连接到第二个模块的 In 口，依次连接最多 4 个 I/O 模块。图 9-1-3 所示为数字量扩展模块示意图。

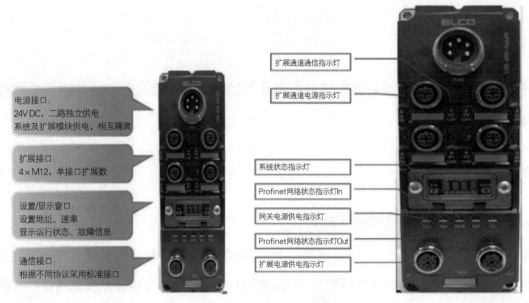

电源接口：
24V DC，二路独立供电
系统及扩展模块供电，相互隔离

扩展接口：
4×M12，单接口扩展数

设置/显示窗：
设置地址、速率
显示运行状态、故障信息

通信接口：
根据不同协议采用标准接口

扩展通道通信指示灯

扩展通道电源指示灯

系统状态指示灯

Profinet网络状态指示灯In

网关电源供电指示灯

Profinet网络状态指示灯Out

扩展电源供电指示灯

图9-1-2　智能网关示意图

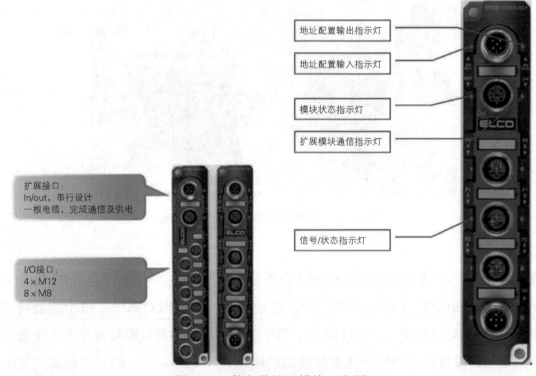

扩展接口：
In/out，串行设计
一根电缆，完成通信及供电

I/O接口：
4×M12
8×M8

地址配置输出指示灯

地址配置输入指示灯

模块状态指示灯

扩展模块通信指示灯

信号/状态指示灯

图9-1-3　数字量扩展模块示意图

3．智能传感器

智能传感器检测模型主要用到 5 款传感器：电感传感器（分布式 I/O）、电容传感器（分布式 I/O）、光电传感器（分布式 I/O）、光纤传感器（分布式 I/O）和霍尔传感器（分布式 I/O）。它们通过专用插件和线缆与数字量扩展模块连接，将采集到的数字量信号发送给数字量扩展模块。

1）电感传感器（分布式 I/O）

本任务用到的电感传感器的型号为 FI8-G18-ON6L-Q12，检测距离为 8mm，输出为 NPN，电压为 DC24V，开关频率为 500Hz，其机械图如图 9-1-4 所示。

2）光电传感器（分布式 I/O）

本任务用到的光电传感器的型号为 OM18-K100VN6Q，检测距离为 100mm，光源为红外线，开关频率为 200Hz，输出为 NPN，开关的方式为 NO+NC，其电路图如图 9-1-5 所示。

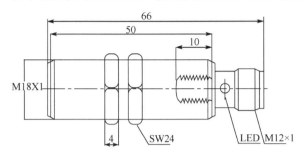

图9-1-4　电感传感器机械图（单位：mm）

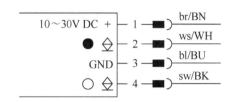

图9-1-5　光电传感器电路图

3）电容传感器（分布式 I/O）

本任务用到的电容传感器的型号为 FC5-M18-ON6L-Q12，检测距离为 5mm，输出为 NPN，电压为 DC24V，开关频率为 500Hz，其机械图如图 9-1-6 所示。

4）霍尔传感器（分布式 I/O）

本任务用到的霍尔传感器的型号为 NJK-5002C，检测距离为 10mm，输出为 NPN，电压为 DC24V，其实物图如图 9-1-7 所示。

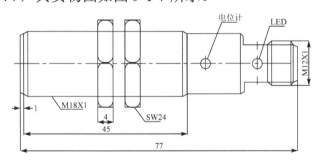

图9-1-6　电容传感器机械图（单位：mm）

图9-1-7　霍尔传感器实物图

5）光纤传感器（分布式 I/O）

光纤传感器主要由光纤头和数字光纤传感器组成。本任务用到的光纤头的型号为 E32-ZD200，数字光纤传感器的型号为 E3X-ZD112M，输出为 NPN，检测距离为 150mm，电压为 DC24V。光纤传感器实物图如图 9-1-8 所示。

图9-1-8　光纤传感器实物图

二、智能传感器检测模型的电气连接

1．智能网关的电气连接

智能网关需要进行电源线、数据扩展线、网络通信线的连接。

1）电源线

智能网关采用DC24V电源供电，供电电源分为网关模块电源U_{MOD}（1L+、1M）和信号模块负载电源U（2L+、2M）两部分。两路电源的正极1L+和2L+之间电隔离，公共点1M和2M之间内部连通。智能网关电源线公插连接视图如图9-1-9所示，智能网关电源线公插接口端子表如表9-1-1所示，智能网关电源线实物连接图如图9-1-10所示。

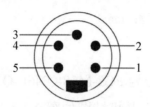

图9-1-9　智能网关电源线公插连接视图

表9-1-1　智能网关电源线公插接口端子表

接口端子号	接口功能	电源电压
1	信号模块负载电源2M	0V
2	网关模块电源1M	0V
3	保护接地PE	
4	网关模块电源1L＋	24V
5	信号模块负载电源2L＋	24V

图9-1-10　智能网关电源线实物连接图

2）数据扩展线

数据扩展线连接数字量扩展模块和智能网关，给数字量扩展模块供电的同时收集传感器的触发信号。图9-1-11所示为数据扩展线实物连接图。

3）网络通信线

网络通信线是智能网关与PLC连接通信专用的，智能网关将采集到的传感器数字量信号通过网络通信线发送给PLC。图9-1-12所示为网络通信线实物连接图。

图9-1-11　数据扩展线实物连接图

图9-1-12　网络通信线实物连接图

2. 数字量扩展模块

数字量扩展模块只需用传感器信号转换线与各传感器连接，以及用数据扩展线与智能网关连接即可。其中传感器信号转换线是用于连接各传感器与数字量扩展模块之间的专用线，为三线制，即 DC 24V、0V、信号线。图 9-1-13 所示为传感器信号转换线实物连接图。

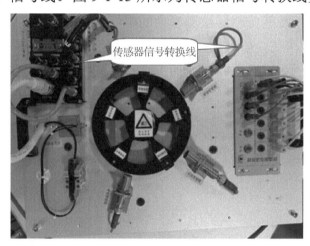

图9-1-13　传感器信号转换线实物连接图

一、任务准备

实施本任务教学所使用的设备器材及工具仪表可参考表 9-1-2。

表9-1-2　设备器材及工具仪表

序号	分类	名称	型号规格	数量	单位	备注
1	工具仪表	万用表		1	块	
2		常用电工工具		1	套	
3		卷尺	1m 以上	1	卷	
4	设备器材	智能网关	SPPN-GW-001	1	个	
5		快插线		若干	根	
6		PLC	S7-1200	1	台	
7		数字量扩展模块	SPDB-0800D-013	1	个	
8		电感传感器	FI8-G18-ON6L-Q12	1	个	

序号	分类	名称	型号规格	数量	单位	备注
9	设备器材	光电传感器	OM18-K100VN6Q	1	个	
10		电容传感器	FC5-M18-ON6L-Q12	1	个	
11		霍尔传感器	NJK-5002C	1	个	
12		光纤头	E32-ZD200	1	个	
13		数字光纤传感器	E3X-ZD112M	1	个	
14		RJ45/M12 网线	E16DA4001M020	1	根	
15		M12 转 M8 双端预注插件	CO12.3-2-C8.3	3	个	
16		M8 针端插头	LS8.3-0/C	1	个	

二、智能传感器检测模型的电气线路安装

按照图 9-1-14 所示的智能传感器接口盒电气原理图和如图 9-1-15 所示的智能网关和数字量扩展模块电气原理图，进行智能传感器检测模型的电气线路安装，具体的安装方法如表 9-1-3 所示。完成电气连接的智能传感器检测模型实物图如图 9-1-16 所示。

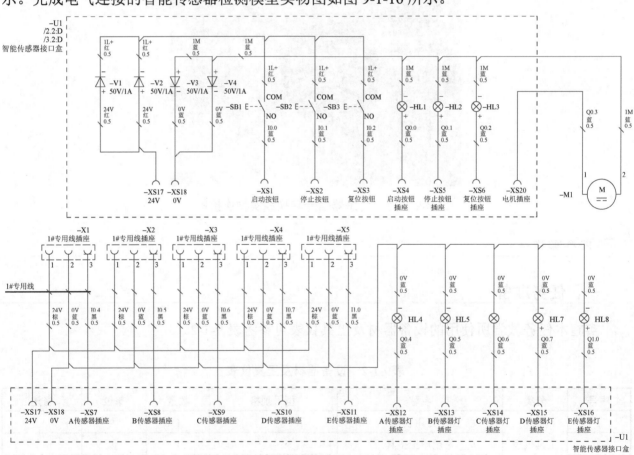

图9-1-14　智能传感器接口盒电气原理图

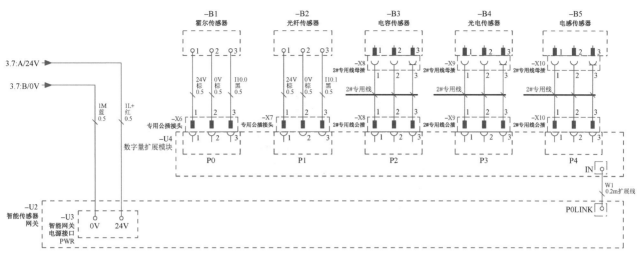

图9-1-15 智能网关和数字量扩展模块电气原理图

表9-1-3 智能传感器检测模型的电气线路安装方法

序号	元器件名称	图示	安装说明
1	网络通信线	网络通信线	网络通信线一端连接至智能网关，一端连接至交换机
2	数据扩展线	数据扩展线	数据扩展线一端连接至智能网关"P0"，一端连接至数字量扩展模块"In"
3	智能网关电源线	智能网关电源线	智能网关电源线一端连接至智能网关"PWR"接口，一端连接至智能传感器接口盒电源端

续表

序号	元件名称	图示	安装说明
4	传感器信号转换线	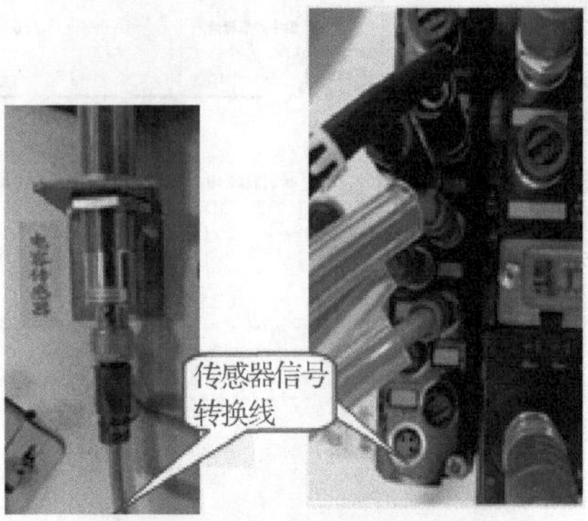 传感器信号转换线	传感器信号转换线一端连接至传感器，另一端连接至数字量扩展模块信号插口
5	电感传感器（分布式 I/O）		传感器信号转换线一端连接至电感传感器，另一端连接至数字量扩展模块信号插口
6	电容传感器（分布式 I/O）	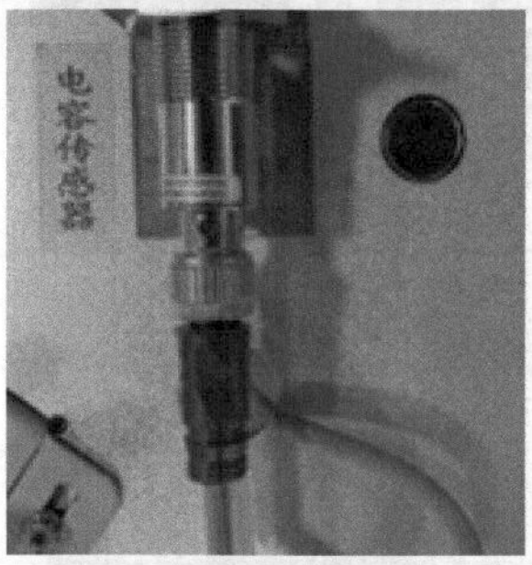	传感器信号转换线一端连接至电容传感器，另一端连接至数字量扩展模块信号插口
7	光电传感器（分布式 I/O）	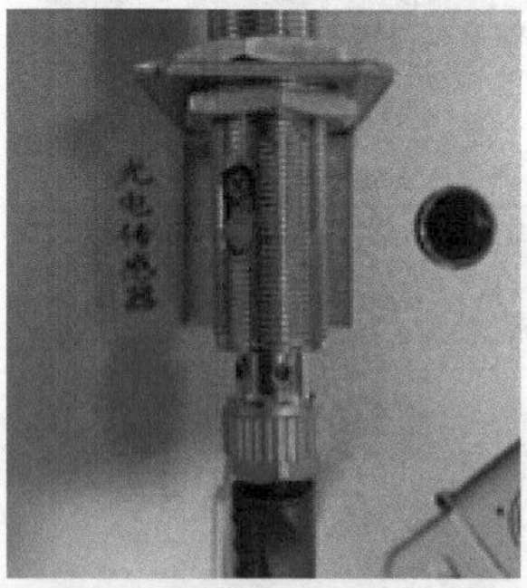	传感器信号转换线一端连接至光电传感器，另一端连接至数字量扩展模块信号插口
8	霍尔传感器（分布式 I/O）	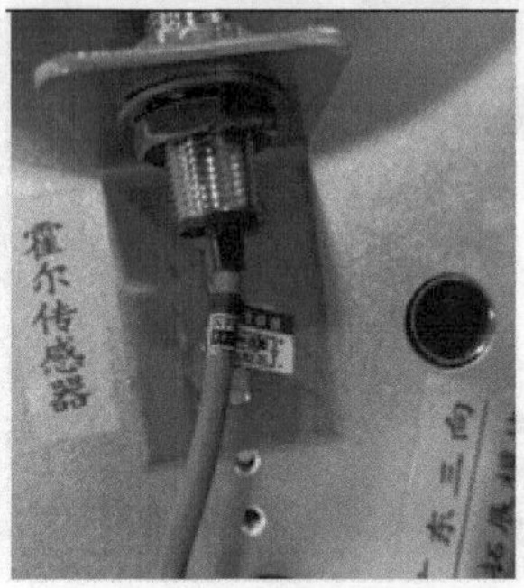	传感器信号转换线一端连接至霍尔传感器，另一端连接至数字量扩展模块信号插口

续表

序号	元件名称	图示	安装说明
9	光纤传感器（分布式 I/O）		传感器信号转换线一端连接至光纤传感器，另一端连接至数字量扩展模块信号插口
10	智能传感器接口盒		选插线一端连接至智能传感器接口盒，另一端连接至 PLC 模块
11	PLC 模块		选插线一端连接至智能传感器接口盒，另一端连接至 PLC 模块

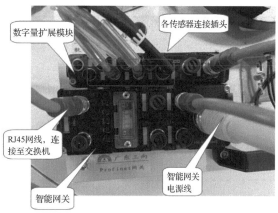

图9-1-16　完成电气连接的智能传感器检测模型实物图

任务测评

对任务实施的完成情况进行检查，并将结果填入表9-1-4中。

表9-1-4 任务测评表

序号	主要内容	考核项目	评分标准	配分	扣分	得分
1	智能传感器检测模型的电气线路安装	智能网关的连接	1. 智能网关与交换机的网络通信线连接正确； 2. 智能网关与数字量扩展模块的数据扩展线连接正确； 3. 智能网关电源线连接正确	35分		
		数字量扩展模块的安装与连接	1. 电感传感器与数字量扩展模块的信号转换线连接正确； 2. 电容传感器与数字量扩展模块的信号转换线连接正确； 3. 光电传感器与数字量扩展模块的信号转换线连接正确； 4. 霍尔传感器与数字量扩展模块的信号转换线连接正确； 5. 光纤传感器与数字量扩展模块的信号转换线连接正确	35分		
		智能传感器接口盒的连接	1. 智能传感器接口盒的连接正确； 2. PLC模块与智能传感器接口盒的连接正确	20分		
2	安全文明生产	劳动保护用品穿戴整齐；遵守操作规程；操作结束要清理现场	1. 操作中，违反安全文明生产考核要求的任何一项扣2分，扣完为止； 2. 当发现学生有重大事故隐患时，要立即予以制止，并每次扣安全文明生产分5分	10分		
			合　计			

任务2　智能传感器检测模型的组态设置

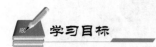

学习目标

◇ 知识目标：

1. 掌握智能网关分配 IP 地址和数据位的方法。
2. 掌握智能传感器检测模型选型功能的设置方法。
3. 熟悉智能传感器检测模型的逻辑运算。

◇ 能力目标：

　　能完成西门子 CPU_1214C 及扩展模块 SM1223 DI8/DQ8 的外部电路连接。

　　智能传感器检测模型中各传感器搭载在数字量扩展模块上，将采集到的信号通过数字量扩展模块汇总到智能网关，然后由智能网关将信号发送给 PLC 进行数据传输。想要实现这一过程，除了需要正确地完成传感器硬件组态，还需要进行软件组态和通信设置。本任务是通过学习，了解智能网关的 IP 地址及名称定义，掌握智能网关通信的设置方法和智能传感器检测模型的组态设置方法，并能完成智能传感器检测模型的组态设置。

一、IP 地址和名称定义

　　智能传感器检测模型需要与 PLC 进行以太网通信，需要在 PLC 中为智能网关分配 IP 地址和数据位，因此暂定智能网关的 IP 地址为 192.168.13.15，数据位为 I10.0～I10.4；PLC 的 IP 地址为 192.168.13.11。智能网关与 PLC 的 IP 地址和数据位如表 9-2-1 所示。

表9-2-1　智能网关与PLC的IP地址和数据位

序号	元器件名称	IP 地址	数据位
1	智能网关（a）	192.168.13.15	5 位（I10.0～I10.4）
2	PLC（1_1 PLC）	192.168.13.11	

二、分布式 I/O 模块

1. 数字量 I/O 模块的端口定义

本任务采用的数字量 I/O 模块为 SPDB-0800D-013，其端口定义如表 9-2-2 所示。

表9-2-2　数字量I/O模块SPDB-0800D-013端口定义

接口端子号	模块上端口标识字母	端口定义
1	In	网络连接入口
2	Out	网络连接出口
3	P0	传感器信号线接口
4	P1	传感器信号线接口
5	P2	传感器信号线接口
6	P3	传感器信号线接口
7	P4	传感器信号线接口

续表

接口端子号	模块上端口标识字母	端口定义
8	P5	传感器信号线接口
9	P6	传感器信号线接口
10	P7	传感器信号线接口

本任务将接入本模块中电感传感器、电容传感器、光电传感器、霍尔传感器和光纤传感器5种传感器的信号。模块中 3~10 号端口为传感器接线端口，其插头示意图如图 9-2-1 所示，其插头说明如表 9-2-3 所示。

图9-2-1　传感器接线端口插头示意图

表9-2-3　传感器接线端口插头说明

接口端子号	传感器接线端口说明
1	传感器供电电源+24V
2	无
3	传感器供电电源 GND
4	传感器信号
5	无

2. 数字量 I/O 模块各指示灯的定义

数字量 I/O 模块指示灯示意图如图 9-2-2 所示，各指示灯的定义及说明如表 9-2-4 所示。

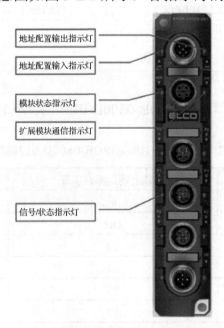

地址配置输出指示灯

地址配置输入指示灯

模块状态指示灯

扩展模块通信指示灯

信号/状态指示灯

图9-2-2　数字量I/O模块指示灯示意图

表9-2-4 数字量I/O模块指示灯的定义及说明

指示灯名称	指示灯状态	指示灯含义	故障原因
地址配置输入指示灯 Set_In	绿	此模块已配置	无
	红	此模块已配置	①扩展线缆故障；②扩展模块损坏
地址配置输出指示灯 Set_Out	绿	已配置下一模块	无
	红	未配置下一模块	①扩展线缆故障；②扩展模块损坏
模块状态指示灯 MOD	绿	工作正常	无
	红	工作异常	①信号通道异常；②扩展模块损坏
扩展模块通信指示灯 Link	绿	工作正常	无
	红	工作异常	①扩展线缆故障；②网关损坏；③扩展模块损坏
信号/状态指示灯	红	信号异常	①实际输出信号与配置不符；②信号电源短路；③扩展模块损坏；④超量程（模拟量模块）
	绿	有信号	无
	灭	无信号	无

3. 网关模块的端口定义

I/O 模块与 PLC 的网络连接需经过网关，I/O 模块接入网关后经网络集线器与 PLC 获得联系。图 9-2-3 是网关模块 SPPN-GW-001 实物图，其端口定义如表 9-2-5 所示。

图9-2-3 网关模块SPPN-GW-001实物图

表9-2-5 网关模块SPPN-GW-001端口定义

接口端子号	模块上端口标识字母	端口定义
1	PWR	网关电源
2	P0	网络接口，与 I/O 模块通信
3	P1	网络接口，与 I/O 模块通信
4	P2	网络接口，与 I/O 模块通信
5	P3	网络接口，与 I/O 模块通信

接口端子号	模块上端口标识字母	端口定义
6	无	网关信息显示窗口，显示网关名称、地址、故障信息等
7	NET In	网关通信接口，与网络集线器或上级网关连接
8	NET Out	网关连接接口，与下级网关连接

4. 网关模块指示灯的定义

网关模块指示灯示意图如图9-2-4所示。网关模块指示灯的定义及说明如表9-2-6所示。

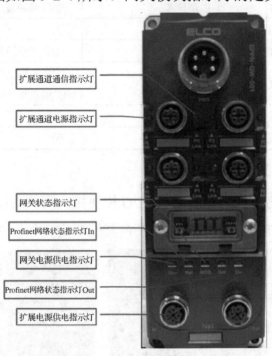

图9-2-4　网关模块指示灯示意图

表9-2-6　网关模块指示灯的定义及说明

模块指示灯名称	指示灯状态	指示灯含义	故障原因
扩展通道通信指示灯 Link	绿	工作正常	无
	红	工作异常	①未连接扩展模块；②扩展线缆故障；③扩展模块损坏
扩展通道电源指示灯 PWR	绿	工作正常	无
	红	工作异常	①Usp 电源故障；②网关损坏
网关状态指示灯 MOD	绿	工作正常	无
	红	工作异常	①Umod 电源异常；②Usp 电源异常；③信号通道异常（短路、超限等）；④组态状态和实际连接状态不符；⑤网关损坏
Profinet 网络状态指示灯 NET	绿	已接入网络	无
	橙	未接入网络	①网络线缆故障；②网关损坏
	橙闪	网络数据交换中	数据连接中
扩展电源供电指示灯	绿	供电电压正常	无
	红	供电电压异常	①超压或欠压；②网关损坏
	灭	无供电	①供电线缆故障；②网关损坏

一、任务准备

实施本任务教学所使用的设备器材及工具仪表可参考表9-1-2。

二、智能传感器与PLC组态

智能传感器与PLC组态的操作方法及步骤如表9-2-7所示。

表9-2-7 智能传感器与PLC组态的操作方法及步骤

序号	步骤	图示	操作说明
1	新建一个项目	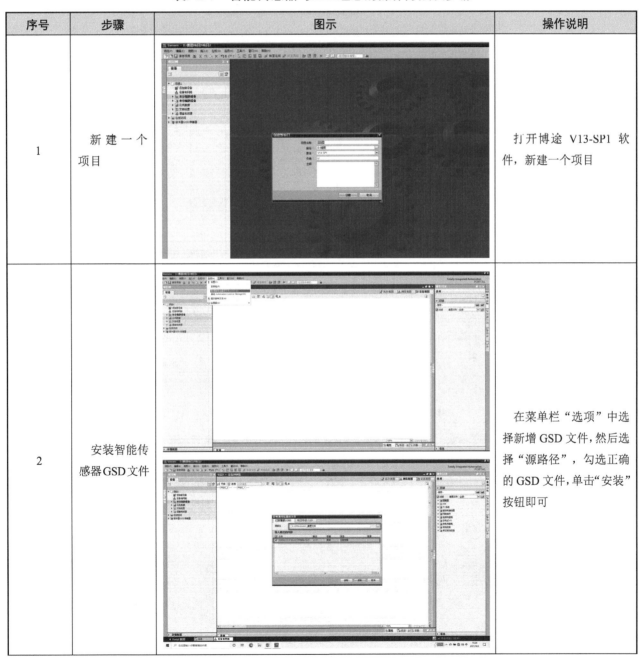	打开博途 V13-SP1 软件，新建一个项目
2	安装智能传感器GSD文件		在菜单栏"选项"中选择新增 GSD 文件，然后选择"源路径"，勾选正确的 GSD 文件，单击"安装"按钮即可

续表

序号	步骤	图示	操作说明
3	添加 PLC	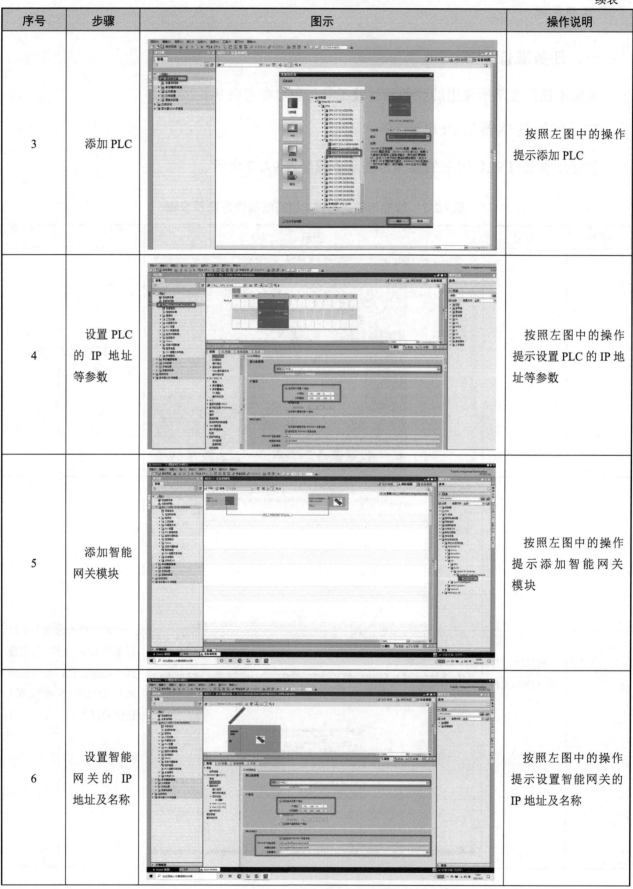	按照左图中的操作提示添加 PLC
4	设置 PLC 的 IP 地址等参数		按照左图中的操作提示设置 PLC 的 IP 地址等参数
5	添加智能网关模块		按照左图中的操作提示添加智能网关模块
6	设置智能网关的 IP 地址及名称		按照左图中的操作提示设置智能网关的 IP 地址及名称

续表

序号	步骤	图示	操作说明
7	在智能网关中添加"数字量扩展模块"		按照左图中的操作提示添加"数字量扩展模块"并且设置"数字量扩展模块"信号地址

 任务测评

对任务实施的完成情况进行检查，并将结果填入表9-2-8中。

表9-2-8　任务测评表

序号	主要内容	考核项目	评分标准	配分	扣分	得分
1	智能传感器与PLC组态	传感器选型	1．智能传感器与PLC组态的操作方法及步骤正确； 2．设置PLC的IP地址等参数正确； 3．添加智能网关模块的操作方法正确； 4．设置智能网关的IP地址及名称正确； 5．在智能网关中添加"数字量扩展模块"的信号地址正确	90分		
2	安全文明生产	劳动保护用品穿戴整齐；遵守操作规程；操作结束要清理现场	1．操作中，违反安全文明生产考核要求的任何一项扣2分，扣完为止； 2．当发现学生有重大事故隐患时，要立即予以制止，并每次扣安全文明生产分5分	10分		
合　计						

任务 3　智能传感器检测模型的编程与调试

◇ 知识目标：

   1．掌握智能传感器检测模型的工艺流程。

   2．掌握智能传感器检测模型的编程与调试方法。

◇ 能力目标：

   1．能根据工艺流程，完成智能传感器检测模型的 PLC 程序设计。

   2．能根据控制要求，完成智能传感器检测模型的调试。

   3．能根据故障现象，完成智能传感器检测模型的调试过程中的故障排除。

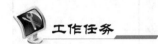
　　智能传感器检测模型通过数字量扩展模块收集各传感器信号，并由智能网关发送给 PLC 进行数据通信。智能传感器采用 Profinet 通信协议，具有数据传输稳定、信号反馈及时等优点。在进行智能传感器编程调试之前，需要检查智能传感器电路连接、参数设置、组态等。同时根据工作原理、生产要求制作智能传感器检测模型工艺流程图等，为设备正常工作运转做好准备。本任务是通过学习，掌握智能传感器检测模型 PLC 程序的编制方法和设备调试方法，并能根据实际工作生产控制要求，对智能传感器检测模型进行编程与调试，实现智能传感器物料检测判断等功能。

　　智能传感器物料检测判断的控制要求如下。

　　（1）在 PLC 与智能传感器检测模型正常接通适配电源后，按下"启动"按钮，电机开始运转，各种待检测物料随电机运动。

　　（2）当任一传感器检测到物料并且触发后，电机随即停止，传感器将检测到的触发信号通过数字量扩展模块由智能网关发送给 PLC，PLC 判断检测到的物料型号，同时置位对应的指示灯，并且将检测到的信息上传至云平台。

　　（3）电机停止 5s 后，又继续启动运转，周而复始。

　　（4）在智能传感器检测过程中按下"停止"按钮，检测过程即可随即停止。

相关知识

一、智能传感器检测模型的工艺流程

智能传感器检测模型的工艺流程如图 9-3-1 所示。

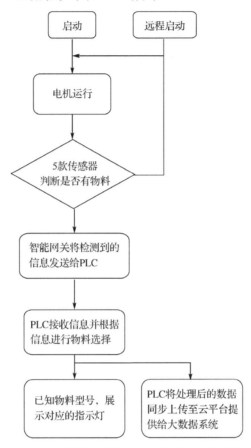

图9-3-1 智能传感器检测模型的工艺流程

二、I/O 地址分配表

I/O 地址分配表如表 9-3-1 所示。

表9-3-1 I/O地址分配表

序号	名称	地址	说明
1	启动	I0.0	智能传感器接口盒启停按钮
2	停止	I0.1	
3	远程启动	I100.0	云平台远程监控
4	远程停止	I100.1	
5	霍尔传感器	I10.0	PLC 输入信号灯
6	光纤传感器	I10.1	
7	电容传感器	I10.2	
8	光电传感器	I10.3	
9	电感传感器	I10.4	

续表

序号	名称	地址	说明
10	启动模式	Q0.0	PLC 输出指示灯
11	停止模式	Q0.1	
12	电机运转	Q0.2	
13	电容传感器指示灯	Q0.3	
14	霍尔传感器指示灯	Q0.4	
15	光纤传感器指示灯	Q0.5	
16	电感传感器指示灯	Q0.6	
17	光电传感器指示灯	Q0.7	
18	启动状态	Q100.0	云平台远程监控
19	停止状态	Q100.1	
20	PLC 通信状态	Q100.7	
21	电容传感器检测 OK	Q101.0	
22	霍尔传感器检测 OK	Q101.1	
23	光纤传感器检测 OK	Q101.2	
24	电感传感器检测 OK	Q101.3	
25	光电传感器检测 OK	Q101.4	

任务实施

一、任务准备

实施本任务教学所使用的设备器材及工具仪表可参考表 9-1-2。

二、智能传感器检测模型的 PLC 编程

智能传感器检测模型的 PLC 编程操作方法及步骤如表 9-3-2 所示。

表9-3-2　智能传感器检测模型的PLC编程操作方法及步骤

序号	步骤	图示	说明
1	新建一个项目		打开博途 V13-SP1 软件,新建一个项目

序号	步骤	图示	说明
2	安装智能传感器 GSD 文件	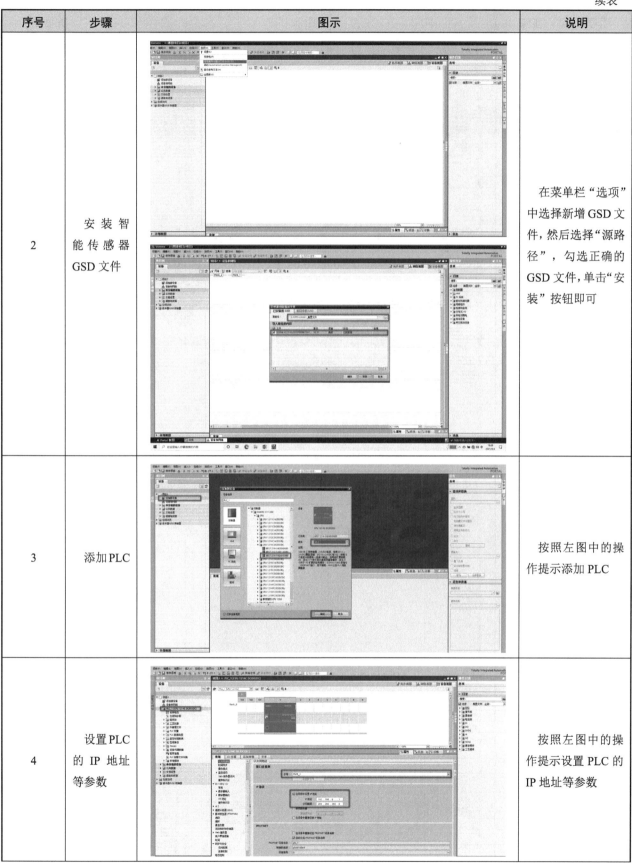	在菜单栏"选项"中选择新增 GSD 文件，然后选择"源路径"，勾选正确的 GSD 文件，单击"安装"按钮即可
3	添加 PLC		按照左图中的操作提示添加 PLC
4	设置 PLC 的 IP 地址等参数		按照左图中的操作提示设置 PLC 的 IP 地址等参数

续表

序号	步骤	图示	说明
5	添加智能网关模块	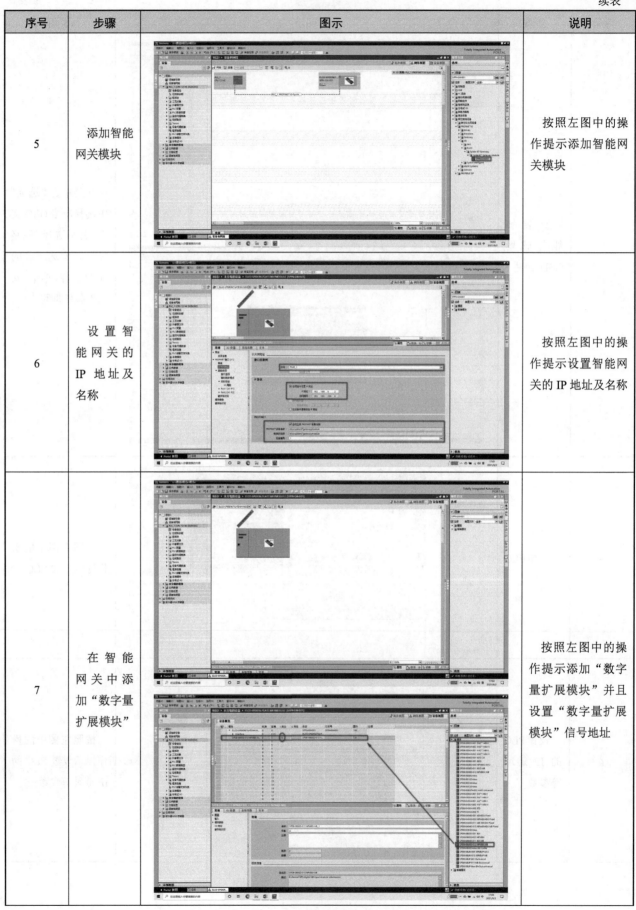	按照左图中的操作提示添加智能网关模块
6	设置智能网关的IP地址及名称		按照左图中的操作提示设置智能网关的IP地址及名称
7	在智能网关中添加"数字量扩展模块"		按照左图中的操作提示添加"数字量扩展模块"并且设置"数字量扩展模块"信号地址

序号	步骤	图示	说明
8	创建子程序		根据实际需要创建子程序，并且将子程序添加至主程序
9	编制启动、停止程序		根据控制要求编制启动、停止程序

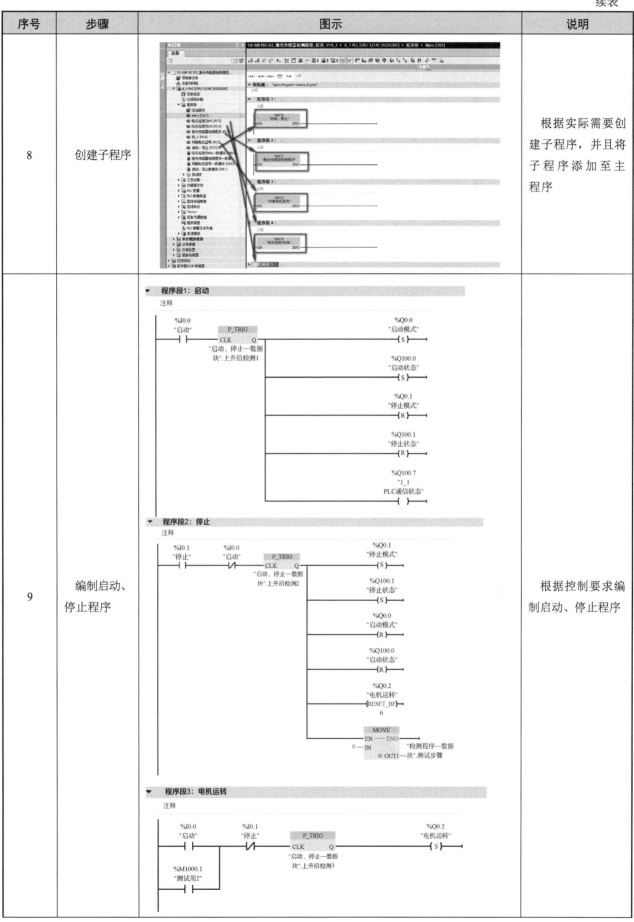

序号	步骤	图示	说明
9	编制启动、停止程序	**程序段1：电机停止** 注释 %I10.0 "光纤传感器" P_TRIG CLK Q "启动、停止一数据块". 上升沿检测4 %Q0.2 "电机运转" —(R)— %I10.1 "电感传感器" %I10.2 "光电传感器" %I10.3 "电容传感器" %I10.4 "霍尔传感器" %I0.1 "停止"	
10	编制检测程序	**程序段1：电容检测** 注释 %Q0.0 "启动模式" %I10.3 "电容传感器" %Q0.3 "电容检测灯" %Q101.0 "电容检测OK" **程序段2：霍尔检测** 注释 %Q0.0 "启动模式" %I10.4 "霍尔传感器" %Q0.4 "霍尔检测灯" %Q101.1 "霍尔检测OK" **程序段3：光纤检测** 注释 %Q0.0 "启动模式" %I10.0 "光纤传感器" %Q0.5 "光纤检测灯" %Q101.2 "光纤检测OK" %Q0.0 "启动模式" %I10.1 "电感传感器" %Q0.6 "电感检测灯" %Q101.3 "电感检测OK"	根据控制要求编制检测程序

序号	步骤	图示	说明
10	编制检测程序	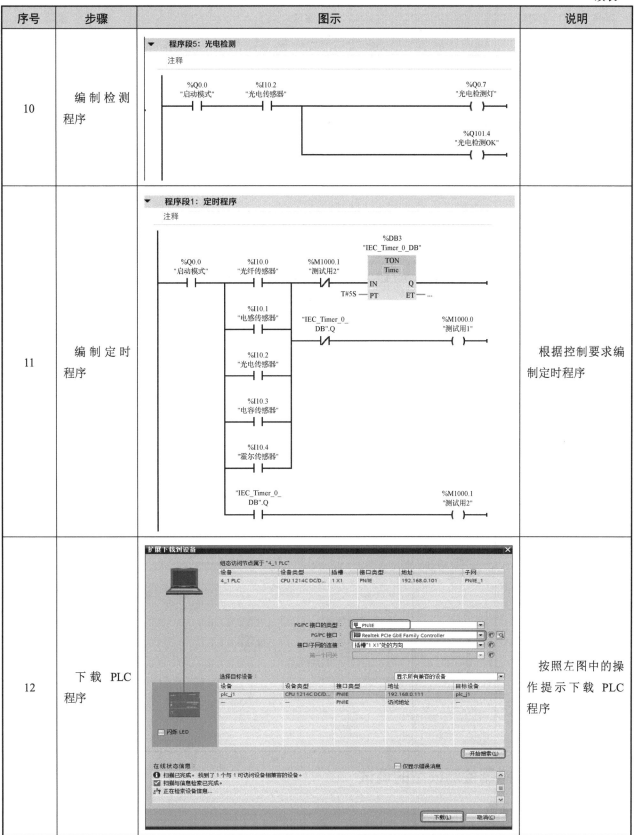	
11	编制定时程序		根据控制要求编制定时程序
12	下载 PLC 程序		按照左图中的操作提示下载 PLC 程序

续表

序号	步骤	图示	说明
12	下载 PLC 程序	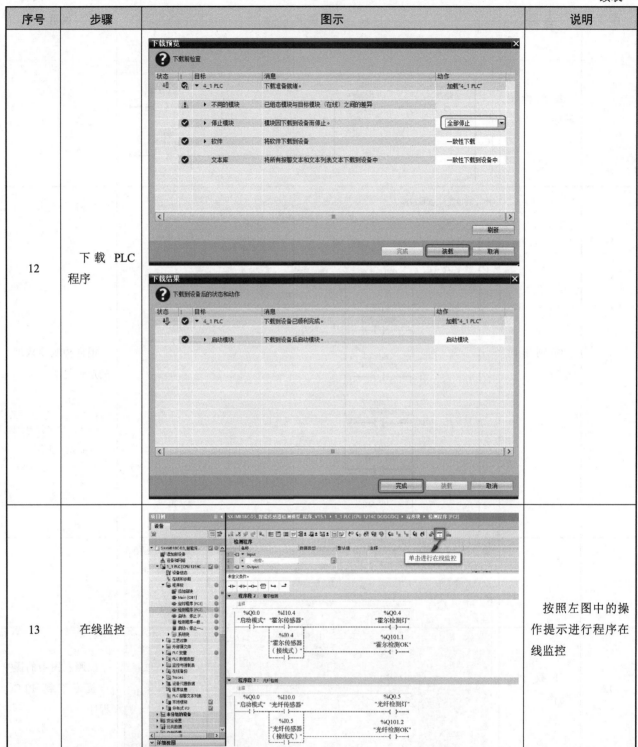	
13	在线监控		按照左图中的操作提示进行程序在线监控

三、智能传感器检测模型的调试

1. 上电前的准备

智能传感器检测模型调试上电前的准备工作如表 9-3-3 所示。

表9-3-3 智能传感器检测模型调试上电前的准备工作

序号	步骤	图示	说明
1	在断电的情况下检查 PLC 模块与智能传感器接口盒选插线连接是否有误，如果有误插，应及时更正		
2	在断电的情况下检查 PLC 模块中熔断器是否有损坏，如果有损坏，应及时更换		
3	在断电的情况下检查智能传感器接口盒中二极管是否有损坏，如果有损坏，应及时更换		

序号	步骤	图示	说明
4	在断电的情况下检查智能网关、PLC、计算机、交换机的网络通信线是否连接可靠	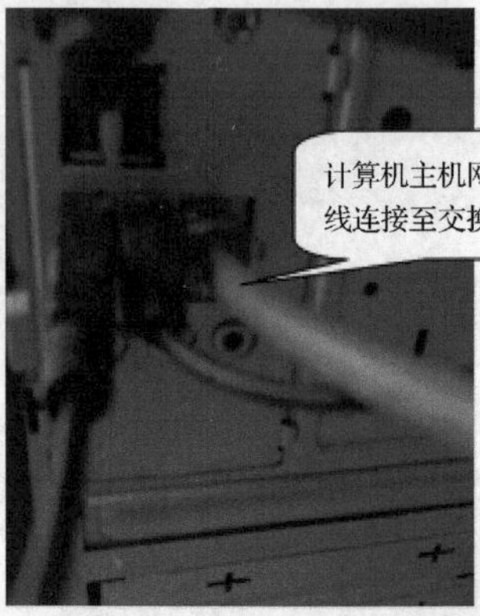 计算机主机网络通信线连接至交换机  智能网关、RJ45网络通信线连接至交换机 PLC网络通信线 检查交换机端口连接是否牢固	

2. 设备上电操作

智能传感器检测模型调试上电操作的方法及步骤如表 9-3-4 所示。

表9-3-4　智能传感器检测模型调试上电操作的方法及步骤

序号	步骤	图示	说明
1	闭合实训屏电源开关，使工业排插和工业交换机正常上电	实训屏电源信号灯　工业交换机插头　工业排插插头	
2	闭合 PLC 模块电源开关，使 PLC、智能网关正常上电	闭合PLC模块电源开关　PLC指示灯	
3	先将程序导入 PLC 中，按下"启动"按钮，智能传感器的电机自动运转	启动　停止	

序号	步骤	图示	说明
4	智能传感器检测到物料后，通过智能网关将信号发给 PLC，同时置位对应指示灯		

3. 设备断电操作

智能传感器检测模型调试完毕后设备断电操作的方法及步骤如表 9-3-5 所示。

表9-3-5　智能传感器检测模型调试完毕后设备断电操作的方法及步骤

序号	步骤	图示	说明
1	调试完毕，需要对相关设备进行断电操作，先断开 PLC 模块电源，此时智能传感器检测模型的电源随之断开		
2	完成 PLC 模块断电操作和智能传感器检测模型断电操作后，即可将实训岛电源全部断开，以确保实训岛在结束学习后处于失电状态		

4. 故障排除

智能传感器检测模型调试故障查询表如表 9-3-6 所示。

表9-3-6　智能传感器检测模型调试故障查询表

代码	故障现象	故障原因	解决办法
Er020	电机正常运转，传感器一直没有被触发	智能传感器与 PLC 通信不成功	检查 PLC 与智能网关、计算机的 IP 地址
		智能传感器与 PLC 组态不成功	检查智能传感器与 PLC 的组态内容

代码	故障现象	故障原因	解决办法
Er020		智能传感器与交换机通信断开	检查智能网关与交换机之间的网络通信线是否断开
Er021	传感器检测到物料后，对应的指示灯无动作	指示灯损坏	用万用表测量指示灯的两端，判断指示灯是否损坏
		指示灯的连接线缆存在断点	用万用表测量指示灯的两端，检查线路是否有断点
		指示灯的插座地址与 PLC 程序地址不一致	检查 PLC 程序地址是否与实际插座地址一致
Er023	PLC 模块上电后，智能网关始终处于断电状态	智能传感器接口盒中二极管已损坏	更换同等规格的二极管
		PLC 模块连接智能传感器接口盒的电源线插座处的熔断器已损坏	更换 PLC 模块连接智能传感器接口盒的电源线插座处的熔断器

任务测评

对任务实施的完成情况进行检查，并将结果填入表 9-3-7 中。

表9-3-7   任务测评表

序号	主要内容	考核项目	评分标准	配分	扣分	得分
1	智能传感器检测模型的编程与调试	智能传感器检测模型的 PLC 编程设计	1. 智能传感器检测模型的 PLC 编程设计方法正确； 2. 组态搭建正确； 3. 启动、停止程序设计正确； 4. 5 种传感器检测程序设计正确； 5. 定时程序设计正确； 6. 程序下载方法正确； 7. 在线监控方法正确	50 分		
		智能传感器检测模型的调试	1. 智能传感器检测模型的调试方法及步骤正确； 2. 智能传感器检测模型调试上电前的准备和检查方法及步骤正确； 3. 智能传感器检测模型调试上电操作的方法及步骤正确； 4. 设备断电操作的方法及步骤正确	25 分		
		故障排除	1. 智能传感器检测模型调试过程中的故障排除操作方法正确； 2. 能初步找出故障所在、原因及解决方法； 3. 能准确判断故障原因并找出解决方法	15 分		
2	安全文明生产	劳动保护用品穿戴整齐；遵守操作规程；操作结束要清理现场	1. 操作中，违反安全文明生产考核要求的任何一项扣 2 分，扣完为止； 2. 当发现学生有重大事故隐患时，要立即予以制止，并每次扣安全文明生产分 5 分	10 分		
合　计						

项目10

超声波传感器检测系统的搭建

 项目目标

◇ 知识目标：

1. 了解超声波传感器的工作过程及使用方法。

2. 掌握超声波传感器的基本构成。

3. 掌握超声波传感器检测系统的搭建方法。

4. 掌握超声波传感器检测模型的电气连接与操作方法。

5. 掌握超声波传感器检测模型的组态设置方法。

6. 掌握超声波传感器检测模型的编程与调试方法。

◇ 能力目标：

1. 能根据原理图，完成超声波传感器检测模型的电气连接与参数设置。

2. 能根据控制要求，完成超声波传感器检测模型的组态设置。

3. 能根据工艺流程，完成超声波传感器检测模型的编程与调试。

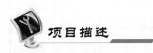 项目描述

超声波传感器主要通过超声波的声波特性，利用超声波检测和扫描待检测物料，通过系统对检测的数据信息进行计算和分析，从而判断待检测物料的产品型号、外观尺寸、外观光洁度等。本项目主要包括超声波传感器检测模型的电气连接与参数设置、超声波传感器检测模型的模拟量组态设置、超声波传感器检测模型的编程与调试3个任务，要求学生通过这3个任务的学习，进一步掌握超声波传感器的工作过程及使用方法，加深理解超声波传感器的基本构成，掌握超声波传感器的基本应用，学会搭建简单的超声波传感器检测系统，并能够进行简单的应用。

超声波传感器检测模型智能岛如图 10-0-1 所示，现要求搭建一个超声波传感器检测系统，具体要求如下。

（1）启动检测前，需要完成超声波传感器接口盒与 PLC 的电气连接，检查超声波传感器

检测模型的电气接线是否有误等。

（2）完成电气连接后，按下"启动"按钮，待检测物料随皮带运行，超声波传感器检测到物料时，电机停止，皮带停止运行。

（3）超声波传感器将检测到的数据发送给 PLC，PLC 通过分析计算并判断待检测物料的型号等信息，置位对应指示灯，同时将判断结果上传至云平台。

（4）按下"停止"按钮，即可终止检测过程，同时对数据进行清除复位操作。

图10-0-1 超声波传感器检测模型智能岛

任务 1 超声波传感器检测模型的电气连接与参数设置

 学习目标

◇ 知识目标：

1. 了解超声波传感器的定义及组成。

2. 了解超声波传感器的分类及主要性能指标。

3. 掌握超声波传感器的工作模式和检测模式。

4. 掌握超声波传感器检测模型的组成。

5. 掌握超声波传感器检测数值的设置方法。

◇ 能力目标：

1. 能根据原理图，完成超声波传感器检测模型的电气连接。

2. 能根据控制要求，完成超声波传感器检测数值的设置。

工作任务

本任务是通过学习，了解超声波传感器的分类、特性及应用，掌握超声波传感器检测系统的基本应用，并能完成激光传感器检测模型的电气连接与检测数值设置。

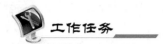

相关知识

一、超声波传感器

超声波传感器是将超声波信号转换成其他能量信号（通常是电信号）的传感器。超声波是振动频率高于 20Hz 的机械波，具有频率高、波长短、绕射现象小，特别是方向性好、能够成为射线而定向传播等特点。超声波对液体、固体的穿透本领很大，尤其是在阳光不透明的固体中。超声波碰到杂质或分界面会形成反射回波，碰到活动物体能产生多普勒效应。超声波传感器广泛应用于工业、国防、生物医学等方面。常见的超声波传感器如图 10-1-1 所示。

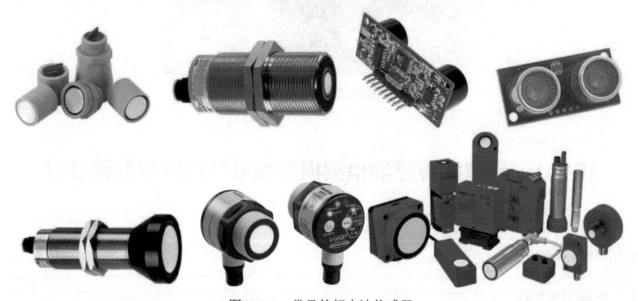

图10-1-1　常见的超声波传感器

1．超声波传感器的组成

超声波传感器主要由发送传感器（或称波发送器）、接收传感器（或称波接收器）、控制部分和电源部分组成。各组成部分的功能如下。

1）发送传感器

发送传感器由发送器和使用直径约为 15mm 的陶瓷振子换能器组成。陶瓷振子换能器的作用是将陶瓷振子的电振动能量转换成超能量并向空中辐射。

2）接收传感器

接收传感器由陶瓷振子换能器和放大电路组成。陶瓷振子换能器接收波产生机械振动，并将其变换成电能量，作为接收传感器的输出，从而对发送的超声波信号进行检测。在实际使用中，用作发送传感器的陶瓷振子换能器也可以用作接收传感器的陶瓷振子换能器。

3）控制部分

控制部分主要通过用集成电路对发送器发出的脉冲链频率、占空比、稀疏调制、计数及探测距离等进行控制，并判断接收传感器是否接收到信号（超声波），以及已接收信号的大小。

4）电源部分

超声波传感器通常采用电压为 DC 12V ± 1.2V 或 24V ± 2.4V 外部直流电源供电，经内部稳压电路供给传感器工作。

2．超声波传感器的分类

超声波传感器主要材料有压电晶体（电致伸缩）及镍铁铝合金（磁致伸缩）两类。电致伸缩的材料有锆钛酸铅（PZT）等。压电晶体组成的超声波传感器是一种可逆传感器，可以将电能转变成机械振荡而产生超声波，同时它接收到超声波时，也能转变成电能，所以它可以分成发送器和接收器。有的超声波传感器既能发送，也能接收。在此仅介绍小型超声波传感器，发送与接收略有差别，它适用于在空气中传播，工作频率一般为23kHz～25kHz及40kHz～45kHz。这类传感器适用于测距、遥控、防盗等。这类传感器类型有 T/R-40-16、T/R-40-12（其中 T 表示发送，R 表示接收，40 表示频率为 40kHz，16 及 12 表示其外径尺寸，以毫米计）等。另有一种密封式超声波传感器（MA40EI 型），其特点是具有防水作用（但不能放入水中），可以作料位及接近开关用，它的性能较好。超声波传感器应用有三种基本类型，透射型超声波传感器用于遥控器、防盗报警器、自动门、接近开关等；分离式反射型超声波传感器用于测距、液位或料位；反射型超声波传感器用于材料探伤、测厚等。

常用的超声波传感器由压电晶片组成，既可以发射超声波，也可以接收超声波。小功率超声波探头多作探测用，它有许多不同的结构，可分直探头（纵波）、斜探头（横波）、表面波探头（表面波）、兰姆波探头（兰姆波）、双探头（一个探头用于发射，一个探头用于接收）等。

3．超声波的性能指标

超声波探头的核心是其塑料外套或者金属外套中的一块压电晶片。构成压电晶片的材料可以有许多种。压电晶片的大小，如直径和厚度也各不相同，因此每个探头的性能是不同的。超声波传感器的主要性能指标包括以下几个方面。

1）工作频率

工作频率就是压电晶片的共振频率。当加到压电晶片两端的交流电压的频率和压电晶片的共振频率相等时，压电晶片输出的能量最大，灵敏度也最高。

2）工作温度

由于压电材料的居里温度一般比较高，特别是诊断用的超声波探头的使用功率较小，所以它工作温度比较低，可以长时间地工作而不失效。医疗用的超声波探头的工作温度比较高，需要单独的制冷设备。

3）灵敏度

灵敏度主要取决于压电晶片本身。机电耦合系数大，灵敏度高；反之，灵敏度低。

4）指向性

指向性是超声波传感器的探测范围。

4．超声波传感器的工作模式

超声波传感器利用声波介质对被测物体进行非接触式无磨损的检测。超声波传感器对透明或有色物体，金属或非金属物体，固体、液体、粉状物体均能检测。其检测性能几乎不受任何环境条件的影响，包括烟尘环境和雨天。

1）检测模式

超声波传感器主要采用直接反射式的检测模式，如图10-1-2所示。位于传感器前面的被测物体通过将发射的声波部分地发射回传感器的接收器，从而使传感器检测到被测物体。

还有部分超声波传感器采用对射式的检测模式，如图10-1-3所示。一套对射式超声波传感器包括一个发射器和一个接收器，两者之间持续保持"收听"。位于接收器和发射器之间的被测物体将会阻断接收器接收发射的超声波，从而传感器将产生开关信号。

图10-1-2　超声波传感器直接反射式的检测模式

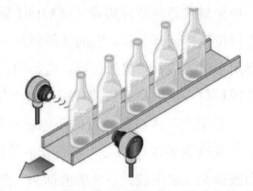

图10-1-3　超声波传感器对射式的检测模式

2）检测范围

超声波传感器的检测范围取决于其使用的波长和频率。波长越长，频率越小，检测距离越长。例如，具有毫米级波长的紧凑型传感器的检测范围为300～500mm、波长大于5mm的传感器的检测范围可达8m。一些传感器具有较窄的声波发射角6º，因而更适合精确检测相对较小的物体。另一些声波发射角在12～15º的传感器能够检测具有较大倾角的物体。此外，还有外置探头型超声波传感器，其相应的电子线路位于常规传感器外壳内，这种结构更适合检测安装空间有限的场合。

3）调节

几乎所有超声波传感器都能对开关输出的近点和远点或测量范围进行调节。在设定范围外的物体可以被检测到，但是不会触发输出状态的改变。一些传感器具有不同的调节参数，如传感器的响应时间、回波损失性能，以及传感器与设备连接使用时对工作方向的设定调节等。

4）重复精度

波长等因素会影响超声波传感器的精度，其中最主要的影响因素是随温度变化的声波速度，因而许多超声波传感器具有温度补偿的特性。该特性能使模拟量输出型超声波传感器在一个大温度范围内获得高达 0.6mm 的重复精度。

5）输出功能

所有系列的超声波传感器都有开关量输出型产品。一些产品还有 2 路开关量输出（如最小和最大液位控制）。大多数系列的超声波传感器都能提供具有模拟电流或模拟电压输出的产品。

6）噪声抑制

金属敲击声、轰鸣声等噪声不会影响超声波传感器的参数赋值，这主要是因为频率范围的优选和已获专利的噪声抑制电路。

7）同步功能

超声波传感器的同步功能可防干扰。各超声波传感器通过将各自的同步线进行简单的连接来实现同步功能，它们同时发射声波脉冲，像单个传感器一样工作，同时具有扩展的检测角度。

8）交替工作

以交替方式工作的超声波传感器彼此间是相互独立的，不会相互影响。以交替方式工作的超声波传感器越多，响应的开关频率越低。

9）检测条件

超声波传感器特别适合在"空气"这种介质中工作，这种传感器也能在其他气体介质中工作，但需要进行灵敏度的调节。

10）盲区

直接反射式超声波传感器不能可靠检测位于超声波换能器前段的部分物体，因此超声波换能器与检测范围起点之间的区域被称为盲区。超声波传感器在这个区域内必须保持不被阻挡。

11）温湿度

空气温度与湿度会影响声波的行程时间。空气温度每上升 20℃，检测距离最多增加 3.5%。在相对干燥的空气条件下，湿度的增加将导致声速最多增加 2%。

12）空气压力

常规情况下，大气变化±5%（选一固定参考点）将导致检测范围变化±0.6%。大多数情况下，传感器在 5bar 压力下使用没有问题。

13）气流

气流的变化将会影响声速，然而由最高至 10m/s 的气流速度造成的影响是微不足道的。在产生空气涡流比较普遍的条件下，对于灼热的金属而言，建议不要采用超声波传感器进行检测，因为对失真变形的声波的回声进行计算是非常困难的。

5．超声波传感器的检测方式

根据被检测对象的体积、材质，以及是否可移动等特征，超声波传感器采用的检测方式有所不同，常见的检测方式有以下 4 种。

1）穿透式

发送器和接收器分别位于两侧，当被检测对象从它们之间通过时，根据超声波的衰减（或遮挡）情况进行检测。

2）限定距离式

发送器和接收器位于同一侧，当限定距离内有被检测对象通过时，根据反射的超声波进行检测。

3）限定范围式

发送器和接收器位于限定范围的中心，反射板位于限定范围的边缘，并以没有被检测对象遮挡时的反射波衰减值作为基准值。当限定范围内有被检测对象通过时，根据反射波的衰减情况（将衰减值与基准值比较）进行检测。

4）回归反射式

发送器和接收器位于同一侧，以被检测对象（平面物体）作为反射面，根据反射波的衰减情况进行检测。

二、超声波传感器检测模型

本任务的超声波传感器检测模型主要由超声波传感器、超声波传感器接口盒和超声波传感器检测模型组件，如图 10-1-4 所示。

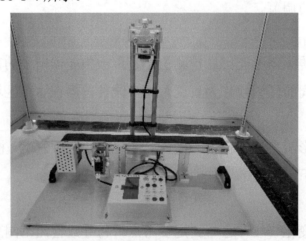

图10-1-4　超声波传感器检测模型

1．超声波传感器

本任务所使用的超声波传感器如图 10-1-5 所示。它需外接 DC 24V 电源进行供电，检测距离为 100～1000mm，检测频率为 224kHz，输出方式为 0～10V 模拟量、开关量，开关量可设定为 NPN 或 PNP，支持 Teach-in 示教，适用于循环控制、卷径测量、厚度测量、定位等。

1）超声波传感器面板按键

超声波传感器面板上有 2 个按键，分别为示教按键（MODE）和模拟量按键（ANALOG），同时有 5 个指示灯，分别为电源指示灯（POWER）、信号灯（SIGNAL）、输出灯（OUTPUT）、回波信号较强信号灯（FAST）、回波信号较弱信号灯（SLOW），如图 10-1-6 所示。超声波传感器指示灯的意义如表 10-1-1 所示。

图10-1-5　超声波传感器

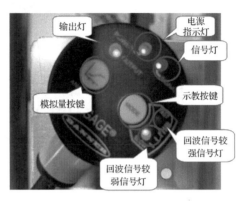

图10-1-6　超声波传感器面板示意图

表10-1-1　超声波传感器指示灯的意义

序号	指示灯名称	灯光显示	说明
1	信号灯	亮红灯	表示回波信号良好
2	信号灯	红灯闪烁	表示回波信号弱
3	信号灯	不亮	表示没有回波信号
4	电源灯	亮绿灯	正常操作模式
5	电源灯	闪烁	表示输出过载
6	电源灯	不亮	没有上电，或者传感器处于示教模式

2）超声波传感器电路连接图

超声波传感器共有 5 根电缆线，分别是棕色线、白色线、蓝色线、黑色线、灰色线，其中，棕色线连接 DC 24V 电源，蓝色线连接 DC 0V 电源，黑色线连接开关量（本任务未采用），白色线连接 PLC 模拟量输入端，灰色线为远程示教线（本任务未采用）。图 10-1-7 所示为超声波传感器电路连接图。

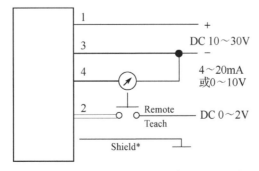

1—棕色；2—白色；3—蓝色；4—黑色

图10-1-7　超声波传感器电路连接图

2．超声波传感器接口盒

图 10-1-8 所示为超声波传感器接口盒。

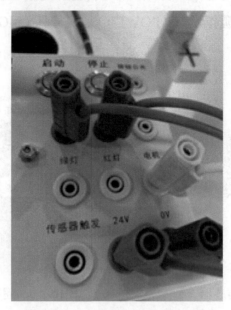

图10-1-8　超声波传感器接口盒

3．超声波传感器检测模型组件

超声波传感器检测模型组件主要由超声波传感器固定架、支架固定板、超声波物料治具座组成。

任务实施

一、任务准备

实施本任务教学所使用的设备器材及工具仪表可参考表 10-1-2。

表10-1-2　设备器材及工具仪表

序号	分类	名称	型号规格	数量	单位	备注
1	工具仪表	万用表		1	块	
2		常用电工工具		1	套	
3		卷尺	1m 以上	1	卷	
4	设备器材	超声波传感器	T30UXUA（输出 0～10V）	1	个	
5		快插线		若干	根	
6		PLC	S7-1200	1	台	
7		直流减速电机	Z2D10-24GN-2GN-50K	1	台	
8		超声波传感器接口盒		1	个	
9		铝制拉手	铝孔距 90mm	2	个	
10		锥形橡胶脚垫	25mm×20mm×13mm 黑色	4	个	
11		超声波传感器检测模型组件		1	套	

二、超声波传感器检测模型的电气线路安装

按照图 10-1-9 所示的超声波传感器与电机正反转控制线路电气原理图和如图 10-1-10 所示的超声波传感器接口盒电气原理图，进行超声波传感器检测模型的电气线路安装，具体的安装方法如表 10-1-3 所示。

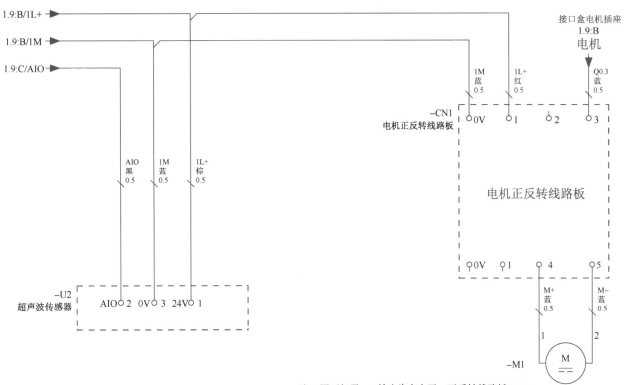

注：因西门子PLC输出为高电平，正反转线路板CN320的24V和0V端对调连接

图10-1-9　超声波传感器与电机正反转控制线路电气原理图

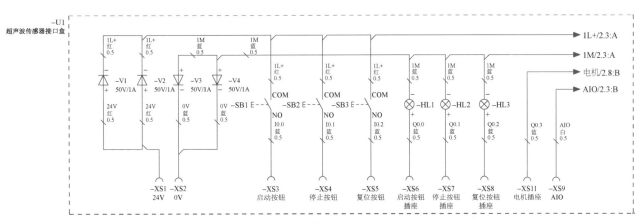

图10-1-10　超声波传感器接口盒电气原理图

表10-1-3　超声波传感器检测模型的电气线路安装方法

序号	元器件名称	图示	安装说明
1	超声波传感器接口盒		（1）超声波传感器电源线连接至超声波传感器接口盒； （2）选插线一端连接至超声波传感器接口盒，另一端连接至PLC模块
2	PLC模块		选插线一端连接至PLC模块，另一端连接至超声波传感器接口盒

三、超声波传感器检测模型检测数值的设置

超声波传感器检测模型检测数值的设置方法及步骤如表10-1-4所示。

表10-1-4　超声波传感器检测模型检测数值的设置方法及步骤

序号	项目内容	图示	操作说明	指示灯状态
1	进入设置模式		按住示教按键2s，直到绿灯灭	绿灯灭，黄灯亮，红灯闪烁，表示物体在回波范围内

续表

序号	项目内容	图示	操作说明	指示灯状态
2	设置"0V"位置		设定检测范围的第一个点，将物体放在第一个点（距超声波传感器本体100mm）的检测距离上，按下并在2s内松开示教按键	绿灯灭，黄灯闪烁，红灯稳定亮，然后闪烁，表示回波强度
3	设置"10V"位置		设定检测范围的第二个点，将物体放在第二个点（距超声波传感器本体1000mm）的检测距离上，按下并在2s内松开示教按键	绿灯亮，返回运行模式，黄灯亮或灭，红灯闪烁，表示回波强度

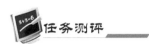
任务测评

对任务实施的完成情况进行检查，并将结果填入表 10-1-5 中。

表10-1-5　任务测评表

序号	主要内容	考核项目	评分标准	配分	扣分	得分
1	超声波传感器检测模型的电气线路安装与检测数值设置	电气线路安装	1. 超声波传感器检测模型的电气线路安装方法及步骤正确； 2. 超声波传感器的电源线连接正确； 3. 超声波传感器与PLC模块连接正确	40分		
		超声波传感器检测数值设置	1. 超声波传感器检测数值的设置方法及步骤正确； 2. 超声波传感器设置"0V"位置的方法及步骤正确； 3. 超声波传感器设置"10V"位置的方法及步骤正确	50分		
2	安全文明生产	劳动保护用品穿戴整齐；遵守操作规程；操作结束要清理现场	1. 操作中，违反安全文明生产考核要求的任何一项扣2分，扣完为止； 2. 当发现学生有重大事故隐患时，要立即予以制止，并每次扣安全文明生产分5分	10分		
			合　计			

任务 2   超声波传感器检测模型的模拟量组态设置

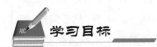

◇ 知识目标：

1．了解超声波传感器测距应用。

2．掌握 S7-1200 PLC 中的"SCALE_X"和"NORM_X"两条帮助转换的指令的基本应用。

3．掌握超声波传感器检测模型的模拟量组态设置方法。

◇ 能力目标：

能根据控制要求，完成超声波传感器检测模型的模拟量组态设置。

本任务是通过学习，了解超声波传感器测距应用，掌握超声波传感器检测模型的模拟量组态设置方法，并能根据要求完成超声波传感器检测模型的模拟量组态设置。

一、超声波传感器测距应用

1．模拟量

本模型配套 PLC 为西门子 S7-1200 PLC，其内部集成了 2 路模拟量信号输入通道，分别为"A1""A2"，其能够同时处理 2 路模拟量信号，对应软件地址分别为"IW64""IW66"。

2．模拟量转换原理

PLC 模拟量输入有效值在 0～27 648 范围内，温度传感器测得的数值转换为一个范围为 0～10V 的连续电压信号并输入 PLC，其中 0V 表示温度传感器测量值的 0℃，10V 表示温度传感器测量值的 100℃。模拟量经 PLC 内部的 A/D 转换后变成一个范围为 0～27 648 的数字量储存在特定的寄存器中。模拟量转换原理如图 8-2-1 所示。

二、超声波传感器的模拟量指令

超声波传感器的模拟量指令同激光传感器的模拟量指令，此处不再赘述。

一、任务准备

实施本任务教学所使用的设备器材及工具仪表可参考表 10-1-2。

二、超声波传感器检测模型的模拟量组态设置

1．创建新项目

打开博途 V13-SP1 软件，创建一个新项目，如图 7-4-2 所示。

2．添加 PLC

按照图 7-4-3 所示的步骤添加一个"1214C DC/DC/DC"系列 PLC，型号选用"V4.1"。

3．查看模拟量通道地址

右击如图 10-2-1 所示的项目树"设备"窗口中的"4_1 PLC[CPU 1214C DC/DC/DC]"选项，弹出如图 10-2-2 所示的对话框，在"常规"选项卡中查看模拟量通道地址等信息。

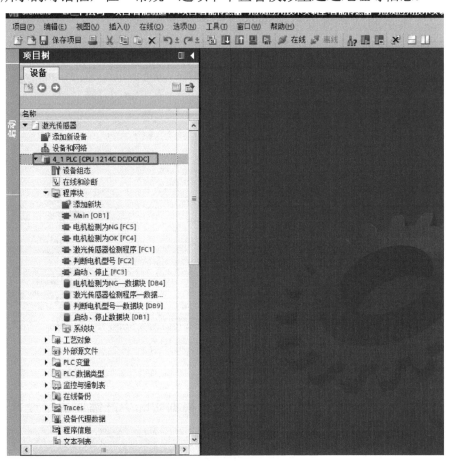

图10-2-1　项目树"设备"窗口

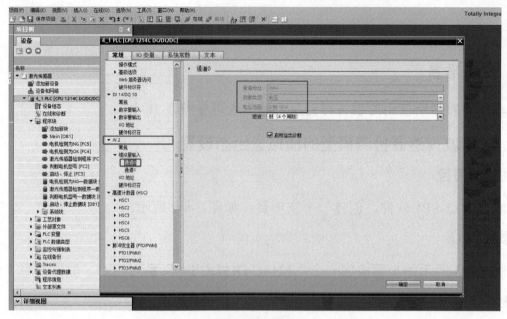

图10-2-2　查看模拟量通道地址等信息

4．添加模拟量指令

按照图 10-2-3 所示的顺序将模拟量指令添加至新建程序中。

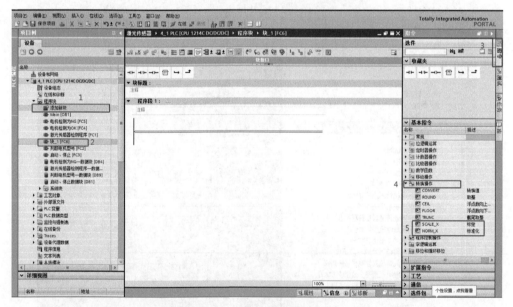

图10-2-3　添加模拟量指令

5．组态模拟量指令

按照图 10-2-4 所示的界面，将两条模拟量指令根据实际生产需要进行设置。

图10-2-4　组态模拟量指令界面

任务测评

对任务实施的完成情况进行检查，并将结果填入表 10-2-1 中。

表10-2-1 任务测评表

序号	主要内容	考核项目	评分标准	配分	扣分	得分
1	超声波传感器与 PLC 模拟量的组态	组态设置	1. 超声波传感器与 PLC 模拟量的组态设置操作方法及步骤正确； 2. 添加的 PLC 型号等参数正确； 3. 添加模拟量指令的操作方法正确； 4. 组态模拟量指令设置正确	90 分		
2	安全文明生产	劳动保护用品穿戴整齐；遵守操作规程；操作结束要清理现场	1. 操作中，违反安全文明生产考核要求的任何一项扣 2 分，扣完为止； 2. 当发现学生有重大事故隐患时，要立即予以制止，并每次扣安全文明生产分 5 分	10 分		
合　计						

任务 3　超声波传感器检测模型的编程与调试

学习目标

✧ 知识目标：

1. 掌握超声波传感器检测模型的工艺流程。
2. 掌握超声波传感器检测模型的编程与调试方法。

✧ 能力目标：

1. 能根据工艺流程，完成超声波传感器检测模型的 PLC 程序设计。
2. 能根据控制要求，完成超声波传感器检测模型的调试。
3. 能完成超声波传感器检测模型的调试过程中的故障排除。

工作任务

本任务是通过学习，掌握超声波传感器检测模型的工艺流程，并能完成超声波传感器检测模型的 PLC 程序设计和调试。控制要求如下。

（1）当 PLC 与超声波传感器检测模型正常接通适配电源后，将待检测物料同底模放置在

皮带上，按下"启动"按钮，电机带动皮带运转。

（2）超声波传感器检测到物料后，电机停止运行，超声波传感器将检测到的数据发送给PLC，PLC接收数据并进行分析和计算，最后判断电机型号，置位相应指示灯，同时将检测结果上传至云平台。

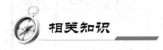相关知识

一、超声波传感器检测模型的工艺流程

超声波传感器检测模型的工艺流程如图 10-3-1 所示。

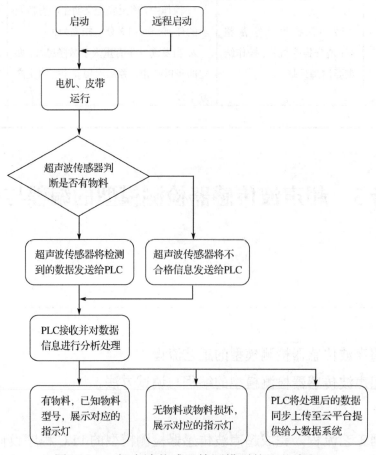

图10-3-1　超声波传感器检测模型的工艺流程

二、PLC 的 I/O 地址分配表

PLC 的 I/O 地址分配表如表 10-3-1 所示。

表10-3-1　PLC的I/O地址分配表

序号	名称	地址	说明
1	启动	I0.0	超声波传感器接口盒启停按钮
2	停止	I0.1	

续表

序号	名称	地址	说明
3	远程启动	I100.0	云平台远程监控
4	远程停止	I100.1	
5	启动模式	Q0.0	PLC 启动指示灯
6	停止模式	Q0.1	PLC 停止指示灯
7	电机运转	Q0.2	电机运转指示灯
8	检测失败	Q0.3	检测失败指示灯
9	42A	Q0.4	42A 型电机检测成功
10	42B	Q0.5	42B 型电机检测成功
11	35A	Q0.6	35A 型电机检测成功
12	35B	Q0.7	35B 型电机检测成功
13	启动状态	Q100.0	云平台远程监控
14	停止状态	Q100.1	
15	PLC 通信状态	Q100.7	
16	42A 检测 OK	Q101.0	
17	42B 检测 OK	Q101.1	
18	35A 检测 OK	Q101.2	
19	35B 检测 OK	Q101.3	
20	电机检测 NG	Q101.4	
21	超声波检测结果	MD600	超声波传感器检测结果

任务实施

一、任务准备

实施本任务教学所使用的设备器材及工具仪表可参考表 10-1-2。

二、超声波传感器检测模型的 PLC 编程

超声波传感器检测模型的 PLC 编程方法及步骤如表 10-3-2 所示。

表10-3-2 超声波传感器检测模型的PLC编程方法及步骤

序号	步骤	图示	说明
1	新建项目		打开博途 V13-SP1 软件，创建一个新项目

续表

序号	步骤	图示	说明
2	添加 PLC 型号	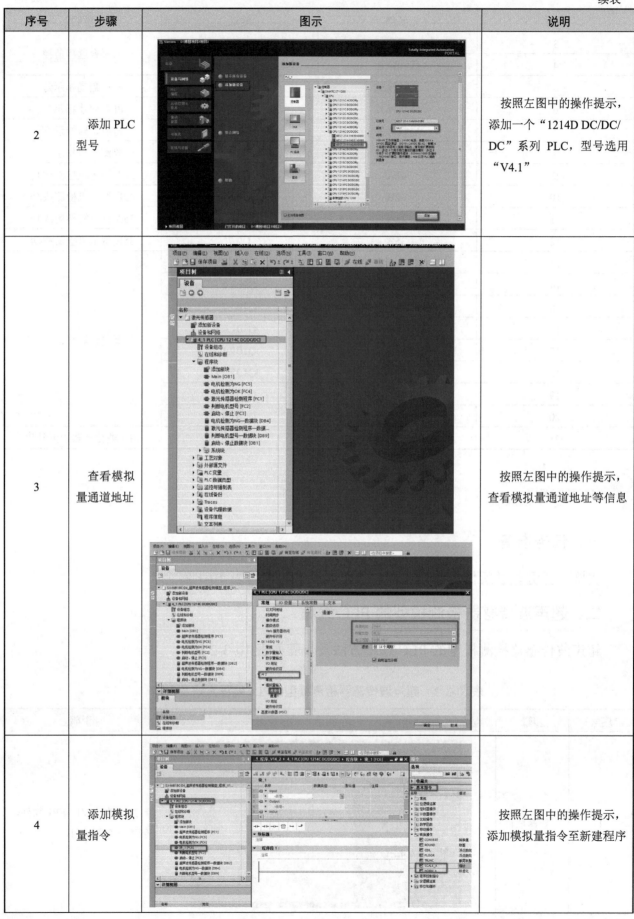	按照左图中的操作提示，添加一个"1214D DC/DC/DC"系列 PLC，型号选用"V4.1"
3	查看模拟量通道地址		按照左图中的操作提示，查看模拟量通道地址等信息
4	添加模拟量指令		按照左图中的操作提示，添加模拟量指令至新建程序

续表

序号	步骤	图示	说明
5	组态模拟量指令	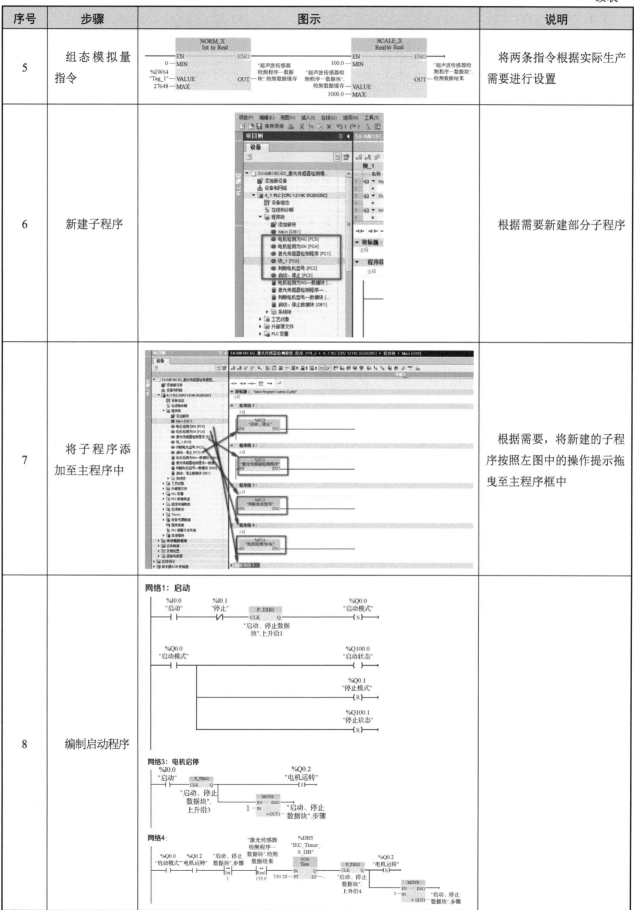	将两条指令根据实际生产需要进行设置
6	新建子程序		根据需要新建部分子程序
7	将子程序添加至主程序中		根据需要,将新建的子程序按照左图中的操作提示拖曳至主程序框中
8	编制启动程序		

续表

序号	步骤	图示	说明
8		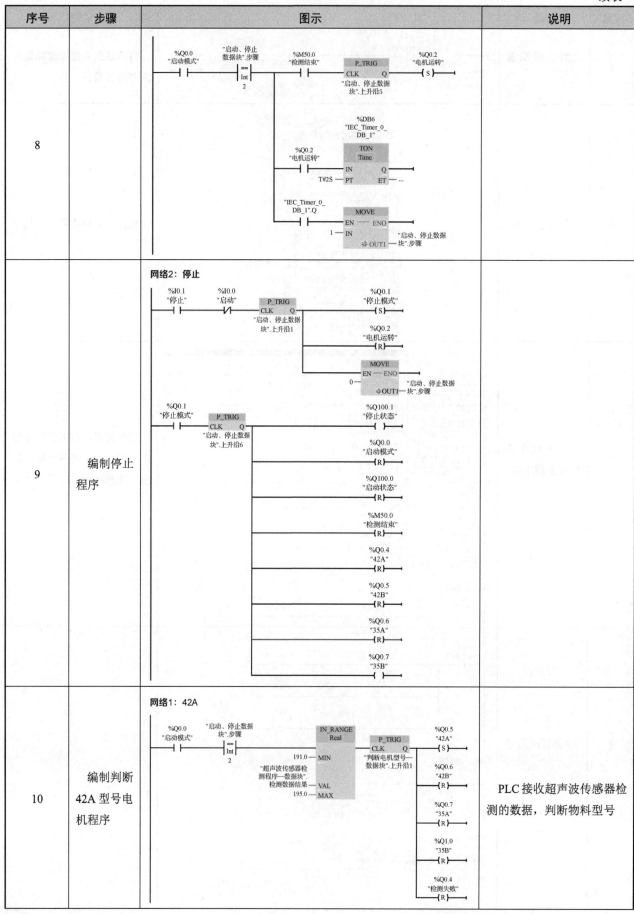	
9	编制停止程序		
10	编制判断42A型号电机程序		PLC接收超声波传感器检测的数据，判断物料型号

续表

序号	步骤	图示	说明
11	编制判断 42B 型号电机程序	网络2：42B %Q0.0 "启动模式" — "启动、停止数据块".步骤 ==Int 2 — IN_RANGE Real：197.0—MIN，"超声波传感器检测程序—数据块".检测数据结果—VAL，202.0—MAX — P_TRIG CLK Q "判断电机型号—数据块".上升沿2 — %Q0.6 "42B" (S)；%Q0.5 "42A" (R)；%Q0.7 "35A" (R)；%Q1.0 "35B" (R)；%Q0.4 "检测失败" (R)	PLC 接收超声波传感器检测的数据，判断物料型号
12	编制判断 35A 型号电机程序	网络3：35A %Q0.0 "启动模式" — "启动、停止数据块".步骤 ==Int 2 — IN_RANGE Real：203.0—MIN，"超声波传感器检测程序—数据块".检测数据结果—VAL，206.0—MAX — P_TRIG CLK Q "判断电机型号—数据块".上升沿3 — %Q0.7 "35A" (S)；%Q0.5 "42A" (R)；%Q0.6 "42B" (R)；%Q1.0 "35B" (R)；%Q0.4 "检测失败" (R)	PLC 接收超声波传感器检测的数据，判断物料型号
13	编制判断 35B 型号电机程序	网络4：35B %Q0.0 "启动模式" — "启动、停止数据块".步骤 ==Int 2 — IN_RANGE Real：207.0—MIN，"超声波传感器检测程序—数据块".检测数据结果—VAL，210.0—MAX — P_TRIG CLK Q "判断电机型号—数据块".上升沿4 — %Q1.0 "35B" (S)；%Q0.5 "42A" (R)；%Q0.6 "42B" (R)；%Q0.7 "35A" (R)；%Q0.4 "检测失败" (R)	PLC 接收超声波传感器检测的数据，判断物料型号
14	编制判断电机型号—不合格物料检测程序	网络5：无电机、错误操作 %Q0.0 "启动模式" — "启动、停止数据块".步骤 ==Int 2 — %M50.0 "检测结束" — OUT_RANGE Real：192.0—MIN，"超声波传感器检测程序—数据块".检测数据结果—VAL，211.0—MAX — P_TRIG CLK Q "判断电机型号—数据块".上升沿5 — %Q0.4 "检测失败" (S)；%Q0.5 "42A" (R)；%Q0.6 "42B" (R)；%Q0.7 "35A" (R)；%Q1.0 "35B" (R)	

续表

序号	步骤	图示	说明
15	编制超声波传感器检测程序	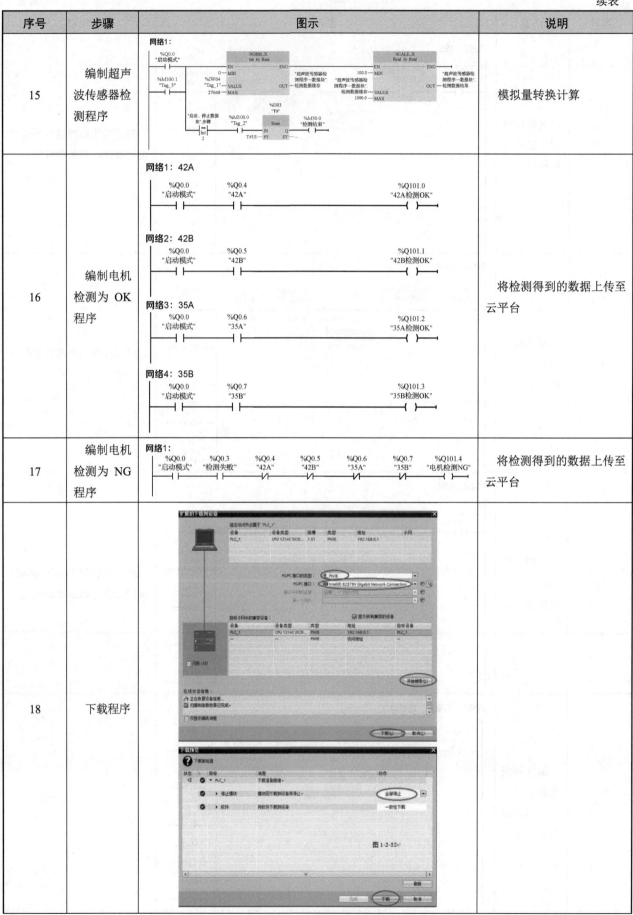	模拟量转换计算
16	编制电机检测为 OK 程序		将检测得到的数据上传至云平台
17	编制电机检测为 NG 程序		将检测得到的数据上传至云平台
18	下载程序		

序号	步骤	图示	说明
18	下载程序	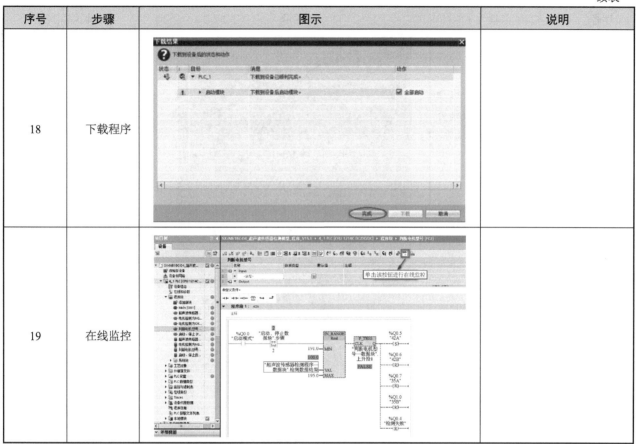	
19	在线监控		

三、超声波传感器检测模型的调试

1. 上电前的准备

超声波传感器检测模型调试上电前的准备工作如表 10-3-3 所示。

表10-3-3　超声波传感器检测模型调试上电前的准备工作

序号	步骤	图示	说明
1	提前准备待检测物料和底模		
2	在断电的情况下检查 PLC 模块与超声波传感器接口盒选插线连接是否有误，如果有误插，应及时更正		

续表

序号	步骤	图示	说明
3	在断电的情况下检查 PLC 模块中熔断器是否有损坏，如果有损坏，应及时更换		
4	在断电的情况下检查超声波传感器接口盒中二极管是否有损坏，如果有损坏，应及时更换	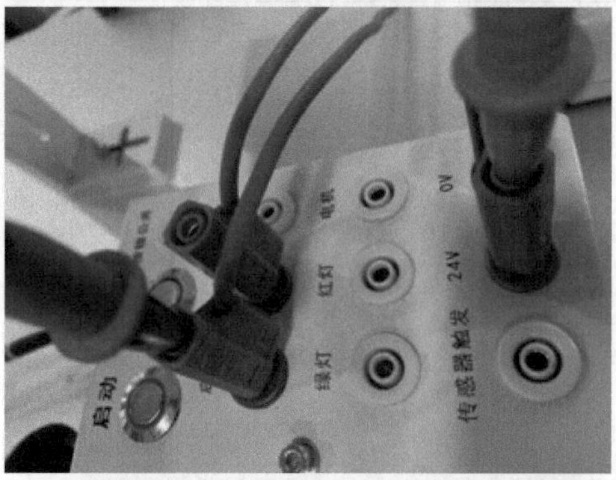	
5	在断电的情况下检查超声波传感器、PLC、计算机、交换机的网络通信线是否连接可靠	 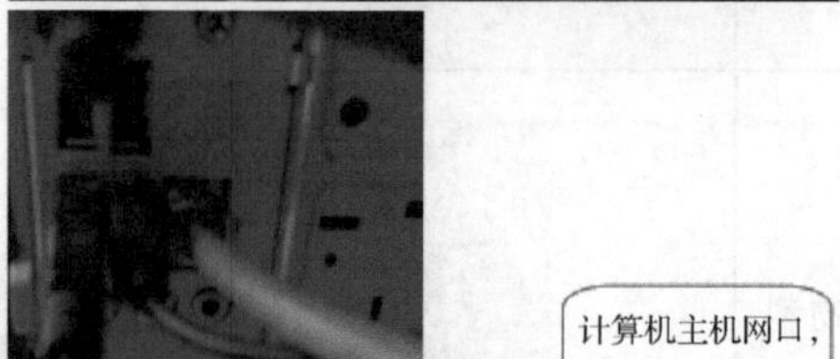 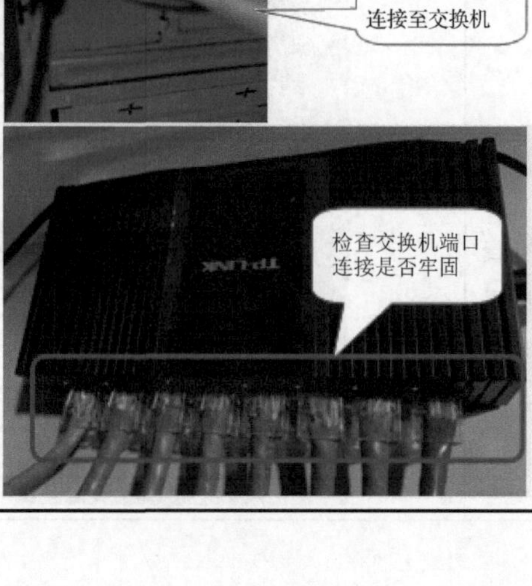 PLC网络通信线 计算机主机网口，连接至交换机 检查交换机端口连接是否牢固	

2．设备上电操作

超声波传感器检测模型调试上电操作的方法及步骤如表 10-3-4 所示。

表10-3-4　超声波传感器检测模型调试上电操作的方法及步骤

序号	步骤	图示	说明
1	提前准备待检测物料和底模，闭合实训屏电源开关，使工业排插和交换机正常上电	实训屏电源信号灯　工业交换机插头　工业排插插头	
2	闭合 PLC 模块电源开关，使 PLC、超声波传感器正常上电		
3	将待检测物料放置在皮带上，按下"启动"按钮，超声波传感器开始检测		

序号	步骤	图示	说明
4	超声波传感器检测到物料，PLC 程序或显示器即可进行展示		

3．设备断电操作

超声波传感器检测模型调试完毕设备断电操作的方法及步骤如表 10-3-5 所示。

表10-3-5　超声波传感器检测模型调试完毕设备断电操作的方法及步骤

序号	步骤	图示	说明
1	调试完毕，需要对相关设备进行断电操作，首先断开 PLC 模块电源，此时超声波传感器检测模型的电源随之断开		
2	完成 PLC 模块断电操作和超声波传感器检测模型断电操作后，即可将实训岛电源全部断开，以确保实训岛在结束学习后处于失电状态		

4．故障排除

超声波传感器检测模型调试故障查询表如表 10-3-6 所示。

表10-3-6　超声波传感器检测模型调试故障查询表

代码	故障现象	故障原因	解决办法
Er010	上电运行时，PLC 无法读取超声波传感器检测到的数据	模拟量指令和模拟量数据位故障	更改模拟量数据位（IW64）或检查模拟量指令
Er011	模型运行时，计算机力控画面无结果显示	计算机和 PLC 的 IP 地址设置错误	检查计算机的 IP 地址
		计算机力控软件中组态的 IP 地址设置错误	检查力控软件中组态的 IP 地址是否错误

续表

代码	故障现象	故障原因	解决办法
Er011		计算机力控软件中数据位地址使用错误	检查力控软件中使用的数据位地址是否同 PLC 程序中的数据位地址一致
		PLC 组态中将"允许从远程伙伴使用 PUT/GET 通信访问"功能关闭	进入 PLC 组态页面,选择电机 PLC 模块,右键单击属性,在常规栏中单击"保护"选项,在连接机制下,勾选"允许从远程伙伴使用 PUT/GET 通信访问"复选框
Er012	按下"启动"按钮后,电机不运转	电机电源线路故障	检查电机 DC24V 线路和 0V 线路,查看是否有断点
		电机送插线连接 PLC 输出地址错误	对照标准 I/O 地址分配表,或修改程序 I/O 地址,使送插线地址与 PLC 输出地址一致即可
Er013	计算机PLC程序无法上传/下载程序	计算机与 PLC 通信故障	检查计算机与 PLC 网络通信线是否正常连接
		计算机的 IP 地址设置错误	检查计算机的 IP 地址与 PLC 的 IP 地址是否在同一个网段

 任务测评

对任务实施的完成情况进行检查,并将结果填入表 10-3-7 中。

表10-3-7　任务测评表

序号	主要内容	考核项目	评分标准	配分	扣分	得分
1	超声波传感器检测模型的编程与调试	超声波传感器检测模型的 PLC 编程设计	1. 超声波传感器检测模型的 PLC 编程设计方法正确; 2. 组态搭建正确; 3. 启动、停止程序设计正确; 4. 判断 4 种电机型号程序设计正确; 5. 检测程序设计正确; 6. 程序下载方法正确; 7. 在线监控方法正确	50 分		
		超声波传感器检测模型的调试	1. 超声波传感器检测模型的调试方法及步骤正确; 2. 超声波传感器检测模型调试上电前的准备和检查工作方法及步骤正确; 3. 超声波传感器检测模型调试上电操作的方法及步骤正确; 4. 设备断电操作的方法及步骤正确	25 分		
		故障排除	1. 超声波传感器检测模型调试的故障排除操作方法正确; 2. 能初步找出故障所在、原因及解决方法; 3. 能准确判断故障原因并找出解决方法	15 分		

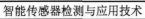

序号	主要内容	考核项目	评分标准	配分	扣分	得分
2	安全文明生产	劳动保护用品穿戴整齐；遵守操作规程；操作结束要清理现场	1．操作中，违反安全文明生产考核要求的任何一项扣2分，扣完为止； 2．当发现学生有重大事故隐患时，要立即予以制止，并每次扣安全文明生产分5分	10分		
合　计						

附录 A　常用传感器性能比较

传感器类型	典型示值范围	特点及环境要求	应用场合及领域
电位器	<500mm 或<360°	结构简单，输出信号大，测量电路简单，摩擦力大，需要较大的输入能量，动态响应差，应置于无腐蚀性气体和环境中	直线和角位移测量
应变片	<200μm	体积小，价格低廉，精度高，频率特性较好，输出信号小，测量电路复杂，易损坏	力、应力、应变、小位移、振动、速度、加速度和扭矩测量
自感互感	0.001～20mm	结构简单，分辨力高，输出电压高，体积大，动态响应较差，需要较大的激励功率，易受环境振动的影响	小位移、液体及气体的压力测量、振动测量
电涡流	<100mm	体积小，灵敏度高，属于非接触式，安装使用方便，应用领域广，测量结果标定复杂，须远离非被测的金属物	小位移、振动、加速度、振幅、转速、表面温度，以及状态测量、无损探伤
电容	0.001～0.5mm	体积小，动态响应好，能在恶劣条件下工作，需要的激励源功率小，测量电路复杂，对湿度影响小，受潮后易漏电	小位移、气体及液体压力测量，与介电常数有关的参数含水量、湿度、液位测量
压电	<0.5mm	体积小，高频响应好，属于发电型传感器，测量电路简单，受潮后易漏电	振动、加速度、速度测量
光电	视应用情况而定	非接触测量，动态响应好，精度高，应用范围广，易受外界杂光干扰，需要防光护罩	亮度、温度、转速、位移、振动、透明度测量，或其他特殊场合应用
霍尔	<5mm	体积小，灵敏度高，线性好，动态响应好，属于非接触式，测量电路简单，应用范围广，易受外界磁场、温度变化的干扰	磁场强度、角度、位移、振动、速度、压力测量，或其他特殊场合应用
热电偶	−200～1300℃	体积小，精度高，安装方便，属于发电型传感器，测量电路简单，冷端补偿复杂	测温
超声波	视应用情况而定	灵敏度高，动态响应好，属于非接触式，应用范围广，测量电路复杂，测量结果标定复杂	距离、速度、位移、流量、流速、厚度、液位、物位测量及无损探伤
光栅	0.001～1×10⁴mm	测量结果易数字化，精度高，受温度影响小，成本高，不耐冲击，易受油污染及灰尘影响，应用遮光、防尘的防护罩	大位移、静动态测量，多用于自动化机床
磁栅	0.001～1×10⁴mm	测量结果易数字化，精度高，受温度影响小，录磁方便，成本高，易受外界磁场影响，需要磁屏蔽	大位移、静动态测量，多用于自动化机床
感应同步器	0.005mm～几米	测量结果易数字化，精度较高，受温度影响小，对环境要求低，易产生接长误差	大位移、静动态测量，多用于自动化机床

附录 B 工业热电阻分度表

工作端温度/℃	电阻值/Ω Cu50	电阻值/Ω Pt100	工作端温度/℃	电阻值/Ω Cu50	电阻值/Ω Pt100
-200		18.52	160		161.05
-190		22.83	170		164.77
-180		27.10	180		168.48
-170		31.34	190		172.17
-160		35.54	200		175.86
-150		39.72	210		179.53
-140		43.88	220		183.19
-130		48.00	230		186.84
-120		52.11	240		190.47
-110		56.19	250		194.10
-100		60.26	260		197.71
-90		64.30	270		201.31
-80		68.33	280		204.90
-70		72.33	290		208.48
-60		76.33	300		212.05
-50	39.24	80.31	310		215.61
-40	41.40	84.27	320		219.15
-30	43.55	88.22	330		222.68
-20	45.70	92.16	340		226.21
-10	47.85	96.06	350		229.72
0	50.00	100.00	360		233.21
10	52.14	103.90	370		236.70
20	54.28	107.79	380		240.18
30	56.42	111.67	390		243.64
40	58.56	115.54	400		247.09
50	60.70	119.40	410		250.53
60	62.84	123.24	420		253.96
70	64.98	127.08	430		257.38
80	67.12	139.90	440		260.78
90	69.26	134.71	450		264.18
100	71.40	138.51	460		267.56
110	73.54	142.29	470		270.93
120	75.68	146.07	480		274.29
130	77.83	149.83	490		277.64
140	79.98	153.58	500		280.98
150	82.13	157.33	510		284.30

续表

工作端温度/℃	电阻值/Ω		工作端温度/℃	电阻值/Ω	
	Cu50	Pt100		Cu50	Pt100
520		287.62	680		339.06
530		290.92	690		342.18
540		294.21	700		345.28
550		297.49	710		348.18
560		300.75	720		351.46
570		304.01	730		354.53
580		307.25	740		357.59
590		310.49	750		360.70
600		313.71	760		363.67
610		316.92	770		366.70
620		320.12	780		369.71
630		323.30	790		372.71
640		326.48	800		375.70
650		329.64	810		378.68
660		332.18	820		381.65
670		335.93	830		384.60

附录 C 镍铬-镍硅（镍铝）热电偶（K 型）分度表

（参考端温度为 0℃）

工作端温度 /℃	热电动势 /mV	工作端温度 /℃	热电动势 /mV	工作端温度 /℃	热电动势 /mV	工作端温度 /℃	热电动势 /mV
−270	6.458	80	3.267	430	17.667	780	32.453
−260	6.441	90	3.682	440	18.091	790	32.865
−250	6.404	100	4.096	450	18.516	800	33.275
−240	6.344	110	4.509	460	18.941	810	33.685
−230	6.262	120	4.92	470	19.366	820	34.093
−220	6.158	130	5.328	480	19.792	830	34.501
−210	6.035	140	5.735	490	20.218	840	34.908
−200	5.891	150	6.138	500	20.644	850	35.313
−190	5.730	160	6.540	510	21.071	860	35.718
−180	5.550	170	6.941	520	21.497	870	36.121
−170	5.354	180	7.340	530	21.924	880	36.524
−160	5.141	190	7.739	540	22.350	890	36.925
−150	4.913	200	8.138	550	22.776	900	37.326
−140	4.669	210	8.539	560	23.203	910	37.725
−130	4.411	220	8.940	570	23.629	920	38.124
−120	4.138	230	9.343	580	24.055	930	38.522
−110	3.852	240	9.747	590	24.480	940	38.918
−100	3.554	250	10.153	600	24.905	950	39.314
−90	3.243	260	10.561	610	25.330	960	39.708
−80	2.920	270	10.971	620	25.755	970	40.101
−70	2.580	280	11.382	630	26.179	980	40.494
−60	2.243	290	11.795	640	26.602	990	40.885
−50	1.889	300	12.209	650	27.025	1000	41.276
−40	1.527	310	12.624	660	27.447	1010	41.665
−30	1.156	320	13.040	670	27.869	1020	42.053
−20	0.778	330	13.457	680	28.289	1030	42.440
−10	0.392	340	13.874	690	28.710	1040	42.826
0	0.00	350	14.293	700	29.129	1050	43.211
10	0.397	360	14.713	710	29.548	1060	43.595
20	0.798	370	15.133	720	29.965	1070	43.978
30	1.203	380	15.554	730	30.382	1080	44.359
40	1.612	390	15.975	740	30.798	1090	44.740
50	20.23	400	16.397	750	31.213	1100	45.119
60	2.436	410	16.820	760	31.628	1110	45.497
70	2.851	420	17.243	770	32.041	1120	45.873

续表

工作端温度 /°C	热电动势 /mV	工作端温度 /°C	热电动势 /mV	工作端温度 /°C	热电动势 /mV	工作端温度 /°C	热电动势 /mV
1130	46.249	1170	47.737	1210	49.202	1250	50.644
1140	46.623	1180	48.105	1220	49.565	1260	51.000
1150	46.995	1190	48.473	1230	49.926	1270	51.355
1160	47.367	1200	48.838	1240	50.286	1280	51.708

附录 D　铜-铜镍（康铜）热电偶（T 型）分度表

（参考端温度为 0℃）

温度/℃	0	10	20	30	40	50	60	70	80	90
	热电动势/mV									
−200	−5.603	—	—	—	—	—	—	—	—	—
−100	−3.378	−3.378	−3.923	−4.177	−4.419	−4.648	−4.865	−5.069	−5.261	−5.439
−0	0.000	0.383	−0.757	−1.121	−1.475	−1.819	−2.152	−2.475	−2.788	−3.089
0	0.000	0.391	0.789	1.196	1.611	2.035	2.467	2.980	3.357	3.813
100	4.277	4.749	5.227	5.712	6.204	6.702	7.207	7.718	8.235	8.757
200	9.268	9.820	10.360	10.905	11.456	12.011	12.572	13.137	13.707	14.281
300	14.860	15.443	16.030	16.621	17.217	17.816	18.420	19.027	19.638	20.252
400	20.869	—	—	—	—	—	—	—	—	—

注：−0 为+"−10"，即查"−10℃"时，为 0.383。

0 为+"10"，即查"10℃"时，为 0.391。

附录 E　热敏电阻的型号及含义

型号说明：

热敏电阻的型号分为 4 部分。

第 1 部分用字母表示主称。

第 2 部分用字母表示类别。

第 3 部分用数字表示用途或特征。

第 4 部分表示序号。

第 1 部分：主称		第 2 部分：类别		第 3 部分：用途或特征		第 4 部分：序号
字母	含义	字母	含义	数字	含义	
M	敏感电阻	Z	正温度系数热敏电阻	1	普通型	用数字或字母与数字混合表示序号，代表某种规格、性能
				5	测温用	
				6	温度控制用	
				7	消磁用	
				9	恒温型	
		F	负温度系数热敏电阻	0	特殊型	
				1	普通型	
				2	稳压用	
				3	微波测量用	
				4	旁热式	
				5	测温用	
				6	控制温度用	
				8	线性型	

例如：

MZ73A-1（消磁用正温度系数热敏电阻）；

M——敏感电阻；

Z——正温度系数热敏电阻；

7——消磁用；

3A-1——序号。

MF53-1（测温用负温度系数热敏电阻）：

M——敏感电阻；

F——负温度系数热敏电阻；

5—测温用；

3-1——序号。

附录 F 压敏电阻的型号及含义

型号说明：

压敏电阻器的型号分为 4 部分。

第 1 部分用字母表示主称。

第 2 部分用字母表示类别。

第 3 部分用字母表示用途或特征。

第 4 部分用数字表示序号，有的在序号的后面还标有标称电压、通流容量或电阻体直径、标称电压、电压误差等。

第1部分：主称		第2部分：类别		第3部分：用途或特征		第4部分：序号
字母	含义	字母	含义	数字	含义	
M	敏感电阻	Y	压敏电阻	无	普通型	用数字表示序号，有的在序号的后面还标有标称电压、通流容量或电阻体直径、标称电压、电压误差等
				D	通用	
				B	补偿用	
				C	消磁用	
				E	消噪用	
				G	过压保护用	
				H	灭弧用	
				K	高可靠用	
				L	防雷用	
				M	防静电用	
				N	高能型	
				P	高频用	
				S	元器件保护用	
				T	特殊型	
				W	稳压用	
				Y	环型	
				Z	组合型	

例如：

MYL1-1（防雷用压敏电阻）：

M——敏感电阻；

Y——压敏电阻；

L——防雷用；

1-1——序号。

MY31-270/3（270V/3kA 普通压敏电阻）：

M——敏感电阻；

Y——压敏电阻；

31—序号；

270—标称电压为270V；

3——通流容量为3kA。

附录G　光敏电阻的型号及含义

型号说明：

光敏电阻的型号分为3部分。

第1部分用字母表示主称。

第2部分用数字表示用途或特征。

第3部分用数字表示序号。

第1部分：主称		第2部分：用途或特征		第3部分：序号
字母	含义	数字	含义	
MG	光敏电阻	0	特殊	用数字表示序号，以区别该电阻的外形尺寸及性能指标
		1	紫外线	
		2	紫外线	
		3	紫外线	
		4	可见光	
		5	可见光	
		6	可见光	
		7	红外线	
		8	红外线	
		9	红外线	

例如：

MG45-14（可见光敏电阻）：

MG——光敏电阻；

4——可见光；

5-14——序号。

附录 H　气敏电阻的型号及含义

型号说明：

气敏电阻的型号分为 3 部分。

第 1 部分用字母表示主称。

第 2 部分用字母表示用途或特征。

第 3 部分用数字表示序号。

第 1 部分：主称		第 2 部分：用途或特征		第 3 部分：序号
MQ	气敏电阻	字母	含义	用数字表示序号
		J	酒精检测用	
		K	可燃气体检测用	
		Y	烟雾检测用	
		N	N 型气敏元件	
		P	P 型气敏元件	

例如：

MQ-5（气敏传感）：

MQ——气敏电阻器；

5——序号。

附录 L 湿敏电阻的型号及含义

型号说明：

湿敏电阻的型号分为 3 部分。

第 1 部分用字母表示主称。

第 2 部分用字母表示用途或特征。

第 3 部分用数字表示序号。

第 1 部分：主称		第 2 部分：用途或特征		第 3 部分：序号
MS	湿敏电阻	字母	含义	用数字或数字与字母混合表示序号，以区别电阻的外形尺寸及性能参数
		无	通用型	
		K	控制湿度用	
		C	测量湿度用	

例如：

MS01-A（通用型湿敏电阻）：

MS——湿敏电阻；

01-A——序号。

反侵权盗版声明

电子工业出版社依法对本作品享有专有出版权。任何未经权利人书面许可，复制、销售或通过信息网络传播本作品的行为；歪曲、篡改、剽窃本作品的行为，均违反《中华人民共和国著作权法》，其行为人应承担相应的民事责任和行政责任，构成犯罪的，将被依法追究刑事责任。

为了维护市场秩序，保护权利人的合法权益，我社将依法查处和打击侵权盗版的单位和个人。欢迎社会各界人士积极举报侵权盗版行为，本社将奖励举报有功人员，并保证举报人的信息不被泄露。

举报电话：（010）88254396；（010）88258888

传　　真：（010）88254397

E-mail：dbqq@phei.com.cn

通信地址：北京市万寿路 173 信箱

　　　　　电子工业出版社总编办公室

邮　　编：100036